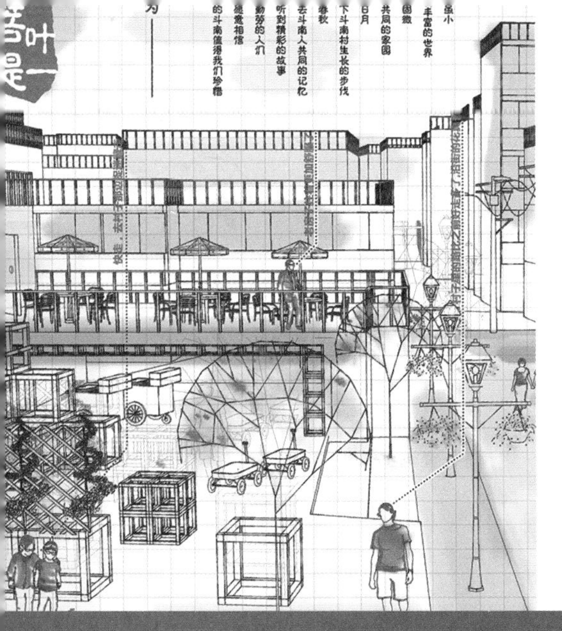

第 3 届西部之光大学生暑期规划设计竞赛

# 昨天·今天·明天：

## 滇池东岸城市边缘滨水空间设计

中国城市规划学会
高等学校城乡规划学科专业指导委员会 编

中国城市规划学会学术成果

中国建筑工业出版社

**图书在版编目（CIP）数据**

昨天·今天·明天：滇池东岸城市边缘滨水空间设计　第3届西部之光大学生暑期规划设计竞赛 / 中国城市规划学会，高等学校城乡规划学科专业指导委员会编. 北京：中国建筑工业出版社，2016.9
ISBN 978-7-112-19799-6

Ⅰ.①昨…　Ⅱ.①中…②高…　Ⅲ.①城市规划-作品集-中国-现代　Ⅳ.①TU984.2

中国版本图书馆CIP数据核字（2016）第210058号

责任编辑：杨　虹
责任校对：王宇枢　李美娜

**昨天·今天·明天：滇池东岸城市边缘滨水空间设计**
第3届西部之光大学生暑期规划设计竞赛
中国城市规划学会
高等学校城乡规划学科专业指导委员会
编
中国城市规划学会学术成果
*
中国建筑工业出版社出版、发行（北京西郊百万庄）
各地新华书店、建筑书店经销
北京嘉泰利德公司制版
北京缤索印刷有限公司印刷
*
开本：880×1230毫米　1/16　印张：11½　字数：300千字
2016年9月第一版　　2016年9月第一次印刷
定价：**78.00**元
ISBN 978-7-112-19799-6
(29366)

# 编委会

**主　编：**石　楠　唐子来

**副主编：**王培茗　曲长虹　赵　敏

**编　委**（按姓氏笔画排序）：

王　兵　王培茗　石　楠　叶裕民　曲长虹　吕　斌
向泽涛　孙施文　何　梅　张绍安　陈燕萍　周　昕
周峰越　赵　敏　段昌群　唐子来　简海云

**编写组**（按姓氏笔画排序）：

王　玲　王　锐　王俊涛　王晓云　王慧咏　朱　彤
李　晖　李　燕　李楠楠　杨志国　张国彪　陈宣先
欧莹莹　高　进　唐安静　韩　菡　撒　莹

# 序　一

“西部之光”大学生暑期规划设计竞赛由中国城市规划学会（以下简称学会）和高等学校城乡规划学科专业指导委员会（以下简称专指委）主办，是学会“规划西部行”系列公益活动的重要组成部分之一。“西部之光”活动专门针对西部地区提升规划教育水平的需求，选择西部地区的真实地块，由西部地区的高校组织本校城市规划专业研究生和高年级学生，进行规划设计实践。活动旨在通过竞赛，促进低碳、生态等科学发展理念的传播，促进东西部大学城市规划专业之间的交流，提高西部大学城市规划专业设计水平。

“西部之光”暑期竞赛区别于传统设计竞赛，融教育培训、专业调研、学术交流、竞赛奖励为一体，重点突出“托举青年人才”这一主体思想，邀请国内一线专家学者为参赛师生授课，组织一线技术人员带队开展专业调研，并开设了多校师生交流环节，为西部规划学子搭建了一个公平竞争、互学互促的交流平台，打造了一个提升西部院校教师教学水平及学生规划设计水平的教育培训平台，也创建了一个城乡规划学科具有极大社会影响力的公益品牌。

第3届“西部之光”于2015年5月启动，由云南大学城市建设与管理学院（现云南大学建筑与规划学院）具体承办，竞赛主题为：昨天·今天·明天——滇池东岸城市边缘滨水空间设计。来自西部40所设置有城乡规划及相关学科的高校报名参赛，报名的参赛队伍达200支，参赛师生逾千人。

2015年5月30日，“西部之光”现场培训活动在云南大学呈贡校区启动。学会常务理事、专指委主任委员、同济大学建筑与城市规划学院唐子来教授，学会理事、专指委委员、北京大学城市规划设计中心主任吕斌教授，学会理事、专指委委员、中国人民大学公共管理学院叶裕民教授，云南大学生态学院院长段昌群教授，昆明市规划设计研究院总工程师周昕，云南大学城建学院赵敏教授先后为参赛师生授课。5月31日，现场调研活动于昆明市呈贡县斗南村正式启动，本次竞赛共有三个主题各异的备选地块。经过一天的调研，参赛师生于6月1日上午根据所选地块开展分组讨论交流。6月1日中午，“西部之光”现场培训与调研活动圆满结束。

8月，由石楠、孙施文、何梅、陈燕萍、简海云等专家组成的专家评委会在云南大学城市建设与管理学院对160余份参赛作品进行集中评审。经过细致的评审，最终确定一等奖1项、二等奖2项、三等奖3项，专项奖8项，佳作奖11项共计25个获奖作品。

本次“西部之光”公益活动得到了中国科协、能源基金会、中国低碳生态城市大学联盟、中国城市规划学会城市影像学术委员会、昆明市呈贡区人民政府、昆明市规划设计研究院、《城市规划》杂志社、中国城市规划、中国建筑工业出版社等单位和机构的大力支持，在此一并表示感谢。

中国城市规划学会

高等学校城乡规划学科专业指导委员会

# 序　二

随着西部大开发进一步深入推进，我国西部地区城市发展面临着多重的机遇与挑战。城乡规划作为城市发展的首要工作，其专业人才在城市发展过程中有着极大需求，但是我国西部大部分地区城乡规划教育水平较低，城乡规划人才紧缺，严重阻碍了西部地区的健康发展。面对这一紧迫问题，中国城市规划学会发挥学会优势，依托学会能力提升专项奖励，于 2012 年发起了“西部之光”大学生暑期规划设计竞赛。此次活动是我国西部建筑规划院校积极推进教学模式和方法的改革，为拓展和丰富建筑规划教育内涵做出了积极探索。其中一个共同的趋势是建立以可持续发展为导向的生态观、文化观、社会观和科技观。

建筑规划教育的生态观要求理解生态设计理念与方法、掌握生态技术；文化观不仅包括了解建筑历史、学习传统建筑形态及营造，而且强调既有建成环境的有机更新，以及地域文化的在场；社会观强调培养学生的社会责任感和使命感；科技观是实现上述理念的基础条件，包含了基于信息技术和大数据采集以及当代构造技术，同时具备跨学科知识与方法解决城市、建筑的问题。

基于以上我国建筑规划教育发展的新内涵，此项活动专门针对西部地区提升规划教育水平的需求，选择西部地区的真实地块，由西部地区的高校组织本校规划专业研究生和高年级学生进行规划设计实践。第 3 届西部之光大学生暑期规划设计竞赛的主题为：“昨天・今天・明天——滇池东岸城市边缘滨水空间设计”，强调“可持续”和“生态设计”两大主题。本次设计竞赛要求参赛者为滇池东岸、呈贡新城西缘设计舒适宜人的滨水城市空间，探索低碳生态原则指导下的自然资源保护利用、传统村落更新保护、与未来新城的发展如何相互协调的问题；以斗南村地块为出发点，提出切合滇池东岸合理发展的设计概念规划方式和发展策略。重点考虑传统村落空间保护更新如何与未来城市滨水休闲生活需求相互协调的关系，建筑空间与滇池湿地、水体环境协调的关系，慢行交通组织与城市公共交通系统的衔接，当地传统文化保护与绿色生态节能技术的应用等。

此次竞赛由云南大学建筑与规划学院承办，40 所西部院校提交了 163 组作品参赛。本次竞赛，也为西部兄弟建筑规划院校提供了一个良好的交流平台，加强了各个高校间的深层次合作和学术交流，促进了西部地区在城乡发展、人居环境建设、国际化视野拓展等方面的共同提高。

最后，作为承办方，我代表云南大学建筑与规划学院感谢为此次活动付出辛劳的各校师生。

张军（签名）

云南大学建筑与规划学院院长

# 目 录

# 结语

重拾滇韵·绿映斗南 周超敏 罗肖思景 杨鹤聪 何沁峰

Yesterday Today Tomorrow Travel in the way of life——历史乡镇可游、可居、可观的花街合院生活方式 吴泽志 毛海芳 文霈霖

邻水弄花·思斗望南——斗南村有机生长与复合更新 赵柏杨 张丽君 汪紫菱 黄思杰 佘凤绪

时空交织三部曲——弹性规划引导下的斗南更新改造设计 刘生雨 张胜男 李泽奇 成云鹏 杜亚男

『软着陆』——基于动态规划理念的大城市边缘村庄规划设计 周鹏 罗莹晶 贺振华 袁喆依 王杰楠

水陌纵横——滇池环湖生态带净水及节水科普主题公园设计 彭川倪 黄熙 欧坤源

回归线 赖奕锟 江美莹 付萍 孙立 侯雪娇

自我唤醒的生活轨迹——以空间干预的方式进行自我更新改造 吴晓晨 白帅帅 毕怡 武凡 李琢玉

铜态·生态·活态——基于叙事理论下的斗南滨水空间设计 熊雨 陈晓曦 高敏

湿地重构——水循环的花卉农业生态系统推广 赵春雨 刘晔天 杨滨源 段又升

新俄罗斯方块·混乱中的秩序——自组织下的城市边缘区斗南村更新改造设计 刘龙 胡静文 曹志博 唐雅雯 贾伟

## 佳作奖

完全规划下的不完全规划——村民自治下的『村庄』 张强 马敏 马晓雯 范文博

织街·街『呈』——基于城市记忆网重塑的赶街文化复兴设计 王磊心 张新贺 龙倩 杨燕燕 陈德迪

## 调查分析奖

生长的湖泊——滇池东岸滨水空间景观设计 王巍静 谭雯文 杜恩泽 黄岩 韩伟超

斗南村·『互联网+』行动计划——新常态下产业型村庄更新设计 李冬雪 潘湖江 王婧媛 赵志勇 孙珊

微渗透·慢生长——引入社区规划师概念的昆明市斗南村更新机制探究 张卫凌 夏天慈 袁源 赵益麟

Livability·Mobility·Community——基于乡村产业社区再生的城市设计 余海慧 赵宏钰 李南楠 张颖 钟皓

## 设计创意奖

## 主办及承办方

中国城市规划学会

高等学校城乡规划
学科专业指导委员会

云南大学建筑与规划学院
（原云南大学城市建设与管理学院）

## 参赛院校（按笔画排序）

广西大学
土木建筑工程学院

广西师范学院
地理科学与规划学院

云南大学
城市建设与管理学院

云南大学
滇池学院建筑工程学院

甘肃农业大学
资源与环境学院

北京航空航天大学
北海学院规划与生态学院

四川大学
建筑与环境学院

四川农业大学
建筑与城乡规划学院

西华大学
建筑与土木工程学院

西安建筑科技大学
建筑学院

西安科技大学
建筑与土木工程学院

西安理工大学
土木建筑工程学院

西南科技大学
土木工程与建筑学院

西南科技大学
城市学院

西藏大学
工学院

成都理工大学
旅游与城乡规划学院

贵州大学
建筑与城市规划学院

重庆大学
建筑城规学院

重庆师范大学
地理与旅游学院

桂林理工大学
土木与建筑工程学院

内蒙古工业大学
建筑学院

内蒙古农业大学
林学院

长安大学
建筑学院

玉溪师范学院
资源环境学院

兰州理工大学
设计艺术学院

宁夏大学
土木与水利工程学院

吉首大学
城乡资源与规划学院

西北大学
城市与环境学院

西南石油大学
土木工程与建筑学院

西南民族大学
城市规划与建筑学院

西南交通大学
建筑学院

西南林业大学
园林学院

赤峰学院
资源与环境科学学院

昆明理工大学
建筑工程学院

昆明理工大学
城市学院

昆明理工大学
津桥学院

桂林理工大学
博文管理学院土木与建筑工程学院

绵阳师范学院
城建系

塔里木大学
水利与建筑工程学院

新疆大学
建筑工程学院

# 选题介绍

（2015第3届西部之光大学生暑期规划设计竞赛题目及要求）

## 一、设计题目

昨天·今天·明天：滇池东岸城市边缘滨水空间设计

## 二、设计背景

云南的高原湖泊称为“海子”，山间小平原称为“坝子”，海子退却后，就形成了坝子。滇池是昆明人的母亲湖、是云南省最大的淡水湖，有高原明珠之称；滇池坝子是云南最大的坝子之一，坝子内一马平川，沃野百里，在几千年前，就有先民在此地繁衍生息，其中尤以滇池东岸土地富庶、物产丰富，昆明人所食之菜蔬大半来自这里。但是自2006年来，随着昆明城市发展重心南移，呈贡新城的开发建设使得滇池东岸平原迅速跨入城市化前沿，广福路、昆洛路、环湖路等城市干道的修建，使得道路周围的土地成为开发建设的热点，大规模拆迁不断推进，农田和湿地逐渐退化。不到十年的时间，沿途的农用土地几乎全部被征用并纳入城市空间扩张的范畴中，大量城中村改造项目更是刺激了当地村民纷纷以建筑翻新和加层的方式来应对拆迁（2009～2010年为高峰），这使得滇池东岸的许多传统村落遭到毁灭性破坏。在巨大的城市化浪潮之下，位于滇池之滨的乡村应该何去何从？是被城市化浪潮所吞噬，还是应该谋求一条更加合理的乡村可持续发展之路，实现“望得见山、看得见水、记得住乡愁”的理想？

## 三、设计立意

城市化与现代化正以一种猛烈和激进的方式降临滇池东岸平原，在这个变迁过程中，栖居在这片土地上的人们不得不尝试着去接受和适应，那种安然悠闲的乡村生活状态随之无声地逝去，生活于此的人们将是这片土地上的最后一代农民，也将成为第一代新城城市居民，千百年来形成的乡村传统和信仰不得不在时代的夹缝中艰难延续。同时，滇池东岸处于生态较敏感的水陆交汇地带，既有湿地恢复区，又有尚未开发的传统村落，拥有得天独厚的自然生态基础和人文资源条件。滇池东岸的城市滨水空间是未来呈贡新城“低碳·绿色·生态”发展目标的重要支撑，滇池东岸的保护和发展不仅关系到呈贡新城的发展，更关系到昆明市人居环境的全局和滇池水陆生态环境的可持续发展。因此，如何解决好城市扩张中村落发展面临的各种社会问题？如何从“低碳·绿色·生态”的角度创造山水田园与城市空间和谐共生的格局？如何在呈贡新城滇池边缘营造出有吸引力、有特色、有魅力的城市滨水空间？这成为当前昆明城市规划需要面对和解决的重要课题。

## 四、设计基地：呈贡斗南村

呈贡新区位于高原明珠——滇池的东岸，境内交通线纵横交错，有昆河、南昆两条铁路，昆洛、昆河两条国道，安石、昆玉两条高等级公路等穿境而过，自古以来就是滇南、滇东南通往昆明的必经之地，有省府“东南大门”之称。呈贡新区一共可以分为七个片区，而斗南片区是连接昆明主城与呈贡新城之间的重要区域，也是由昆明主城进入呈贡新城的“门户区”。从区域位置上来看，斗南片区西倚昆明的母亲湖——滇池，东接昆明物流中心（洛羊片区）和昆明行政中心（吴家营片区），南连体育休闲中心（乌龙片区），区位条件优越。从功能定位来看，斗南片区传承呈贡历史文化脉络，是以国际花卉产业、农业总部经济、滨湖旅游度假产业为核心，集居住、商业、会议会展、旅游、交通等功能为一体的鲜花主题社区。

斗南村位于斗南片区北部，紧邻斗南花卉市场，占地约630亩，居民2022户、6016人。本次规划设计的基地范围以斗南村为中心，沿瑞香西路东西向延伸的带状区域，包括斗南花卉市场、斗南村和湖滨生态带，划分为三块不同主题的规划区域，即：花卉市场主题区，斗南村主题区、湖滨生态公园主题区。各参赛队伍可根据需要选择其中一块主题规划区进行设计。

本次规划设计基地范围划定以2012年《呈贡新区斗南分区控制性详细规划》道路规划中的道路中心线为依据，各参赛队伍可以依自身主题概念对基地进行规划设计，2012版《呈贡新区斗南分区控制性详细规划》作为参考。

## 五、设计要求

（1）为滇池东岸、呈贡新城西部边缘设计舒适宜人的滨水城市空间，探索低碳生态原则指导下的自然资源保护利用、传统村落保护更新与未来新城发展如何相互协调的问题；以斗南村地块为出发点，提出切合滇池东岸城市扩张的发展策略和规划方式。重点考虑位于城市边缘区的传统村落在城市扩张过程中如何适应城市化带来的产业转型、生计调整、居住生活空间变迁等问题，提出科学合理的村落保护与更新策略。同时，还应该考虑滇池湖滨生态环境的保护与修复，以及城市滨水空间的塑造。(2) 表现方式不限，以清晰表达设计构思为准。(3) 每份设计作品请提供 JPG 格式电子文件 1 份（分辨率不低于 300DPI）。(4) 每份设计作品请提供 PDF 格式电子文件 1 份（3 页，文件量大小不大于 6M）。(5) 设计图纸上不能有任何透露设计者及其所在院校信息的内容。(6) 参赛设计作品必须附有加盖公章的正式函件同时寄送至本次竞赛活动的组织单位。

## 六、成果提交

各参赛小组必须于 8 月 10 日前将竞赛成果提交至本次活动承办单位云南大学城建学院。(1) 打印设计图纸要求 A1 (84.1cm×59.4cm) 版面的设计图纸 3 张（横竖版皆可），每张图纸都要用 KT 板各自单独装裱，不留边，不加框。参赛设计作品必须附有加盖学院 / 系公章的正式函件，函件内容包括参赛队伍指导教师、参赛学生情况，以及参赛队伍的作品名称。

函件寄送至本次竞赛活动的承办单位云南大学城市建设与管理学院

**地址：云南省昆明市呈贡新区大学城东外环南路云南大学呈贡校区城市建设与管理学院　邮编：650500**

(2) 每份设计作品请提供 JPG 格式电子文件 1 份（分辨率不低于 300DPI），每份设计作品请提供 PDF 格式电子文件 1 份（3 页，文件量大小不大于 6M）。

**邮箱：xibuzhiguang2015@163.com**

**滇池东岸斗南村地理位置示意**

**滇池东岸斗南村地理位置示意图**

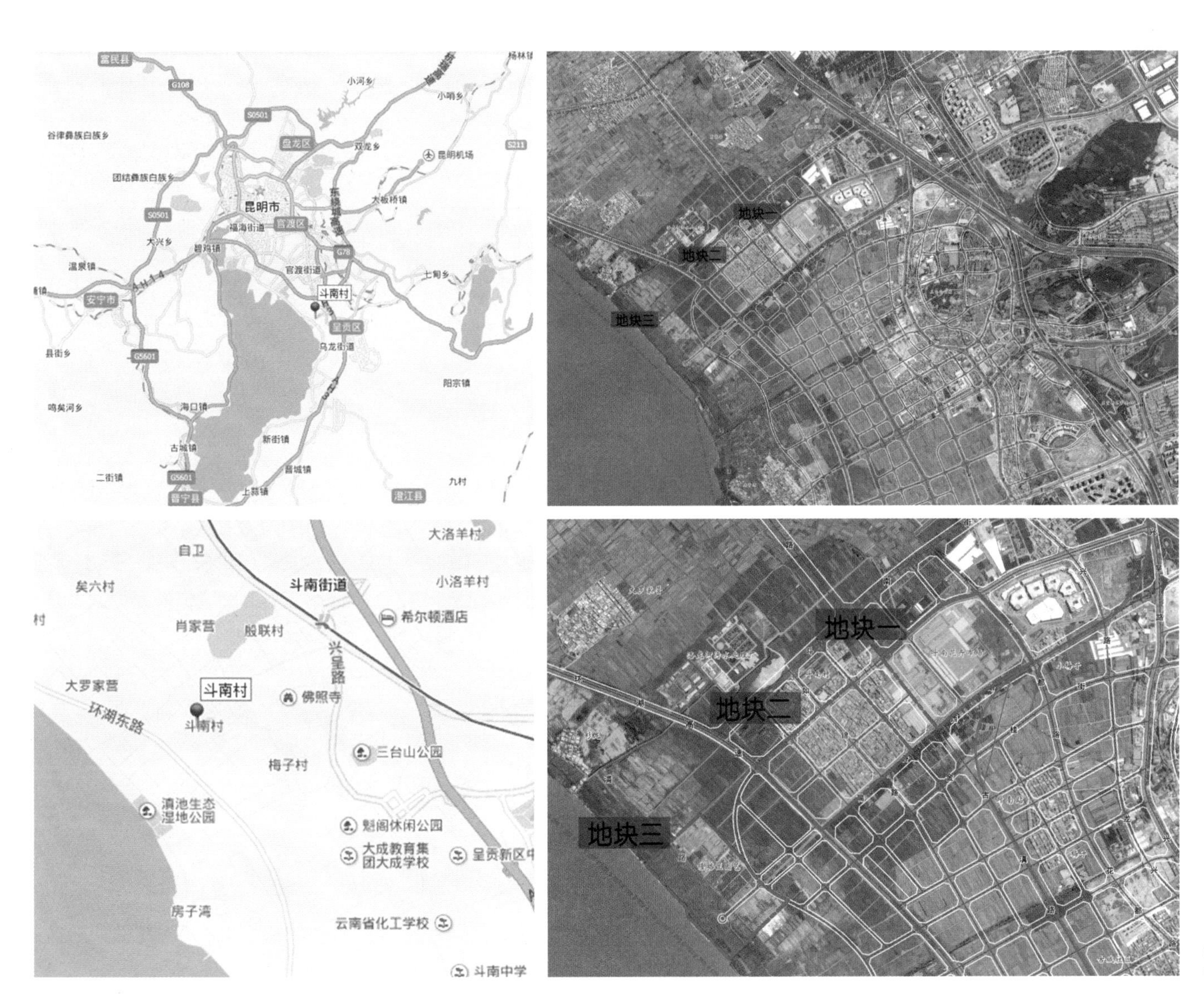

# 竞赛活动参赛院校名单

（2015第3届西部之光大学生暑期规划设计竞赛）

| 序号 | 学校院系 | 参赛小组数 |
|---|---|---|
| 1 | 内蒙古工业大学建筑学院 | 2 |
| 2 | 吉首大学城乡资源与规划学院 | 2 |
| 3 | 西藏大学工学院 | 2 |
| 4 | 西南石油大学土木工程与建筑学院 | 3 |
| 5 | 广西大学土木建筑工程学院 | 5 |
| 6 | 重庆师范大学地理与旅游学院 | 2 |
| 7 | 四川农业大学建筑与城乡规划学院 | 14 |
| 8 | 长安大学建筑学院 | 4 |
| 9 | 西华大学建筑与土木工程学院 | 2 |
| 10 | 贵州大学建筑与城市规划学院 | 2 |
| 11 | 西南科技大学土木工程与建筑学院 | 5 |
| 12 | 重庆大学建筑城规学院 | 10 |
| 13 | 桂林理工大学土木与建筑工程学院 | 8 |
| 14 | 西安建筑科技大学建筑学院 | 8 |
| 15 | 昆明理工大学建筑工程学院 | 18 |
| 16 | 北京航空航天大学北海学院规划与生态学院 | 1 |
| 17 | 西南交通大学建筑学院 | 5 |
| 18 | 甘肃农业大学资源与环境学院 | 3 |
| 19 | 绵阳师范学院 | 4 |
| 20 | 云南大学城市建设与管理学院 | 16 |

| 序号 | 学校院系 | 参赛小组数 |
| --- | --- | --- |
| 21 | 西南民族大学城市规划与建筑学院 | 5 |
| 22 | 四川大学建筑与环境学院 | 8 |
| 23 | 兰州理工大学设计艺术学院 | 6 |
| 24 | 塔里木大学水利与建筑工程学院 | 3 |
| 25 | 内蒙古农业大学林学院 | 2 |
| 26 | 宁夏大学土木与水利工程学院 | 10 |
| 27 | 新疆大学建筑工程学院 | 1 |
| 28 | 西安理工大学土木建筑工程学院 | 3 |
| 29 | 昆明理工大学津桥学院 | 4 |
| 30 | 广西师范学院 | 3 |
| 31 | 云南大学滇池学院建筑工程学院 | 7 |
| 32 | 桂林理工大学博文管理学院土木与建筑工程学院 | 7 |
| 33 | 内蒙古赤峰市赤峰学院资源与环境科学学院 | 4 |
| 34 | 玉溪师范学院资源环境学院 | 2 |
| 35 | 西南科技大学城市学院 | 1 |
| 36 | 成都理工大学旅游与城乡规划学院 | 1 |
| 37 | 昆明理工大学城市学院 | 11 |
| 38 | 西北大学城市与环境学院 | 6 |
| 39 | 西安科技大学 建筑与土木工程学院 | 7 |
| 40 | 西南林业大学园林学院 | 1 |

# 优秀组织奖院校释题

（2015 第 3 届西部之光大学生暑期规划设计竞赛）

重庆大学
建筑城规学院

云南大学
建筑与规划学院

西南交通大学
建筑与设计学院

西安建筑科技大学
建筑学院

四川大学
建筑与环境学院

昆明理工大学
城市学院

宁夏大学
土木与水利工程学院

# 优秀组织获奖名单

（2015 第 3 届西部之光大学生暑期规划设计竞赛）

| 获奖院校 | 作品名称 | 奖项 |
| --- | --- | --- |
| 重庆大学 | Livability · Mobility · Community——基于乡村产业社区再生的城市设计 | 专项奖 |
| | 微渗透 · 慢生长——引入社区规划师概念的昆明市斗南村更新机制探究 | 专项奖 |
| | 湿地重构——水循环的花卉农业生态系统推广 | 佳作奖 |
| 云南大学 | Block-Based Design——时空演替下的智能模块化——花卉产业园区升级改造 | 二等奖 |
| | 花样邻里——基于介质视角的斗南村再生设计 | 三等奖 |
| | 生长的湖泊——滇池东岸滨水空间景观设计 | 专项奖 |
| | 铜态 · 生态 · 活态——基于叙事理论下的斗南滨水空间设计 | 佳作奖 |
| 西南交通大学 | 非正式社区——公共空间引导斗南城中村更新 | 二等奖 |
| | 2米下的那个世界——人性化维度下基于空间句法的斗南村保护与更新系统构建 | 三等奖 |
| 西安建筑科技大学 | “渡”村入城——一花一世界、一木一浮生、一叶一菩提 | 一等奖 |
| | 自我唤醒的生活轨迹——以空间干预的方式进行自我更新改造 | 佳作奖 |
| 四川大学 | 花卉.创客.互联网+ | 专项奖 |
| | [软着陆]——基于动态规划理念的大城市边缘村庄规划设计 | 佳作奖 |
| 昆明理工大学城市学院 | 完全规划下的不完全规划——村民自治下的“村庄” | 专项奖 |
| | Yesterday Today Tomorrow Travel in the way of life<br>——历史乡镇可游、可居、可观的花街合院生活方式 | 佳作奖 |
| 宁夏大学 | 织街 · 衔“呈”——基于城市记忆网重塑的赶街文化复兴设计 | 专项奖 |
| | 时空交织三部曲——弹性规划引导下的斗南更新改造设计 | 佳作奖 |

重庆大学
建筑城规学院

2006年来，随着昆明城重心南移，地处昆明与呈贡间的滇池东岸平原一夜之间跨入城市化前沿。因此，滇池东岸的重要意义在于它正处于一个发展的临界点：花市产业的集聚，是继续分散还是走向规模化生产；斗南村从村到镇到城市边缘，乡村景观与传统社会结构的保持；滇池沿岸产业与经济发展冲击下的生态保持；与呈贡新城乃至整个滇池水域发展的关系等。这些问题是如今许多位于生态敏感区，拥有得天独厚且较为良好的自然生态基础的传统产业村落所共同面对的选择与挑战。不可逆的后果使得去往何处尤需谨慎，尤费思量。

重庆大学建筑城规学院设计团队提出“平衡之美”的概念，希望在推进小城镇建设甚至在整个城市化的进程中，探索出一条把守护传统，守护自然环境与求新发展协调统一恰当结合起来的平衡发展道路。因为斗南片区的花业与由此集聚起来的人口、迅速扩张的社区与变化的村镇景观息息相关，也是规划中支撑地方发展的重点产业。因此，环境可持续的产业培育与社区培育是团队进行规划设计的重点。团队一方面提倡“小镇与大产业”概念，对现有状况进行产业整合与升级，形成以较少的人口在优势产业领域占有较大比例市场份额的产业格局；另一方面，注重社会人文结构与生态环境的保存与优化，打造自然美、环境美，适宜人居的小镇风光，形成“村庄城镇化，城镇村庄化”风格。在以上原则的指引下，设计成果如“基于乡村产业社区再生的城市设计”、“微渗透·慢生长——引入社区规划师概念的昆明市斗南村更新机制探究”与“湿地重构——水循环的花卉农业生态系统推广”等对城市生态控制线、社区管理、公共服务设施网络、土地权属与用地性质、产业布局与链条、快行与慢行交通网络、村镇建筑空间与边界、生态景观与自循环系统进行了重新梳理与优化，应用绿色生态节能技术，以保存与发展滇池地区真正具有长期价值的耕地、湿地、原居民社区、地方特色产业与文化，免除资本肆虐下的毁坏式发展。平衡的美，是包容并蓄的美，是城乡和谐的美，是天人合一的美。保存与发展，并非二元选择。

云南大学
建筑与规划学院

昨天·今天·明天：滇池东岸城市边缘滨水空间设计。滇池是昆明的母亲湖，战国时期“庄蹻入滇”开辟了滇池沿岸的筑城历史，唐代南诏国时期拓东城奠定了滇池东北岸的城市发展基础，元代开始，滇池边的昆明代替大理成为云南的政治、经济、文化中心。然而，元代以后直至20世纪70年代前后的围海造田工程，使得滇池沿岸呈现出“人进水退”的不和谐关系。进入现代快速城市化发展阶段以后，滇池沿岸城市空间扩张进一步加剧了人水矛盾，尤其是呈贡新区的开发建设不仅推动了滇池东岸的农村城市化过程，也加重了水岸生态环境保护的压力。以花卉产业著称的斗南村，面临城中村改造和滇池生态保护的双重压力，如何突破困境，留住乡愁，保护好母亲湖，是斗南村未来发展需解决的重点问题。

此次规划基地包括旧花卉市场改造升级、斗南老村更新、湖滨带生态建设三个侧重点各不相同的命题。斗南花卉是一张亮丽的昆明城市名片，斗南村因花卉而兴，也因此被纳入城市化的轨道。早年的大棚式花卉交易市场如今已经废弃，以鲜切花交易为主体的花卉产业有待创新发展，产业的转型升级成为旧花卉市场改造的重要切入点，而特色城市生活和建筑空间的塑造显然更加贴近人的需求。斗南老村历经时代变迁，已逐渐从一个传统村落蜕变成蜗居在现代都市中的一个城中村，为数不多的老式土坯房和村民集体活动诉说着老村的点滴记忆，密集的建筑、狭窄的街巷和混杂的人群似乎又在叹息着城中村的无奈，城中村不应该被当作城市的肿瘤加以铲除，鲜活的村庄有它值得留恋的价值和意义，拆与留不是城中村改造的全部，应以更加开放和包容的姿态将城中村纳入现代都市，塑造多元共享的城市生活形态。为了治理滇池，湖滨带开展了大规模的生态湿地建设，生态修复与公共空间塑造成为湖滨带改造的重点，新技术应用和人文关怀在这里碰撞与交流，必将形成别样的湖滨风景。

昨天、今天和明天，承载着记忆、矛盾和梦想，从经济、社会和生态的综合视角探寻斗南村的发展路径，是对城市型湖泊滨水空间开发建设和城中村更新改造的有益探索。

# 西南交通大学
# 建筑与设计学院

彩云之南，五百里滇池东岸，有一座名为“斗南村”的村落，五彩斑斓，花香四溢。西部院校城乡规划专业的学子们利用暑期，来到这片令人向往的土地，探寻“昨天、今天、明天”的故事。

回首昨天，不难发现，快速城镇化进程中，擘画城市发展的蓝图以超预期的速度得到实现。宏大叙事的背后，社会、经济和环境不可逆转地改变。审视今天，尘嚣尚未落定，还需要进行认真的调查、分析与研究，找到问题关键。展望明天，何去何从？有形之手、无形之手和勤劳之手将共同塑造。

在本次设计的基地范围内，有世界级影响力的花卉市场、传统和现代融合的村落以及风景优美的湿地公园，其保护和发展的目标和重点，同学们需要慎重斟酌。希望同学们能够从当今西部开发与城镇化发展的宏观背景出发，发现其内在规律；敏锐地抓住基地活力所在，独特现象所在，深刻揭示问题的根源。充分协调“城”与“村”的良性关系，提出有想象力的空间策略，引导基地社会生态的良性发展。也期待同学们运用城市设计的方法和手段，描绘基地美好愿景，塑造优美的空间形态。

“斗南人”的过去、现在和未来，是隐含在基地“昨天、今天、明天”的核心要素。随着时间的推移，活跃的斗南村，不断地变迁。这里既有原居民原生的动力，也不乏外来人口的集聚和打拼。稀缺的环境资源则是基地中各类人群矛盾冲突的焦点。经营环境、基础设施、公共服务等诸多要素，都体现了基地的承载力和化解矛盾的能力。综合处理好产业、人口、空间、生态的平衡关系，让各类人群自然地成为小社会中的有机组成部分，和谐地栖居，则可能很好地响应设计的初衷。同学们如果能够找寻到扎根当地的智慧的空间营建和协调方法，想必会大有收获。

基于以上认识，同学们应认真梳理斗南村的空间格局、空间问题以及特色，在设计中进行有针对性的优化和更新。设计可以考虑从“人”的需求角度入手，有创意、有重点地提出不同层次空间的营建思路。应当特别关注各类人群的活动和空间使用方式，优化公共空间的组织模式及空间尺度，提出以空间优化促进社区能级提升的方法。

我校参赛队伍为研究生与本科生混合搭配，既能培养团队合作能力，也能综合促进不同学习阶段学生的有机交流。在设计过程中，定期交流，共同讨论，公开汇报，共同指导，建立了良好的师生互动机制。感谢中国城市规划学会、高等学校城乡规划学科专业指导委员会以及云南大学在整个过程中付出的巨大努力，让我校师生收获了一个美好的暑期。

# 西安建筑科技大学

## 建筑学院

第3届西部之光大学生暑期规划设计竞赛由云南大学城市建设与管理学院承办，设计题目为“昨天·今天·明天：滇池东岸城市边缘滨水空间设计”，侧重关注在快速城市化背景下，滇池东岸如何处理保护与发展的问题。基地选址在昆明呈贡斗南片区，区位条件优越，自然生态基础与人文资源条件得天独厚，其发展对于呈贡新区及昆明市有着重要意义。

“昨天”即指斗南片区的过去，历史传承下来的物质空间和非物质文化，其中包含大量需要继承和发扬的营建智慧、文化积淀、生活情怀等。值得保留继承的是什么？必须摒弃的是什么？需要改造优化的又是什么？“今天”即指斗南片区的现在，在城市快速扩张发展浪潮中，生态环境保护面临挑战，产业发展面临转型，原有的生活方式和社会文化都遭受巨大冲击。斗南片区的发展面临什么问题？又该如何应对？“明天”即指斗南片区的未来，斗南片区对于呈贡区乃至整个昆明市未来意味着什么？生活在这里的人们将会发生怎样的变化？将会在这块土地上展开怎样的生活？

基地具体划分为三块不同主题的规划区域，即：花卉市场主题区、斗南村主题区、湖滨生态公园主题区，经济、社会、文化、生态、生活等多方面的矛盾在这里碰撞。斗南花卉市场承载着斗南片区的主导产业——鲜花交易与集散，特色鲜明；斗南村是原住居民的生活空间和大量外来人口的落脚地，多样的人群需求在这里交织，不同时期的发展印记在这里更替；湖滨生态带是滇池的水陆交汇地带，生态敏感脆弱。

由此，时间与空间在这个题目里相互影响也相辅相成。昨天、今天、明天对应斗南片区的过去、现在和未来，是延续的时间线；斗南花卉市场、斗南村和湖滨生态带三个具体的规划区域又对应居住在这里的人们的生产、生活和生态空间，是交织的空间线。

把自己当作生活在这里的村民，审视斗南片区居民的生活，充分了解他们的真实诉求。把握时代特征和发展机遇，综合考虑生产、生活和生态空间的联系，明确需要解决的问题并制订合理的策略，根植于土地，落实于空间，通过巧妙的空间手段建立起与人的情感联系。以低碳、绿色、生态为原则，立足地域特征，探讨自然生态环境的保护与利用、传统村落的有机更新、与未来呈贡新区的共生发展，为斗南片区的生态环境改善、产业发展转型、历史文化传承、生活品质提高谋划适合的路径，让发生在这里的故事经久不衰，娓娓道来。

# 四川大学
# 建筑与环境学院

昨天·今天·明天：滇池东岸城市边缘滨水空间设计。

滇池东岸城市设计抛给同学们一个极具挑战性的问题。滇池——母亲湖、云南省最大的淡水湖；滇池坝子一马平川，沃野百里，养育千年前的先民，土地富庶、物产丰富。

但是自2006年昆明城市发展重心南移，滇池东岸不可避免地被卷入城市化和现代化的浪潮，城市干道的不断修建，大规模的拆迁推进，湿地农田的不断退化，大量的城中村改造项目层出不穷，这种日益变迁使得生活于此的人们生产、生活方式受到巨大冲击，千百年来形成的乡村传统和信仰不得不在时代的夹缝中艰难延续，彼时的那种安然悠闲的乡村生活状态随之无声地逝去，这些人成为第一代新城城市居民，却也是这片土地上的最后一代农民。传统村落遭到毁灭性破坏，在巨大的城市化浪潮之下，位于滇池之滨的乡村应该何去何从？是被城市化浪潮所吞噬，还是应该谋求一条更加合理的乡村可持续发展之路，实现“望得见山、看得见水、记得住乡愁”的理想。

纵观昆明市发展动向，滇池东岸的城市滨水空间是未来呈贡新城“低碳·绿色·生态”发展目标的重要支撑，滇池东岸的保护和发展不仅关系到呈贡新城的发展，更关系到昆明市人居环境的全局和滇池水陆生态环境的可持续发展。

保护与发展传统村落本就是一直倡导的话题，尊重村落的历史演变和轨迹，从价值理性的角度去辨析它的价值和载体是大家公认的较为良性的发展手段，但是作为复杂社会的构成成分之一，其受到决策主体、议事方式、发展理念、行动能力等各个方面的制约，这些往往会超过简单的社会、市场、社会三种力量的协同。所以，我们决定采取自下而上的规划手段，从微处着手，反推系统，落实在具体的微触媒手段，理清脉络，分析问题，通过动态微观策略予以带动和转变。川大团队对于三个地块的选择多是对斗南社区及滇池沿岸景观地段进行具体研究和设计，尝试分阶段渐进性更新建设，从外来力量植入式规划向内生发展型道路转变，从单一的物质空间规划走向空间、机制、实施等一体化的综合规划，促发真正的有深度的规划设计巧思。

# 昆明理工大学
# 城市学院

昆明是我们学习、工作和生活的城市，我们对这个城市有更多的了解和更深的情感。随着城市发展进程的推进，城市与周围生态环境的可持续发展以及城市边缘城中村的发展出路成为昆明城市发展过程中最为突出的两个问题。与此同时，作为历史文化名城的昆明，地域特色和历史文化如何以传统村落为载体做到有效的延续和活化是我们思考的另一个重要方面。

昨天 · 今天 · 明天：滇池东岸城市边缘滨水空间设计，这一竞赛题目的定位和选址很好地把昆明这座高原小城的特点和城市发展所面临的问题展现给参赛的师生们。从城市的新兴产业——花卉基地到城市边缘的城中村，再到滨水的湿地，三块基地连贯有序地体现了城市的丰富性和差异性。在这样的背景下，每一块基地的选择就出现了对城市发展不同切入方向的思考，所以题目给了大家很多信息和可能性，但同时在实际问题的分析梳理能力和最终的方案构思方面又具有很大挑战性。

昆工城市学院的同学们对自己城市的思考表现出了很高的参与性，有多个组队参加了本次竞赛。选择花卉交易区地块的同学，更多地从呈贡的特色产业和旅游规划的角度出发，从经济的角度入手分析和构思。选择滨水区地块的同学，从滇池治理和滨水区生态环境的可持续发展提出了大胆的构想。最终获奖的两组同学都把问题的关注点落在了对城市边缘传统村落的研究上。城中村化的传统村落在空间肌理上处于一种自然生长膨胀的无序状态，居住人群混合了原居住民和外来务工人员，是城市充满活力又矛盾突出的区域。通过多次的实地调研，同学们从他们的视角敏锐地发现和收集大量原始资料，对资料和信息的理性分析是我们设计过程中引导同学们构思方案的重点，以客观务实的态度去解决一些真实存在的问题，而不是简单空乏的提出一些大而空的构想，这是我们全体指导老师对题目解读的共识。因此，我们强调前期调研的客观性、问题分析的逻辑性和策略提出的有效性，并要求最终在某一个重点关注点或者某一个突出的思考点提出对应概念设计的深入实施构想，而大部分同学抽取了策略的重点节点推演出了具体的空间解决方案，概念设计的具体空间解决手段是引导同学们深入思考的途径，也是对概念提出可实施性的验证。

这是我们学院第一次参加这样的竞赛，没有太多的经验，回过头看我们年轻的师生们取得的成绩，更多的是因为我们确定了求真务实的原则，客观切实的去分析问题，寻找答案。

# 宁夏大学
# 土木与水利工程学院

昨天·今天·明天：滇池东岸城市边缘滨水空间设计，纵观整个设计基地的基本情况及调研感悟，本次设计旨在为滇池东岸、呈贡新城西部边缘设计舒适宜人的滨水城市空间，探索低碳生态原则指导下的自然资源保护利用、传统村落保护更新与未来新城发展如何相互协调的问题；以斗南村地块为出发点，提出切合滇池东岸城市扩张的发展策略和规划方式。应重点考虑位于城市边缘区的传统村落在城市扩张过程中如何适应城市化带来的产业转型、生计调整、居住生活空间变迁等问题，提出科学合理的村落保护与更新策略。同时，还应该考虑滇池湖滨生态环境的保护与修复，以及城市滨水空间的塑造。更需要考虑在巨大的城市化浪潮之下，位于滇池之滨的乡村应该何去何从？是被城市化浪潮所吞噬，还是应该谋求一条更加合理的乡村可持续发展之路，实现“望得见山、看得见水、记得住乡愁”的理想。

众所周知，滇池是昆明人的母亲湖、是云南省最大的淡水湖，有高原明珠之称。但是目前滇池的环境污染问题已经相当严重，地块一位于滇池一隅，设计应主要偏向于城市生态景观更新与保护设计，设计者在方案中要在改善环境污染的同时，还需注意新环境的营造与未来生态健康发展；地块二是传统的城中村，UPDIS共同城市的连载文章中张宇星先生说：城中村是来自未来的世界遗产，城中村有“活”的文化，我们在城中村里可以发现许许多多现代化的城市空间正在消失的景象：活力、生机、年轻、混合、复杂、交融等这样一些日常的生活本身，就是一种价值。选择地块二的设计者需要深入地了解当地的传统文化，需要通过仔细的调研去发掘地块自身的活力，探寻一条适合的、有借鉴意义的城中村更新与设计方案；地块三是云南斗南国际花卉交易中心的所在地，周边有在建的国际花卉展览中心及国际物流中心等，选择地块三的设计者要注重方案的建筑设计，作为国际花卉交易中心，建筑不仅需要体现中国传统文化的精髓，更需要以包容的心态去呈现斗南以及世界花卉文化的精髓。

整个课题围绕的滇池东岸的城市滨水空间设计，是未来呈贡新城“低碳·绿色·生态”发展目标的重要支撑，如何解决好城市扩张中村落发展面临的各种社会问题？如何从“低碳·绿色·生态”的角度创造山水田园与城市空间和谐共生的格局？如何在呈贡新城滇池边缘营造出有吸引力、有特色、有魅力的城市滨水空间？对于滇池东岸的保护和发展及昆明市人居环境的全局和滇池水陆生态环境的可持续发展，都具有重要的研究意义。

# 获奖名单

（2015 第 3 届西部之光大学生暑期规划设计竞赛）

| 所获奖项 | 作品名称 |
| --- | --- |
| 一等奖 | “渡”村入城——一花一世界·一木一浮生·一叶一菩提 |
| 二等奖 | 非正式社区——公共空间引导斗南城中村更新 |
| | Block-Based Design 时空演替下的智能模块化——花卉产业园区升级改造 |
| 三等奖 | 2米下的那个世界——人性化维度下基于空间句法的斗南村保护与更新系统构建 |
| | 花样邻里——基于介质视角的斗南村再生设计 |
| | 复合·媒介·微更新——斗南城乡活力新空间规划 |
| 设计表现奖 | 嬉皮花村——异托帮理念下的城市反身之镜设计 |
| | 花卉.创客.互联网+ |
| 设计创意奖 | Livability · Mobility · Community——基于乡村产业社区再生的城市设计 |
| | 微渗透·慢生长——引入社区规划师概念的昆明市斗南村更新机制探究 |
| | 斗南村·“互联网+”行动计划——新常态下产业型村庄更新设计 |
| | 生长的湖泊——滇池东岸滨水空间景观设计 |
| 调查分析奖 | 织街·衔“呈”——基于城市记忆网重塑的赶街文化复兴设计 |
| | 完全规划下的不完全规划——村民自治下的“村庄” |
| 佳作奖 | 新俄罗斯方块·混乱中的秩序——自组织下的城市边缘区斗南村更新改造设计 |
| | 湿地重构——水循环的花卉农业生态系统推广 |
| | 铜态·生态·活态——基于叙事理论下的斗南滨水空间设计 |
| | 自我唤醒的生活轨迹——以空间干预的方式进行自我更新改造 |
| | 回归线 |
| | 水陌纵横——滇池环湖生态带净水及节水科普主题公园设计 |
| | “软着陆”——基于动态规划理念的大城市边缘村庄规划设计 |
| | 时空交织三部曲——弹性规划引导下的斗南更新改造设计 |
| | 邻水弄花·思斗望南——斗南村有机生长与复合更新 |
| | Yesterday Today Tomorrow Travel in the way of life——历史乡镇可游、可居、可观的花街合院生活方式 |
| | 重拾滇韵·绿映斗南 |

| 参赛院校 | 指导老师 | 参赛学生（第一位为组长） |
| --- | --- | --- |
| 西安建筑科技大学 | 段德罡　沈婕 | 白阳　蔡智巍　崔泽浩　赵渊　周嘉豪 |
| 西南交通大学 | 赵炜　毕凌岚　贺昌全 | 刘佳欣　唐祖君　金彪　孙忆凯　潘宇飞 |
| 云南大学 | 王玲 | 葛瑜婷　安纳　邓小杰　田遥　杨书航 |
| 西南交通大学 | 赵炜　毕凌岚　贺昌全 | 程易易　王宇　吴笛　明钰童 |
| 云南大学 | 赵敏 | 陶惠娟　姬莉　王慧咏　李楠楠　康智辉 |
| 桂林理工大学 | 刘声炜　张春英　张慎娟 | 李稷　冯杰　黄栢荣　潘莎莎　涂几文 |
| 广西大学 | 何江　倪轶兰 | 覃俊婕　黄星集　潘海莹　李金刚　邓若璇 |
| 四川大学 | 李春玲 | 施媛　李梦颖　邱建维　姜梦影 |
| 重庆大学 | 黄瓴 | 余海慧　张颖　赵宏钰　李南楠　钟皓 |
| 重庆大学 | 赵强 | 张卫凌　夏天慈　袁源　赵益麟 |
| 西北大学 | 吴欣 | 李冬雪　潘湖江　王婧媛　赵志勇　孙珊 |
| 云南大学 | 王晓云 | 王巍静　谭雯文　杜恩泽　黄岩　韩伟超 |
| 宁夏大学 | 董茜　刘娟 | 王磊心　张新贺　龙倩　杨燕燕　陈德迪 |
| 昆明理工大学城市学院 | 马雯辉　杨曦 | 张强　马敏　马晓雯　范文博 |
| 内蒙古工业大学 | 胡晓海　张立恒　白洁　王强 | 刘龙　唐雅雯　胡静文　贾伟　曹志博 |
| 重庆大学 | 胡纹 | 赵春雨　刘晔天　杨滨源　段又升 |
| 云南大学 | 李晖 | 熊雨　陈晓曦　高敏 |
| 西安建筑科技大学 | 任云英　付凯 | 吴晓晨　毕怡　白帅帅　武凡　李琢玉 |
| 四川农业大学 | 朱伟 | 赖奕锟　付萍　候雪娇　江美莹　孙立 |
| 昆明理工大学 | 孙弘　赵蕾　程海帆 | 彭川倪　黄熙　欧坤源 |
| 四川大学 | 杨祖贵 | 周鹏　罗莹晶　贺振华　袁喆依　王杰楠 |
| 宁夏大学 | 燕宁娜　刘娟　董茜 | 刘生雨　张胜男　李泽奇　成云鹏　杜亚男 |
| 西华大学 | 艾华　付劲英　康亚雄 | 赵柏杨　汪紫菱　张丽君　黄思杰　佘凤绪 |
| 昆明理工大学城市学院 | 陈俊 | 吴泽志　毛海芳　文霈霖 |
| 昆明理工大学津桥学院 | 李丽萍　周茜　石莺　王荫南 | 周超敏　罗肖思景　杨鹤聪　何沁峰 |

段德罡

沈婕



西安建筑科技大学

# 「渡」村入城

## ——一花一世界·一木一浮生·一叶一菩提

指导教师 | **段德罡 沈婕** 参赛学生 | **白阳 蔡智巍 赵渊 周嘉豪 崔泽浩**

快速城镇化带来了我国经济的高速增长，提高了人民群众的物质生活水平，城市规划在其中发挥了重要的作用，但也留下了诸多的缺憾：城乡差距越拉越大、社会分层日益凸显、弱势群体缺乏关注、民众诉求趋向功利……很多时候我们已经习惯于把“以人为本”当作口号而不再顾得上真正在规划中予以践行了。

斗南村，一个有着斗南人自己的生计与生活的村落，即将在昆明快速发展进程中成为城市的一部分。如果以惯常的认识——城市空间应该是整齐、壮阔、时尚的宏大场景，斗南村没有留存下去的可能——从气质形象、土地经济、政府诉求等角度，这终将是一个要被拆除重建为钢筋水泥的高楼林立的地方。然而，当俯下身去，我们会看到一代代斗南人在这里生活的印迹、在难以把握的市场中跌跌撞撞而培育起来的产业、因产业而吸引来这里用有限的知识与能力谋生的外乡人……城市规划的目的不就是让老百姓安居乐业吗？从老百姓的角度来说，这个目标已经实现。只是，斗南的空间品质还不是很高，生活品质还有待提升，消防存在隐患、隐私难以保障……如果说斗南是棵树，我们需要做的只是修剪掉枯枝烂叶，施施肥、浇浇水，而不是连根拔起，重新种下一棵树，这是尊重生命的态度——村庄本身就是有生命的。

“渡村入城”——诠释的就是对村庄生命的尊重。于佛来说，是慈悲；于几个三年级的规划学生来说，是以善良为基点，走向呵护民众的规划旅程。

# 一木一浮生

我们懂得
斗南每一寸土地
都有属于它的价值
只因——

## 我们领悟

**规划目标**

1、社会目标：延续斗南现有融洽的生活氛围与村庄历史价值
2、经济目标：优化产业结构，增加就业岗位与村民收入。
3、空间目标：改善斗南村人居环境，完善基础服务设施。

**改造原则**

1、保护斗南村旧有生活组织结构
2、延续村庄肌理与历史记忆
3、解决现存问题空间，提高空间利用效率
4、为斗南村未来发展预留空间

昨天的记忆
今天的发展
明天的展望

## 我们思考

为了更多的建筑面积而重建？
面临更多的经济矛盾而拆迁？
为了摆脱城市的包袱而重建？
逃避城市本真复杂性而拆迁？

明日方向

## 家园营造

地块一
地块二
地块三

创业者之家
斗南村民之家
红嘴鸥之家

对于基地的定位是斗南村村民之家，而斗南村是个有机的整体，其中的每一部分对于我们的设计都同样重要，所以我们希望将整个斗南村纳入我们的设计范围，让我们的设计能够承载斗南村的昨天、今天、明天。

点状元素

线性空间

## 衡短论长

斗南村有着传统农村生活中保留下来的优点，朴实的人民、传统的文化和历史的记忆。在改造的过程中，我们必须继续保留村中原有的生活和优点，并加以发扬。

保留延续

公共空间不足
基础设施缺失
居住质量差
空间利用率低
社会管理缺失
道路质量差
日照不足

融洽的邻里交往
历史的见证
老房子的记忆
宜人的街巷尺度

改造优化

斗南村中有着很多的缺点，各种空间、经济和社会的问题都在这里体现。我们以问题为导向，将各种问题落实到空间中，以不断的改造策略来解决这些问题。

生活故事
个人价值
邻里关系

**设计说明**：斗南村城市设计我们基于对每位村民的调研考察与对整个村庄现状肌理的判断对村庄设计坚持以改造为主，保证村庄肌理部分地区少量添加与拆除现有建筑。设计整体以打造居民日常生活活动空间为主，整个塑造过程中选取居民日常生活中的消极空间作为改造重点；在居民日常生活街道进行现状设计最终连接各个居民生活区中活动小点构成斗南村一个良好的生活居住环境。

- 斗南村菜市场
- 村民自治规划委员会
- 斗南居委会
- 中心广场
- 运动广场
- 商业步行街
- 街道绿化广场
- 居民区内生活绿化广场
- 戏台
- 绿色建筑示范区
- 幼儿园
- 斗南小学

**经济技术指标**
基地面积：47.00h㎡
建设面积：26.24h㎡
规划预留空地：14.20h㎡
容积率：3.14
建筑密度：55.8%
绿地率：17%

总平面图 1：2000

N
昆明

## 功能布局

## 重点空间及重点改造区域

## 系统分析

居民流动性生活空间
次要道路
居民生活空间活力点
主要道路

# 渡村入城

贰

一等奖

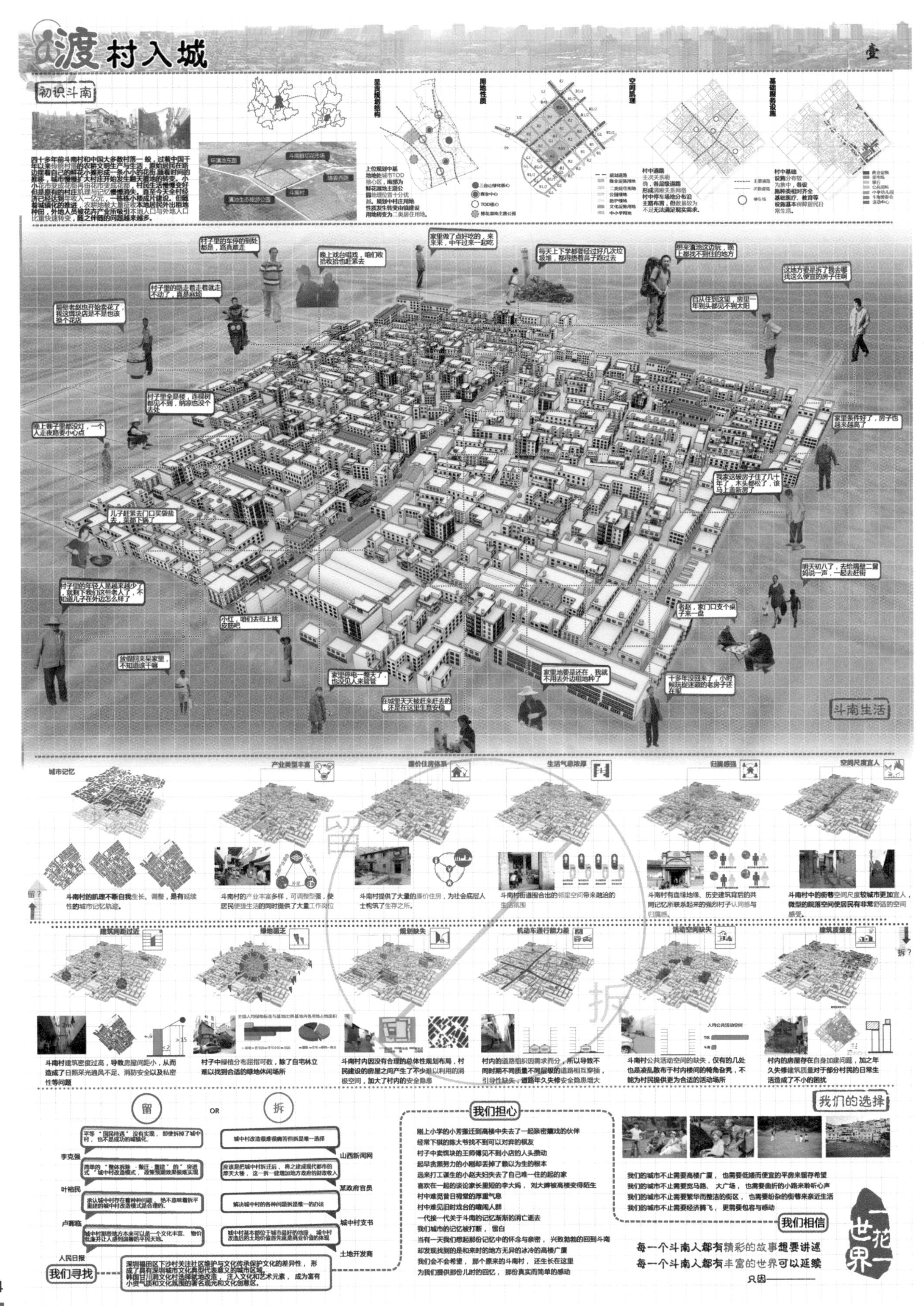
渡村入城
壹
初识斗南
四十多年前斗南村和中国大多数村落一般，过着中国千年以来传统村落的农耕文明生产与生活，原始居民在路边摆着自己的鲜花小摊形成一条小小的花街，随着时间的推移，城市慢慢扩大村庄开始发生翻天覆地的转变，小小花市变成花街再由花市变成花都，村民生活慢慢变好但是原有的村庄肌理与记忆慢慢消失，直至今天全村经济已经达到年收入一亿元，一栋栋小楼成片建设，但随着城镇化的推进，农耕地被大量征收本地居民外出租地种田，外地人员被花卉产业所吸引本地人口与外地人口比重快速转变，随之伴随的问题越来越多。
环滇池东路
斗南村
村子里的车停的到处都是，路真难走
晚上戏台唱戏，咱们收拾收拾也赶紧去
村子里的路走着走着就走不动了，真是麻烦
斗南生活
城市记忆
产业类型丰富
廉价住房体系
生活气息浓厚
归属感强
空间尺度宜人
留？
斗南村的肌理不断自我生长、调整，是有延续性的城市记忆轨迹。
斗南村的产业丰富多样，可调整型强，使居民便捷生活的同时提供了大量工作岗位
斗南村提供了大量的廉价住房，为社会底层人士构筑了生存之所。
斗南村街道围合出的邻里空间带来融洽的生活氛围
斗南村有血缘地缘、历史建筑背后的共同记忆所联系起来的强烈村子认同感与归属感。
斗南村中的街巷空间尺度较城市更加宜人，微型的院落空间使居民有非常舒适的空间感受。
留
拆
建筑间距过近
绿地匮乏
规划缺失
机动车通行能力差
活动空间缺失
建筑质量差
拆？
斗南村建筑密度过高，导致房屋间距小，从而造成了日照采光通风不足、消防安全以及私密性等问题
村子中绿植分布屈指可数，除了自宅林立难以找到合适的绿地休闲场所
斗南村内因没有合理的总体性规划布局，村民建设的房屋之间产生了不少难以利用的消极空间，加大了村内的安全隐患
村内的道路组织因需求而分，所以导致不同时期不同质量不同层级的道路相互穿插，引导性缺失，道路年久失修安全隐患增大
斗南村公共活动空间的缺失，仅有的几处也是凌乱散布于村内楼间的犄角旮旯，不能为村民提供更为合适的活动场所
村内的房屋存在自身加建问题，加之年久失修建筑质量对于部分村民的日常生活造成了不小的困扰
留
OR
拆
平等"国民待遇"没有实现，即使拆掉了城中村，也不是成功的城镇化。
李克强
简单的"整体拆除－搬迁－重建"的"突进式"城中村改造模式，政策预期效果很难实现
叶裕民
承认城中村存在着种种问题，绝不意味着拆平重建的城中村改造模式是合理的。
卢晖临
城中村那些地方本来可以是一个文化丰富、物价低廉并让人感到温馨的平民天地。
人民日报
城中村改造很难很痛苦但拆是唯一选择
山西新闻网
应该是把城中村拆迁后，将之建成现代都市的摩天大楼，这一拆一建增加地方政府的财政收入
某政府官员
解决城中村的各种问题拆是唯一的办法
城中村支书
城中村基本都位于城市最好的地段，城中村改造后的土地价值首先就是商业价值的体现
土地开发商
我们寻找
深圳福田区下沙村关注社区维护与文化传承保护文化的差异性，形成了具有深圳城市文化典型代表意义的城市区域。
韩国甘川洞文化村选择就地改造，注入文化和艺术元素，成为富有小资气质和文化氛围的著名观光和文化创意区。
我们担心
刚上小学的小芳搬迁到高楼中失去了一起亲密嬉戏的伙伴
经常下棋的陈大爷找不到可以对弈的棋友
村子中卖饵块的王师傅见不到小店的人头攒动
起早贪黑努力的小刚却丢掉了赖以为生的根本
远来打工谋生的小赵夫妇失去了自己唯一住的起的家
喜欢在一起的谈论家长里短的李大妈，刘大婶被高楼变得陌生
村中难觅昔日祠堂的厚重气息
村中难见旧时戏台的喧闹人群
一代接一代关于斗南的记忆渐渐的消亡逝去
我们城市的记忆被打断，留白
当有一天我们想起那份记忆中的怀念与亲密，兴致勃勃的回到斗南
却发现找到的是和来时的地方无异的冰冷的高楼广厦
我们会不会希望，那个原来的斗南村，还生长在这里
为我们提供那份儿时的回忆，那份真实而简单的感动
我们的选择
我们的城市不止需要高楼广厦，也需要低矮而便宜的平房来留存希望
我们的城市不止需要宽马路、大广场，也需要曲折的小路来聆听心声
我们的城市不止需要繁华而整洁的街区，也需要纷杂的街巷来亲近生活
我们的城市不止需要经济腾飞，更需要包容与感动
我们相信
每一个斗南人都有精彩的故事想要讲述
每一个斗南人都有丰富的世界可以延续
只因——
一花一世界

一等奖

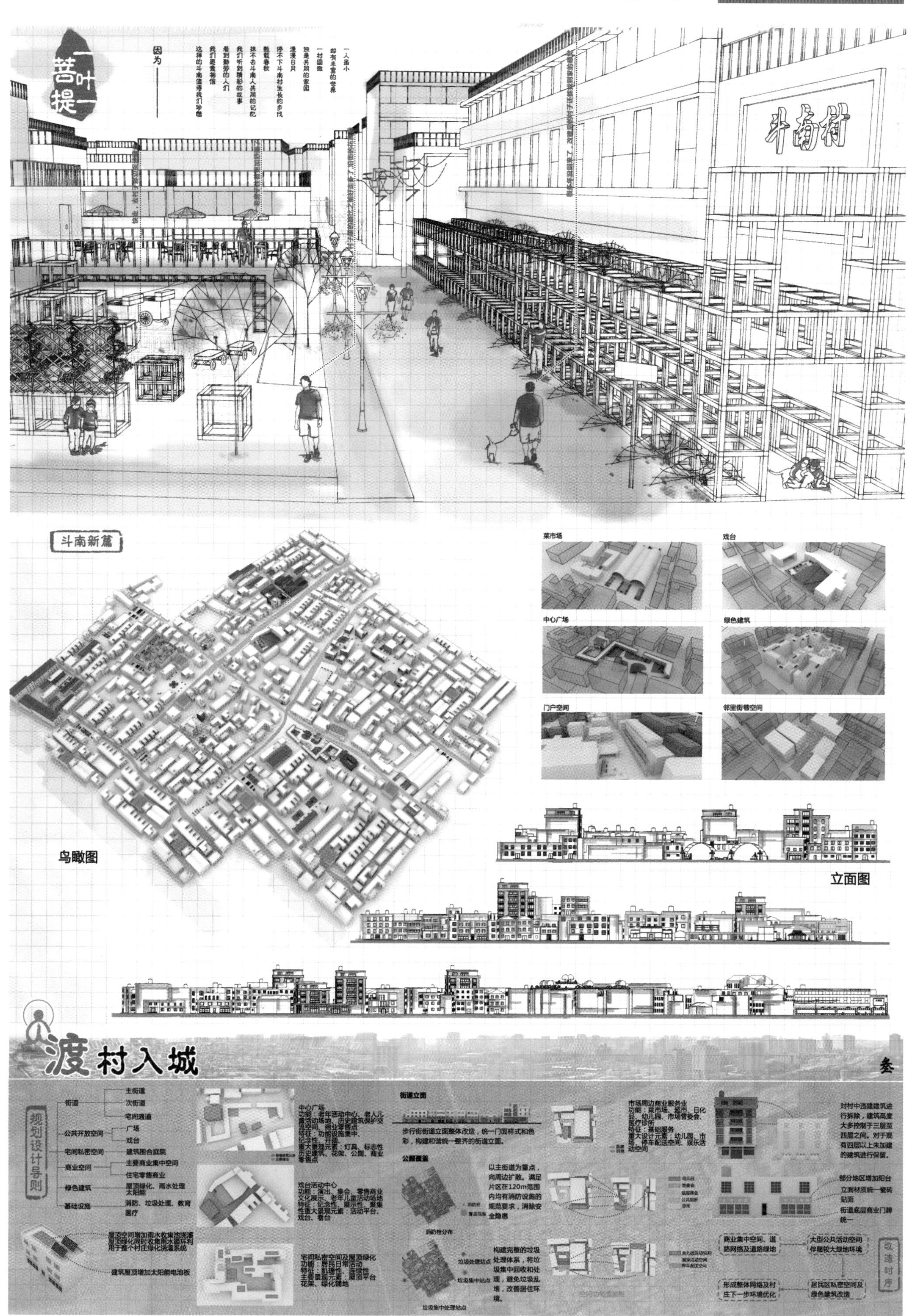
一叶一菩提
斗南村
斗南新篇
鸟瞰图
立面图
菜市场
戏台
中心广场
绿色建筑
门户空间
邻里街巷空间
渡村入城
规划设计导则

**白阳**

—

这次设计竞赛前后历时三个多月，我和我的小伙伴们同吃同住，大家一起为我们的设计不懈努力，方案的讨论过程有时会十分激烈，但这样的过程更加拉近了我们的友谊，并且我们获得了很好的成绩，我们十分的欣慰。

在这次设计中我明白了规划的实质在于空间，而规划出来的空间必须是基于人们所需求的空间，我认为在我们当今规划转型过程中这两点十分重要。我们在谈论我们规划师的理想、规划师的诉求时首先应该深入了解、观察当地人对于生活空间的诉求，因为我们所有规划和设计出来的空间是为人服务的，没有人使用的空间会在时间推进的过程中被淘汰取缔或是这种空间规划建设出来根本就是一种浪费。而在我们全面了解各类人的需求过后，如何规划设计出一个能符合人们生活的、好的、长远的空间，并将我们的理想、理念落实在空间之上并解决原有空间问题，这是我们规划设计的核心。

**蔡智巍**

—

作为“西部之光”参赛小组的成员之一，我对这次竞赛感触颇深。最关键的词语对我来说，就是逻辑。

从最初的调研开始，到最后的图纸表达，一个清晰的逻辑一直使我们的工作井井有条，同时也让我们最后的图纸表达简洁而准确。记得在选地确立为斗南村片区的时候，我们所有人的思路可以说大致都是相似甚至相同的。对于这样一个富有历史并依旧充满活力的片区，我们对它进行设计的逻辑思路从一开始就是以保护为主，结合微小但细致的改造，达到我们所希望达到的目的，即一方面优化提升斗南村的生活居住品质和空间价值，另一方面也保证斗南村依旧是人们所熟悉的那个样子，人们依旧可以按照习惯的生活节奏与生活环境自由生活，这个地方依旧能承载人们的记忆和感情。在进行设计的过程中，尽管我们大家有过争论，但所有的人都是在保持一个共有前提下不断优化我们的逻辑结构，最终完成了我们所希望的规划设计。

回顾这次竞赛，我自己学到了很多新的思路与知识，也和几个好朋友一起度过了一段紧张却充实的时光。我们能够相互学习，交流思想，不断进步，相互补全，这对我们所有人都是一个巨大的进步。特别是指导我们的段老师，他对我们的指导不是简简单单针对方案的生成，每次与我们的讨论他都会讲很多方案以外的东西，或是规划师的价值观，或是相关却在书本上很难学习的知识，这些都让我受益良多。我衷心感谢指导我们的段老师和与我一起努力的小组成员们，是你们使我不断成长。

**崔泽浩**

—

通过这次竞赛的经历，我学到最多的是对规划价值观的认识。进入专业学习以来，大多数情况都是拿到课题，通过自己的构思和老师的指导直接进行空间设计。而通过这次竞赛我才明白规划更需要考虑到被规划影响着的人们的想法与需求，只有这样，我们的方案才能拥有更多的实用性和人文关怀。

**赵渊**

—

一个团队的竞赛，需要每个人都参与到团队中来，队伍中的每个队员需要齐心协力，融为一体。除此参加这种团队合作的竞赛，最困难之处就在于要让队员之间相互理解和支持。团队中的每个人都会有自己独特的想法，而只有将这些想法相互融合、贯通，才能最终形成统一的想法并付诸实际。在这次竞赛中，团队中的每个人在前期都有自己的想法，使得争论的局面一直没有停歇，最后统一的方案迟迟不能落到纸面上。由于我们之前没有类似的经验，所以很难去妥协和理解，使得这种争论一直持续到最后一刻才由于时间的原因而达成共识。而这也是这次竞赛中最大的收获，在团队中每个人的思想碰撞中产生好的想法，在相互争论中相互妥协和达成共识。这是在以后的设计生活中、与其他人合作中最为重要的一部分。

**周嘉豪**

—

竞赛之于我们更像是一次体验，我们明白了一个规划师应该去做什么，怎样去践行自己的想法，也明白了如何去运作一个团队 ，怎样去让我们的想法逐步变现。 一个逻辑经得起推敲的方案才有机会成为造福于当地的现实 。而如今规划变革的时代，我们需要对我们的土地付出感情，用当地人的视角去审视设计，让规划真正落地。对于乡村的情怀，对于土地的热爱，对于每一份城市发展印记的尊重，让我们踏踏实实地做好每一份具有强烈共鸣与责任感的规划设计。城市变得需要微手术、微设计，而乡村更需要发现，发现乡村传承已久却又要与古为新的部分。每一个村子就像是一个个等待发现的宝藏，在我们执着于乡土建设的艰难路途上总会给我们一些启迪、 一些惊喜，也让当地的发展走向更好的未来。乡村之于中国是承载本土化记忆最多的地方，由一个农业大国发展而来，在走向新二三产转型的路上我们如何给乡村一个华丽的转型也是至关重要的一步。无需城市扩张般的大手笔拆建，也没必要对着那一片乡土过分强调记忆而畏手畏脚。把适合乡村的还给她们，让设计成为其历史发展延长线上的必然就再好不过了。一分乡土一分愁，一分规划一分情。情愁落地，乡村总会变得更美好。

二等奖

赵炜

毕凌岚

贺昌全

西南交通大学

# 非正式社区

## 公共空间引导斗南城中村更新

-

指导教师 | **赵炜　毕凌岚　贺昌全**　参赛学生 | **刘佳欣　唐祖君　金彪　孙忆凯　潘宇飞**

城中村被许多人称为城市中的“毒瘤”，建设落后，藏污纳垢，成为城市中黑暗的角落。其实，城中村各类矛盾现象的综合体，从文化的意象而言有其多元性和丰富性。只是我们往往被偏见牵引，容易看到脏乱的表象，而忽视其包容的内容。

同学们经过思考认为，城中村土地与国有土地成为组成城市空间供给市场的两大主体。国有土地是由政府来为居民提供生产、生活空间；而城中村则是由村集体及其村民这一非政府社会力量来提供生产、生活空间。对于广大外来人口来说，城中村的确提供了一个非常好的居住选项，其提供的低成本生活，优势显著。

我们选择斗南村作为我们的基地来进行设计改造，希望尝试发挥城中村的优势改造其劣势，为更多的城市居民及外来人口提供一种生活方式与生存空间，使城中村以非正式社区的形态存在于我们的城市生活之中。

此次规划分别明确改造目的（为什么改造）、改造策略（如何改造）、改造措施（改造什么）三方面内容，探寻适合于本规划片区的规划更新技术措施。其中，规划目的分别以现状问题导向和未来目标为出发点，结合片区资源特点，同时针对地块现实情况，提出具体的改造措施，使得规划更具可行性和合理性。

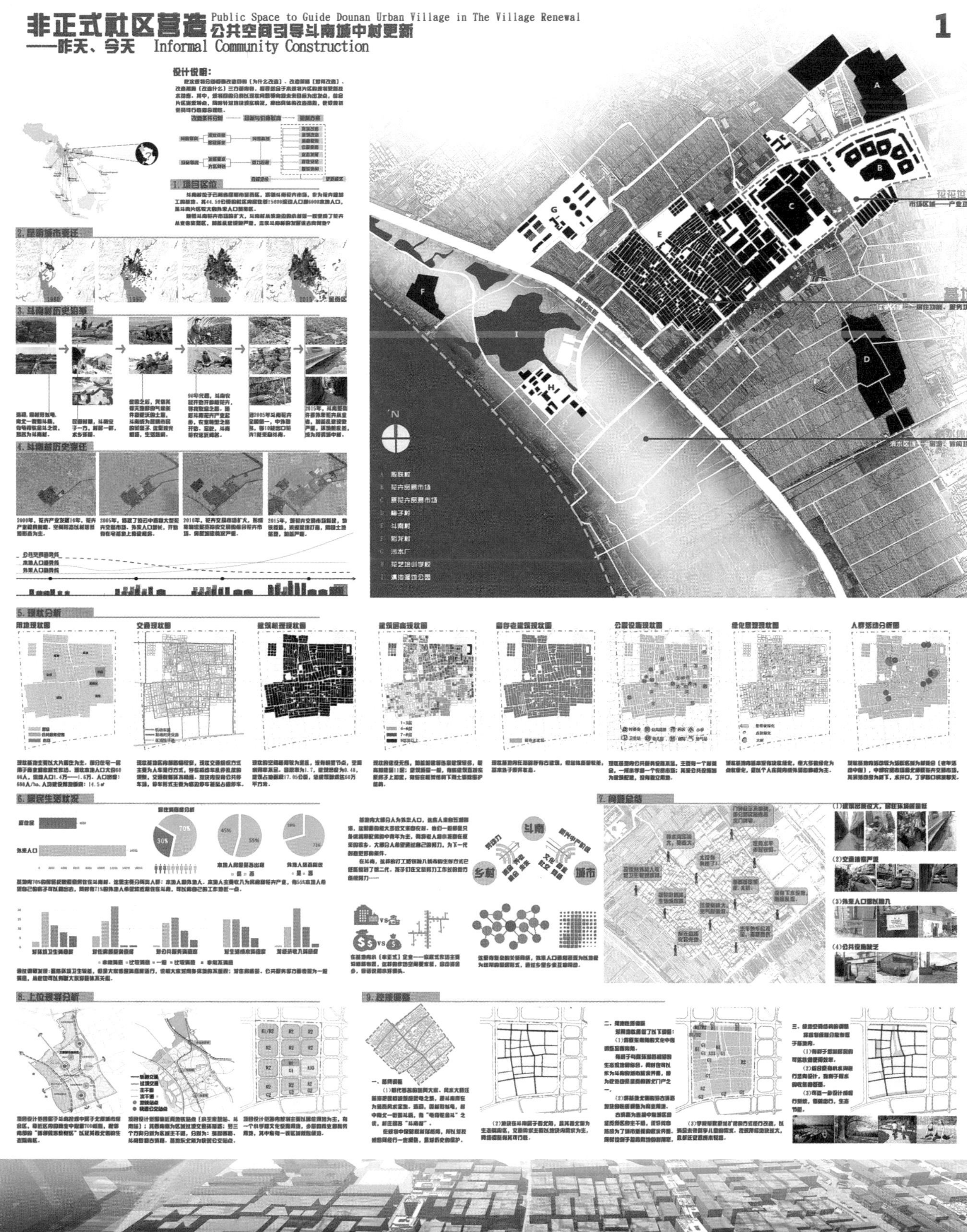
非正式社区营造
——昨天、今天
Public Space to Guide Dounan Urban Village in The Village Renewal
公共空间引导斗南城中村更新
Informal Community Construction
1
设计说明:
1. 项目区位
2. 昆明城市变迁
3. 斗南村历史沿革
4. 斗南村历史变迁
5. 现状分析
6. 居民生活状况
7. 问题总结
8. 上位规划分析
9. 控规调整
花花世界
基地
斗南
乡村
城市

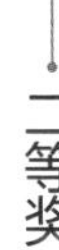
二等奖

# 非正式社区营造——明天 公共空间引导斗南城中村更新

Public Space to Guide Dounan Urban Village in The Village Renewal

Informal Community Construction

2

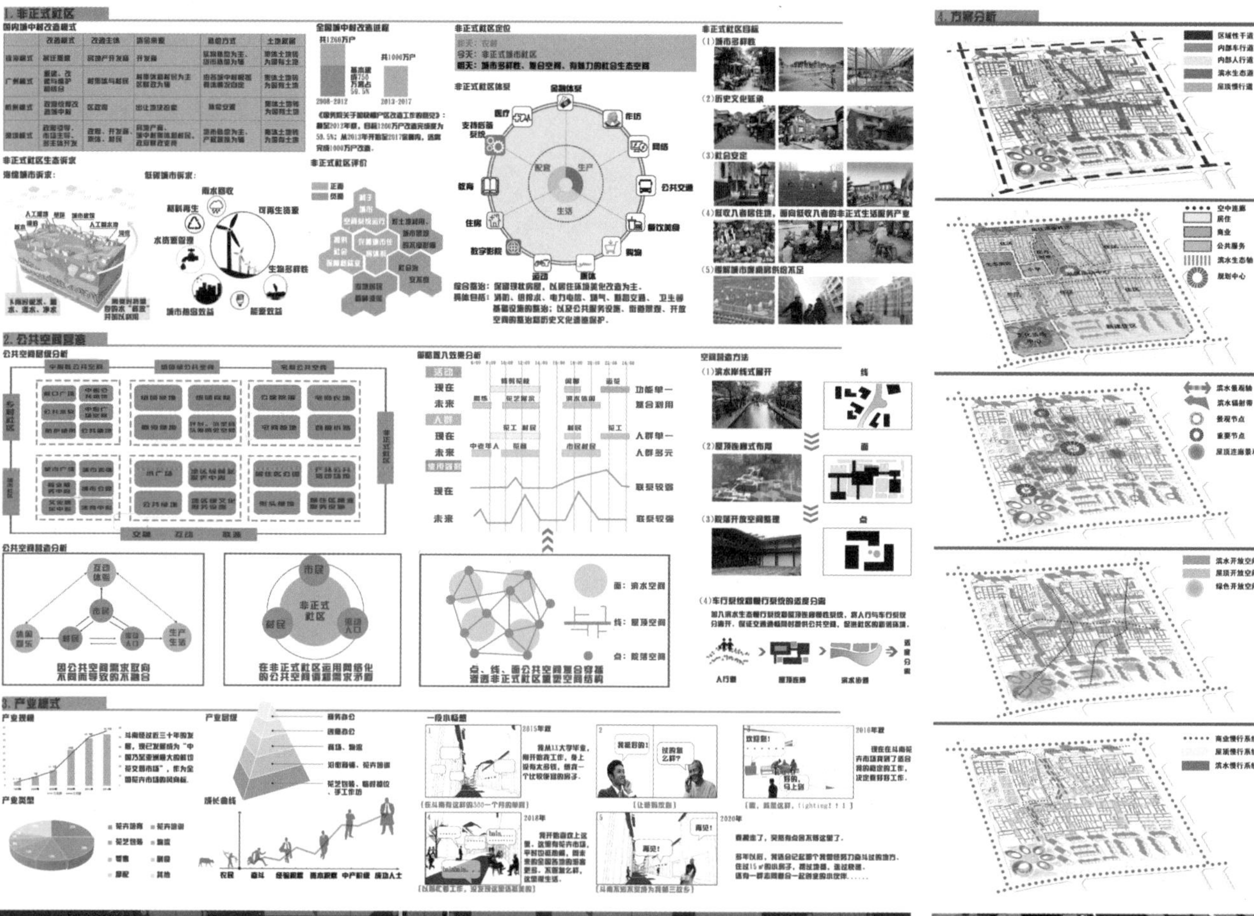

二等奖

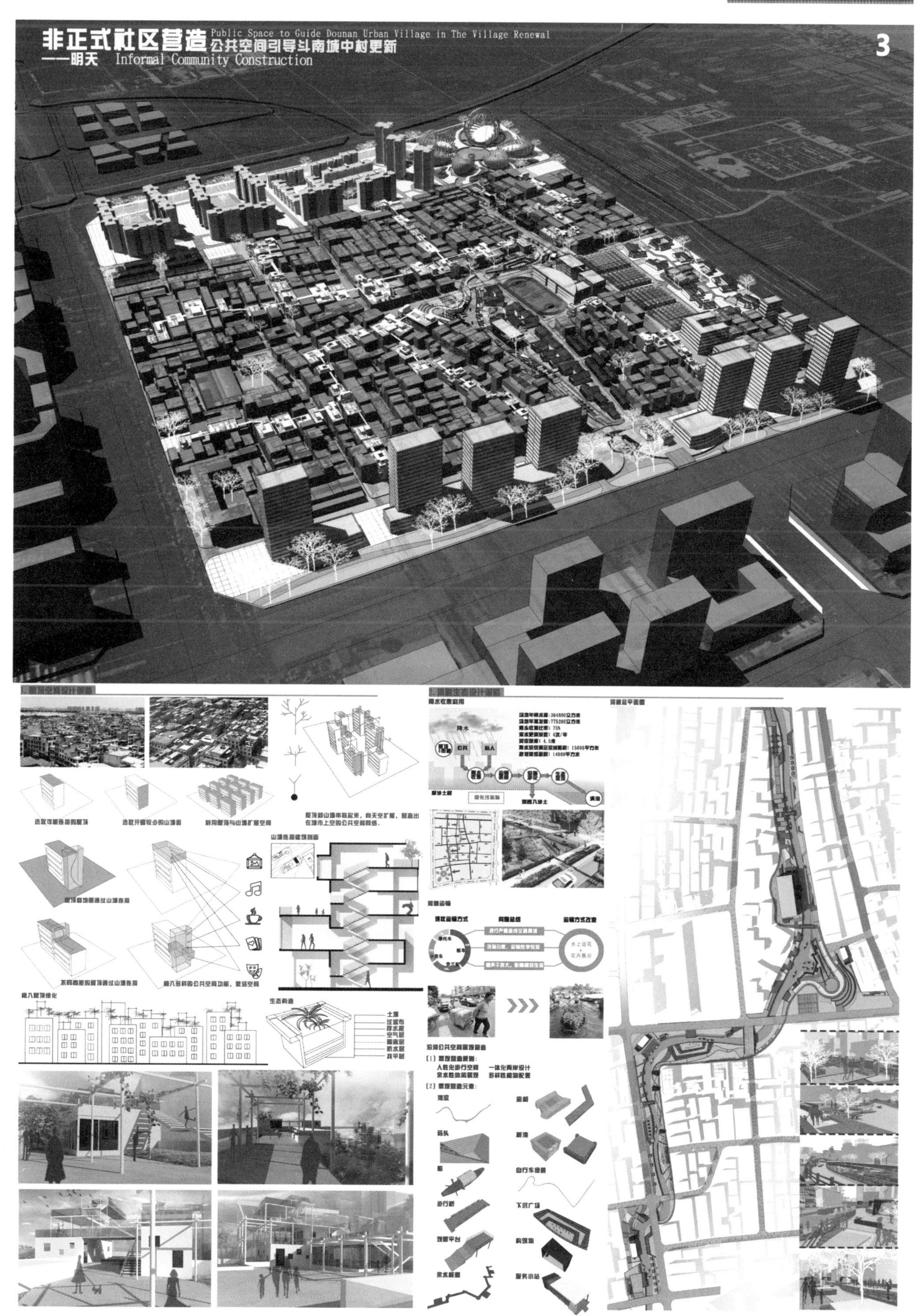
非正式社区营造 公共空间引导斗南城中村更新
Public Space to Guide Dounan Urban Village in The Village Renewal
——明天 Informal Community Construction
3

二等奖

刘佳欣

—

从城中村是城市毒瘤到城中村存在的价值，“西部之光”带给我的是重新对城中村的认识，存在即有存在的价值，只会拆建的规划一定是冷漠的设计，规划师应该让自己扮演各类市民身份，去深入思考方案的影响力。在这短短设计过程中我所收获的远远超过基地本身的范围，它将为我未来设计之旅提供无穷动力！

唐祖君

—

一开始拿到题目，看到基地密密麻麻的建筑，加上本身对于城中村的不了解，不知从何下手。后来经过对城中村概念的探索，植入了与常规不同的非正式社区的概念。空间规划方面有两点：一是向天空发展的屋顶空间，二是引入滇池之水。

金彪

—

这次能参加“西部之光”，一方面是有了上次参与的经验与反思，另一方面也丰富了我们的课余生活。斗南村的改造这个题，很好地联系了我课余时间所阅读的相关专业书籍，也符合了当前存量规划的主题，通过这次的锻炼，我一方面很荣幸能获奖，另一方面则是再次增强了我理论与实践结合的能力。

**孙忆凯**

—

此次参加“西部之光”，我收获良多。首先是第一次接触城中村的改造设计，其次是第一次体会了老城中繁杂的矛盾与各种利益的冲突，如何运用有限的资源，权衡各方的利益，尽可能地为城中村的发展探索新的道路成为我们最大的考验。

**潘宇飞**

—

在方案设计中我们摈弃了一贯的规划师主导，而是深入挖掘斗南村居民的生活需求、空间需求、情感诉求，不再用传统的自上而下的方式去限制与控制，而更强调通过自下而上与其结合的方式，对居民的行为进行引导。如果一个城中村的行为都能自发而有序，那么，这就是最成功的城中村。

王玲

二等奖

云南大学

# Block-Based Design
# 时空演替下的智能模块化

## ——花卉产业园区升级改造

指导教师 | 王玲　参赛学生 | 葛瑜婷　安纳　杨书航　田遥　邓小杰

设计地块位于昆明市滇池东岸、呈贡新城西缘，环湖东路以东的斗南村地段。本次规划设计的三个地块彼此毗邻，1号地块位于最东侧，用地规模约22公顷，南、东、北面分别与城市主、次干道毗邻，西面与2号地块相邻。自1994年呈贡斗南鲜花交易街形成以来，斗南花卉交易市场，花卉拍卖交易中心，花卉存储、加工仓库，花卉图书馆，花卉物流中心，花卉技术培训学校及花卉衍生产品交易市场等都在1号地块完成着自己的使命，也见证着"中国乃至全亚洲鲜切花交易市场"的诞生和繁荣。2015年，斗南花卉市场迁入"花花世界"，1号地块作为斗南花卉产业园区核心地块的使命将何去何从？怎样提高花卉交易的效能？怎样提高公共空间的活力？怎样突出地方文化特色，留存记忆？怎样做才是可续的？我们该如何利用地块现有资源，最终要呈现什么样的结果？

方案充分尊重地块历史和现状，利用大数据分析了社区动态的变迁，在调查的基础上增强了趋势控制；在传统规划方法的基础上构筑模块化特色因子、复合地块功能、提高地块活力，实现现有功能空间的有机升级。这里四季如春、花香四溢……我们希望看到改造升级以后的"斗南花卉市场"而不仅仅是产业的一环，它更应该是呈贡斗南片区的一个纽带。

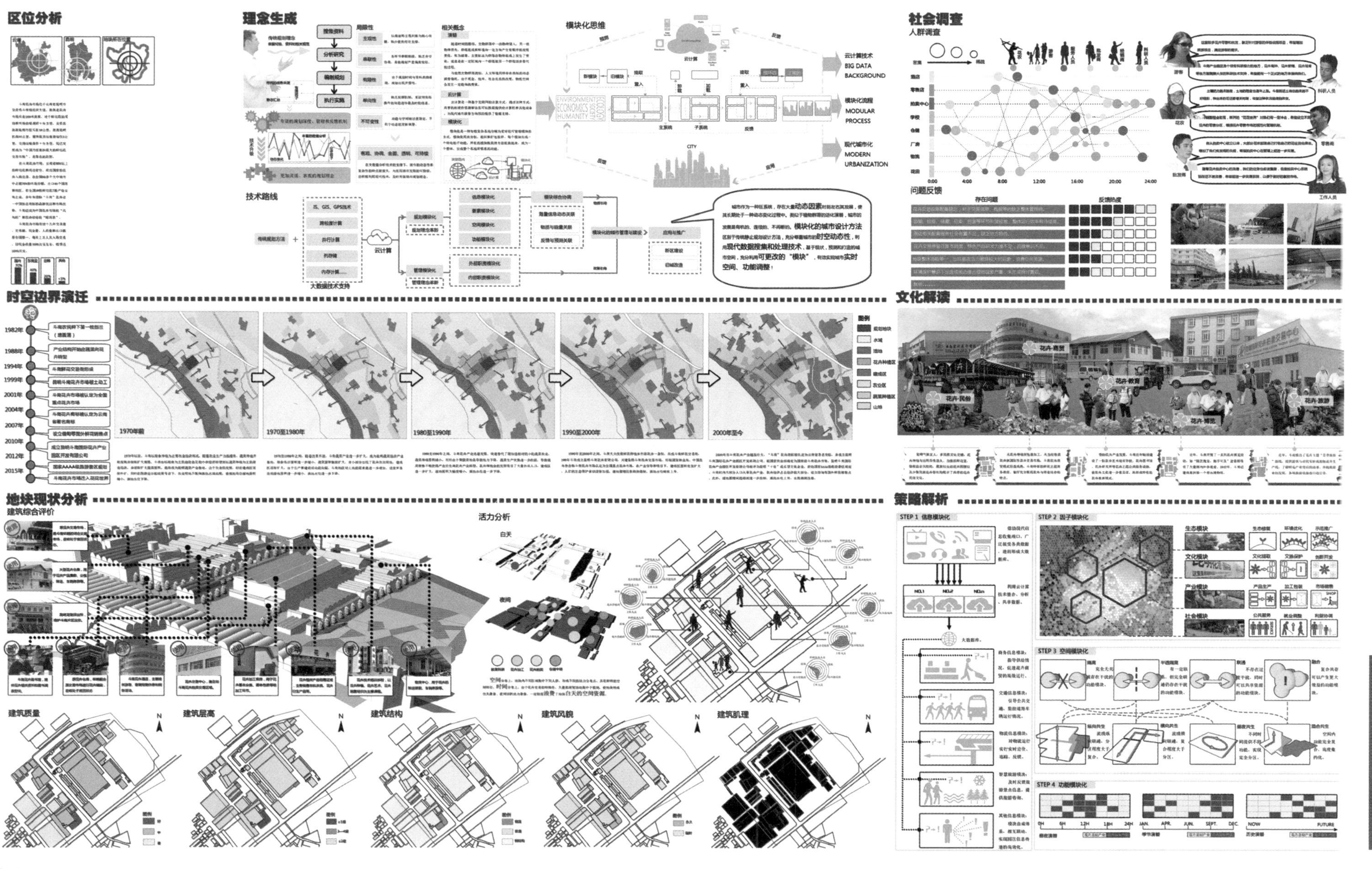
区位分析
理念生成
模块化思维
社会调查
人群调查
问题反馈
存在问题
反馈热度
技术路线
云计算技术
BIG DATA
BACKGROUND
模块化流程
MODULAR
PROCESS
现代城市化
MODERN
URBANIZATION
时空边界演迁
1970年前
1970至1980年
1980至1990年
1990至2000年
2000年至今
文化解读
花卉·商贸
花卉·教育
花卉·民俗
花卉·旅游
花卉·博览
地块现状分析
建筑综合评价
活力分析
白天
夜间
策略解析
STEP 1 信息模块化
STEP 2 因子模块化
STEP 3 空间模块化
STEP 4 功能模块化
生态模块
文化模块
产业模块
社会模块
建筑质量
建筑层高
建筑结构
建筑风貌
建筑肌理

二等奖

# 昨天·今天·明天：滇池东岸城市边缘滨水空间设计

二等奖

## 智能建筑

建筑及周边环境组织

## 技术支持

## 产业模块化

## 总平面图

## 空间模块化

## 基本系统规划

## 智能系统规划

## 要素模块化

## 鸟瞰效果图

## 活力提升

TOURIST LOGISTICS DOUNAN TRADE ART DIAN LAKE ENTERTAINMENT FLOWER GROWER

INDUSTRY CULTURE SOCIOLOGY ECOLOGY

BEFORE AFTER

单一花卉贸易 → 复合产业发展

固有地方特征 → 文化资源开发

花卉农业生产 → 商贸服务扩张

现代种植发展 → 生态理念推广

## 物质能量结构

主要能源

其他能源

智慧能源

ENERGE

水循环

涵养水源

净化水源

防止内涝

调蓄水系

海绵城市结构

碳循环

CO2

碳足迹监测

INFORMATION

ENERGE

MATARIAL

## 特色节点图

### 屋顶绿化

……构建**屋顶生态系统**……

### 复合厂房

……**复合化布置**……

### 主题公园

……**集花卉观赏、休闲、运动等功能为一体**……

### 科研花田

……**科研培育空间**……**教学**……

**葛瑜婷**

—

我们小组所选定的规划地块位于斗南花卉市场，在综合考虑了其地理位置、文化底蕴、产业以及空间功能布局等各方面的因素，引入了模块化的设计理念，通过信息模块化、要素模块化、空间模块化、功能模块化以及内外部职责模块化等来解决地块内部所存在的问题，实现规划地块及其内部产业、景观的协调与可持续发展。我们在进行地块设计的时候，充分尊重了地块历史和现状，基于现代数据搜集与分析技术，遵循模块化理念，少量改造现状建筑，构筑模块化特色因子、功能和产业空间，调整产业结构，平衡地块昼夜活力，恢复地块功能，实现功能空间的有机升级。将理念落实到设计中，则主要体现在功能模块化和空间模块化上，例如，复合厂房的设计，通过采用绿色轻质可拆卸的材料构建厂房，可以根据功能需求的转变而进行相应的调整，不同建筑间以及建筑内部可以根据时间的变化，在空间及功能布局上进行相应的调整，通过模块化设计来解决过去那种在一段时间内厂房空间不能满足需求而在另一段时间利用率低下的问题。

我们希望通过模块化的设计，使有限的地块发挥出更大作用，来满足未来斗南花卉市场的需求，并且可以根据未来发展的方向，非常便利地进行相应的调整，实现长期可持续的发展。

**安纳**

—

去年7月，我十分高兴代表云南大学参加第三届西部之光大学生暑期规划设计竞赛，并很荣幸地获得了全国二等奖，城市作为一个巨大复杂的系统，拥有大量动态因素时刻左右其发展，其长期处于一种动态的变化过程中。本次以模块化的城市设计方法为主，发展是有机的、连续的、不间断的。区别于传统静止规划设计方法，运用自适应可变系统，充分利用可更改的“模块”，有效地实现城市实时空间以及功能的调整。

城市规划的目的就是为人们营造一个合理的生活环境。我认为，不论是规划，我们所追求的始终是一个传承与变革共存的新常态。在此次竞赛中，我收益颇多，然而我想，我收获的不仅仅是知识，更是一份抱有规划的心情与责任。

**邓小杰**

—

昨天·今天·明天，斗南作为滇南最负盛名的花卉种植交易市场，在市场的牵引下历经辉煌和衰落，新的设计价值将赋予斗南花卉市场新的运作和发展模式。基于时间变迁发展的思考，我们对地块的设计基于大数据的价值体系，将模块化作为分析设计的手段，从数据、信息、空间、技术各个方面对斗南花卉交易市场进行全面的分析和重构。利用大数据的趋势预测为斗南花卉交易市场提供科学的发展模式：未来的工业化即将是“去工业化”，对于斗南的花卉产业而言也一样，即将是一种隐藏了老旧的生产技术手段，而回归到真实的手工状态。任何一个模块的组织和变化（建筑、材料、管理、技术流程……）使得产品都具有独立的性格和独立的价值，不仅生产者影响了建造的过程，消费者也成为促进园区发展的一大因素。同时，更多的基础设施在我们的设计中被整合，在模块化的管理系统下，兼容各类公共活动，单纯的产业已经消失，一条针对性的面向斗南片区的产业园区被构建，四周区域也被这里的使用者们享有着，大家公平地享有这里的资源，成为斗南片区复兴的一个展开点。在这里，设计和资源还有市场将公平地属于每一个城市居民。



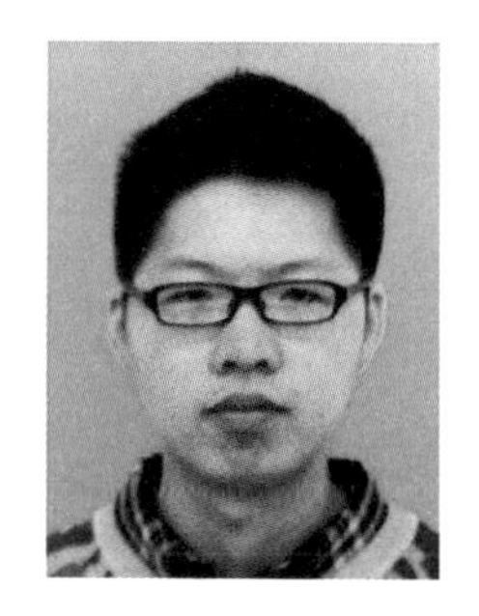

**田遥**

—

作为一名景观专业的学生，我很荣幸参与了本次“西部之光”大学生暑期规划竞赛，并且从景观规划和生态设计的方面能够提出我的一些见解，并最终被肯定。

工业革命进行了300多年，人类文明、科技、城市都在迅速发展中。俗话说，有得必有失，在进程中，我们损失了自然资源和自然环境，生存环境遭受巨大破坏。在我国，我们最常提到的就是生态、环保以及以人为本。可是我们占据了全球大部分的碳排放量，这不得不让我进行反思，必须将生态和自然建设放在今后的城市发展中。

在方案中就生态方面也做了相应的规划设计，利用海绵城市结构，将自然环境与人工环境相结合，注重滇池水系保护，促进水资源的有效利用。在大数据的支持下进行碳足迹的监测，实现碳循环的平衡，实现生活生产绿色化。

生态规划不是规划师们自主决定的成果，而是城市人民素质与关注的体现，一个城市容纳的人群如何，更能决定城市今后的发展，所以说生态规划是全人类的事情，我们更应该把自己投入进这份情绪中来，一起建设我们美好的未来城市。

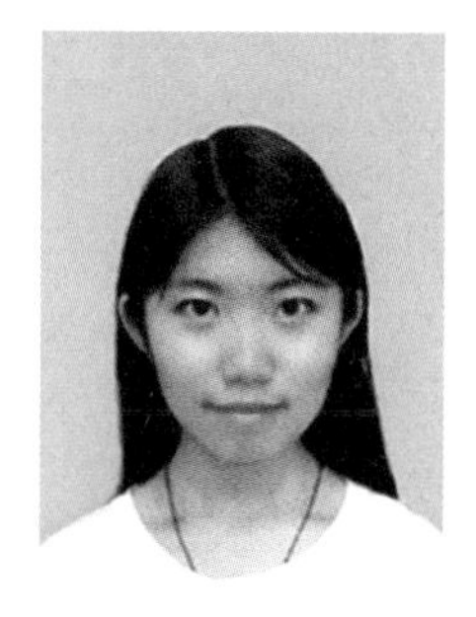

**杨书航**

—

本次设计分析了斗南花卉市场的特点，从空间分布的不同人群的特点和时间分布上花卉交易的特殊性，提出了职能模块化的理念。城市作为一种巨系统，大量的动态因素影响其发展，城市的发展是一种动态变化的过程。模块化的思维区别于传统设计方法，其充分尊重城市的动态性，利用大数据技术支持，基于现状，预测和打造城市空间，使城市成为一个个“模块”，实现规划模块化和管理模块化，实现城市“模块”的实时调整，形成一个反馈机制以及数据中心控制的自我调整模式。

城市是一个具有复杂系统的有机体，而城市的规划与设计并非单纯地发现问题再解决问题，也不是强行规定某种发展模式。城市发展应保持新常态，不是大拆大建，也不是任其自生自灭。此次设计中考虑到应该让城市能够自我实时调整与反馈，而提出模块化的思路。思路为通过信息模块化、因子模块化、空间模块化、功能模块化来达成实时调控与反馈的目的，策略涵盖了建筑、产业、文化、社会、生态、空间、物质能量等方面，系统地进行规划，使其能够自我调整与更新。

我认为，在城市规划与设计中最重要的是尊重其发展规律与现状，人为引导是一种辅助手段，最主要的还应该是城市自身的调控与反馈机制，依照自身规律特点发展。

赵炜

三等奖

毕凌岚

贺昌全

西南交通大学

# 2米下的那个世界

## ——人性化维度下基于空间句法的斗南村保护与更新系统构建

-

指导教师 | **赵炜　毕凌岚　贺昌全**　参赛学生 | **程易易　明钰童　吴笛　王宇**

人们热爱一座城，不是因为他新奇的建设，而是历史的遗存。不论罗马，还是巴黎，同学们更愿意走在18世纪的绅士们同他的恋人曾经路过的凹陷而光滑的石阶上。人们热爱一座城，不是因为她有了和纽约香港同样的天际线，而是2米下的那个世界。同学们热爱在贴满日租广告墙壁的背影下吃着烤串，喝酒聊天。如今，被规划者的魔法点中的人们，被随意推来揉去，甚至被迫迁离家园，仿佛是征服者底下的臣民。

本次设计以昆明滇池畔斗南村为研究对象，从人性化维度而非规划师一厢情愿的角度来探寻各类人群的真实诉求，同时引入空间句法技术对基地进行解析，为设计提供技术依据。基于上述总体思路，对场地进行宏观、中观、微观三个层面的分析，并通过对当地居民的调研访谈，解读该地段的历史文化和传统生活，结合在城市空间扩张的背景下，滇池东岸的许多传统村落遭到毁灭性破坏，以及传统生活网络瓦解的现实问题的相关分析，提出产业、政策、街巷、空间、建筑五大主体策略，结合城市再开发计划、花卉产业功能流线、塑造标志及节点等具体手段，完成斗南村的改造和更新设计。

让我们同斗南一起感受昨天，参与现在，见证未来。

## 认识斗南 Understanding Dounan

|  |  |
| --- | --- |
| 20世纪80年代 | 斗南村的化忠义试探性地种了3分田的剑兰，在斗南引发了"蝴蝶效应"。 |
| 1991年 | 随着花卉市场不断扩大，花卉交易开始"以路为市"。 |
| 1995年 | 呈贡县政府和斗南村委会共同投资建设了全国第一个村办花卉交易市场。 |
| 1998年 | 政府在斗南投资6500万元，新建花卉交易市场。 |
| 2002年 | 昆明国际花卉拍卖交易中心试营业。 |
| 2003年 | 斗南村建成了集花卉集运、储藏、包装、熏蒸等功能为一体的花卉物流配送中心。 |

# 2米下的那个世界

## 人性化维度下基于空间句法分析的斗南村保护与更新系统构建 01

## 斗南问题分析 Dounan Problem Analysis

城市化与现代化正以一种猛烈和激进的方式降临滇池东岸平原，在这个变迁过程中，栖居在这片土地上的人们不得不尝试着去接受和适应，那种安然悠闲的乡村生活状态随之无声地逝去，生活于此的人们将是这片土地上的最后一代农民，也将成为第一代新城城市居民。

千百年来形成的乡村传统和信仰不得不在时代的夹缝中艰难延续……

产业转型、生计调整、居住生活空间变迁……

传统村落保护与更新系统该如何构建？

他？她？他们真正需要的是什么？

规划师们总是单方面的相信：他们在描绘美好物质空间的同时，也在设计着美好的社会和生活。如何将设计与人们的活动规律相结合，使设计能达到预期所想。借此引入空间句法技术，对空间进行描述和分析。在满足人们需求的基础上，尊重空间所形成关系，合理安排功能布局，使空间使用效率最大化。

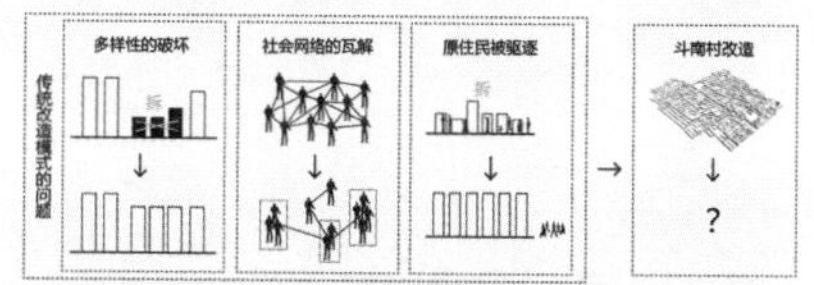


## 空间句法

空间句法 是描述和分析空间的数学方法。他是数学方法的集合，是依赖数学方法对空间关系进行抽象和建模分析，从而寻找空间和社会活动之间的相关关系。它探讨的不是空间的艺术品质问题，而是与功能有关的基础问题。

空间句法的理论基石是——"空间本身并不重要，重要的是空间之间的关系"。

并不是因为设计师在图上标了，这个地方是商场，将来这个地方就一定能够吸引到商业活动。而是因为我们掌握了商业活动的一些较为本质的规律，可以合理地做出空间判断，将来在某个特定的地方，商业活动会较为活跃，在此基础上，我们才推动工程项目往某个方向发展。

针对某个具体的地块，人们对它提什么功能上的要求，与这个地块所处的出行条件，是有紧密的关系的。甚至，话可以倒过来说，当空间的状态改变了以后，也会影响到出行的状态。空间的状态，与出行的功能上的要求，是个互相影响的关系。

借此，我们引入空间句法技术，对基地进行解析，顺应空间关系，合理安排功能结构布局、交通组织等，以提高空间的利用效率。

## 人性化维度 Humane Dimension

人们热爱一座城不是因为她新奇的建设，而是历史留下来多少东西，不论罗马，还是巴黎，我们更愿意走在18世纪的绅士们同他的恋人曾经路过的凹陷而光滑的石阶上。人们热爱一座城不是因为她有了和纽约香港同样的天际线，而是2米下的那个世界，那里的你我正在贴满日租广告墙壁的背景下吃着烤串，喝酒聊天。看，那片CBD永远无法取代那座寺庙而成为这座城市的定义。

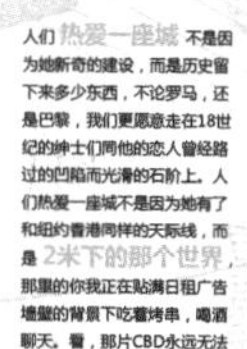

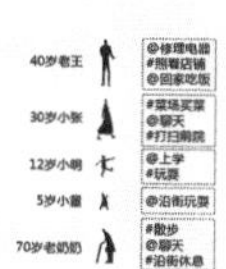


街道芭蕾，一个让人赏心悦目的街区巷道每个地方都不相同，充满活力，从不重复自己，在任何地方总会有新的即兴表演出现。每个人在整体中都表现出自己的独特风格，但又相互映衬，组成一个秩序井然，相互和谐的整体。探寻各类人群的真实诉求，而不是规划师的一厢情愿。

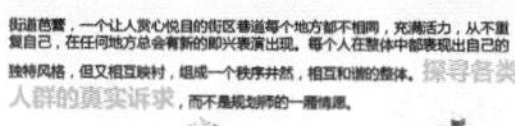

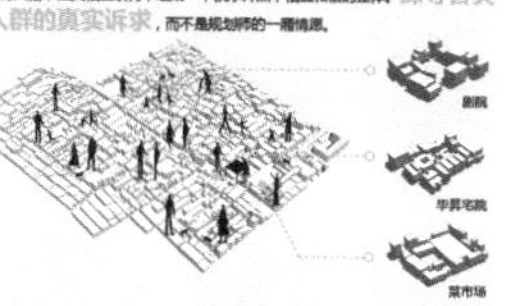


## 手绘现状图

## 宏观分析 Global Analysis

### 区域分析 Regional Analysis

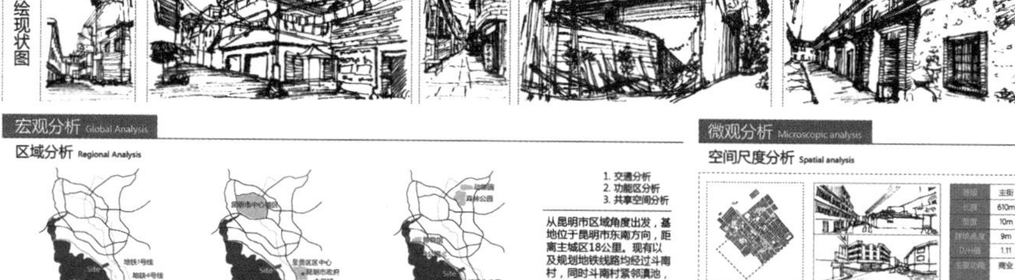


1. 已建环湖东路及规划中的地铁4号线给基地带来了机遇。
2. 基地位于呈贡区，是进去昆明市主城区的门户。
3. 基地位于滇池环湖生态带上，优越的地理位置。

1. 交通分析
2. 功能区分析
3. 共享空间分析

从昆明市区域角度出发，基地位于昆明市东南方向，距离主城区18公里。现有以及规划地铁线路均经过斗南村，同时斗南村紧邻滇池，且处于环湖生态带上，众多的区域优势给斗南的发展带来了契机。

### 片区分析 Regional Analysis

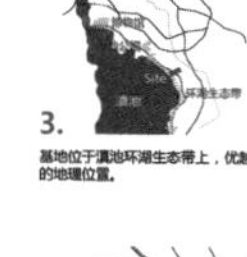

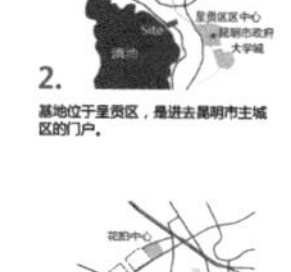

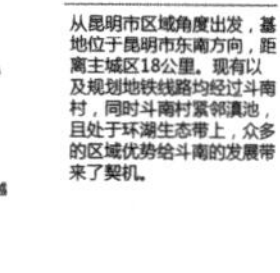


Ⅰ. 规划道路提高了片区可达性，带来了机遇。
Ⅱ. 片区位于呈贡区中心区西北侧，紧邻片区右侧以居住为主。
Ⅲ. 片区周边有多个公园，其中有三台山公园，且紧邻滇池。

Ⅰ. 交通分析
Ⅱ. 功能区分析
Ⅲ. 共享空间分析

从呈贡区片区角度出发，基地位于呈贡区西北角，是呈贡区进入昆明市主城区的门户。以生态隔离带及滇池为背景，打造特色门户形象。

### 地块分析 Lot analysis

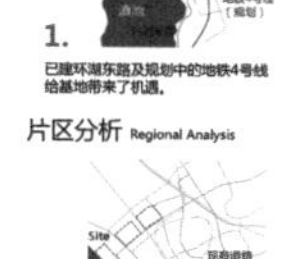

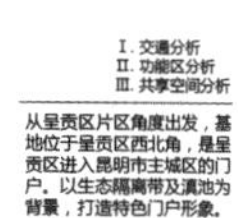


A. 分别为花卉市场主题区、斗南村主题区，滨湖生态公园主题区。
B. 1.2地块紧邻旧花拍市场，2地块西北侧有污水处理厂，3地块紧邻滇池。
C. 三地块如何相互衔接渗透，规划目标如何把控？

A. 交通分析
B. 功能区分析
C. 地块一二三

三个地块分别有其各自的主题。此次我们选择以二地块为主要研究对象，探索斗南村的发展模式，为斗南村的发展提出一些见解。

### 基地分析 Base Analysis

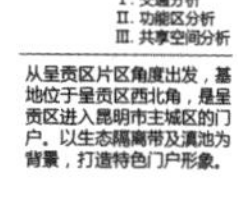


a. 二地块现状功能以居住功能为主，存在少部分商业等。
b. 地块内建筑层数一般为三-四层，局部存在一层、六层等层数。
c. 地块内现有巷道宽度为5米、7米、10米居多。

A. 现状土地利用
B. 现状建筑层数
C. 现状道路系统

从二地块基地角度出发，地块内以居住功能为主，伴有少量商业服务业等设施。地块内巷道众多，道路等级均较低。如何实现斗南村与城市的街接将是我们以下重点分析的问题。

## 中观分析（空间句法分析） Meso Analysis ( Space Depth )

### 街网密度分析 Street Network Density Analysis

R=100m　R=300m　R=500m　R=700m

当步行距离为100米时的可达性，可作为规划组团活动中心依据。

当步行距离为300米时的可达性，可作为规划片区活动中心依据。

当步行距离为500米时的可达性，可作为规划地块中心的依据。

当步行距离为700米，为支撑地块活动中心位置选址提供更有利依据。

随着活动半径从100m递增700m，得出人群活动较为集中的三条街巷，分别设置不同等级活动中心。

### 集成度分析 Integrated Analysis

集成度2　集成度3　集成度5　集成度n

当拓扑距离为2时，地块的可达性较平均。

当拓扑距离为3时，可清晰见到可达性较高的几条街道和巷道。

当拓扑距离为5时，与3的计算结果所差无几。

当拓扑距离为n时，可看出可达性明显的比对，从中心街依次向外递减。

随着拓扑步数的增加，主街的集成度（可达性）始终保持最高值。

### 选择度分析 Choice Analysis

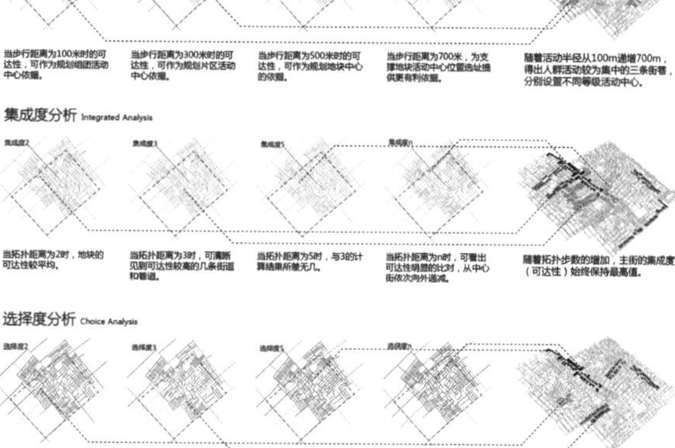


当选择度为2时，地块的数值均较低，可得出地块内道路网密度极高。

当选择度为3时，主街巷的选择度较其他道路高，可作为布置商业等设施的依据。

当选择度为5时，主街的选择度较其他道路高，可布置对人气需求高的设施。

当选择度为n时，计算结果与选择度为5时相差无几。

随着拓扑步数的增加，人们的选择度呈现出变化。

## 微观分析 Microscopic analysis

### 空间尺度分析 Spatial analysis

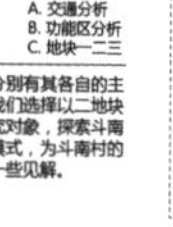

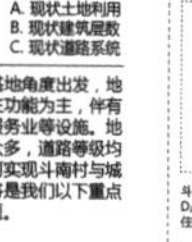

斗南村次巷道以四层为主，宽度为5米左右，D/H值约为0.56，给人以强烈包围感，会产生压抑感，以居住功能为主。

### 调研访谈分析 Spatial analysis

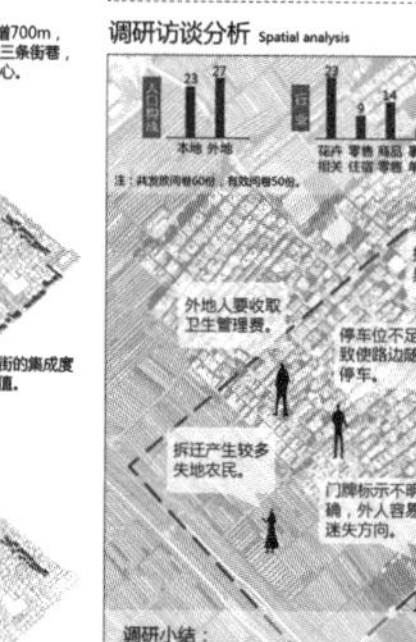


调研小结：

居民对旧房屋、土坯房的态度是能拆则拆，他们向往更现代化的居住条件。如何将居民的需求与保护历史建筑的目标结合。

既不能对村民听之任之，也不能怀着规划者的一厢情愿。

不论是从发展花卉产业的角度出发，还是从提高居民生活便利程度的角度出发，当前的交通混乱现状亟待改善。

# 昨天·今天·明天：滇池东岸城市边缘滨水空间设计

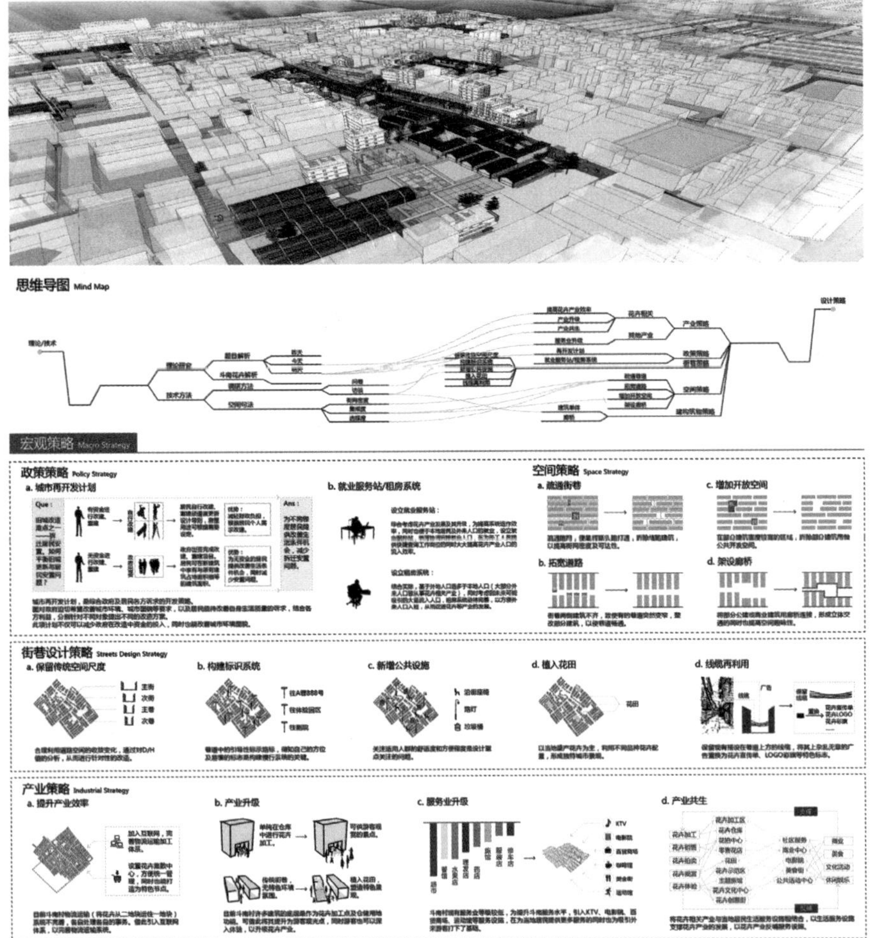

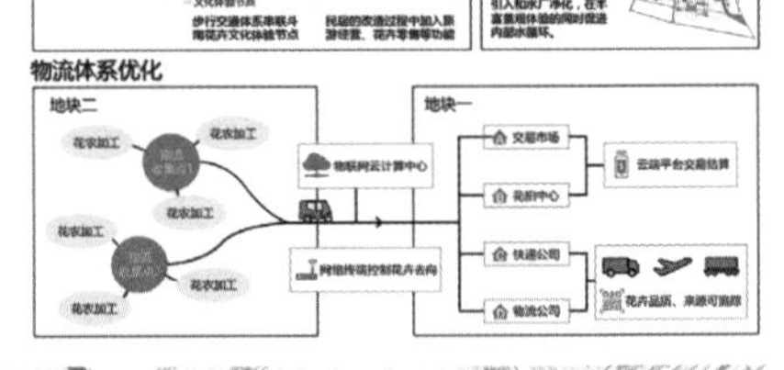

# 2米下的那个世界

## 人性化维度下基于空间句法分析的斗南村保护与更新系统构建 02

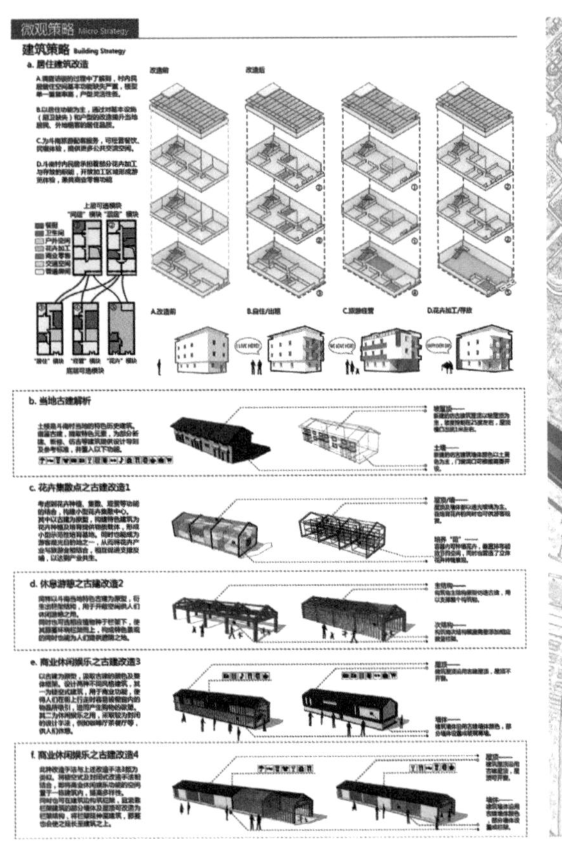

三等奖

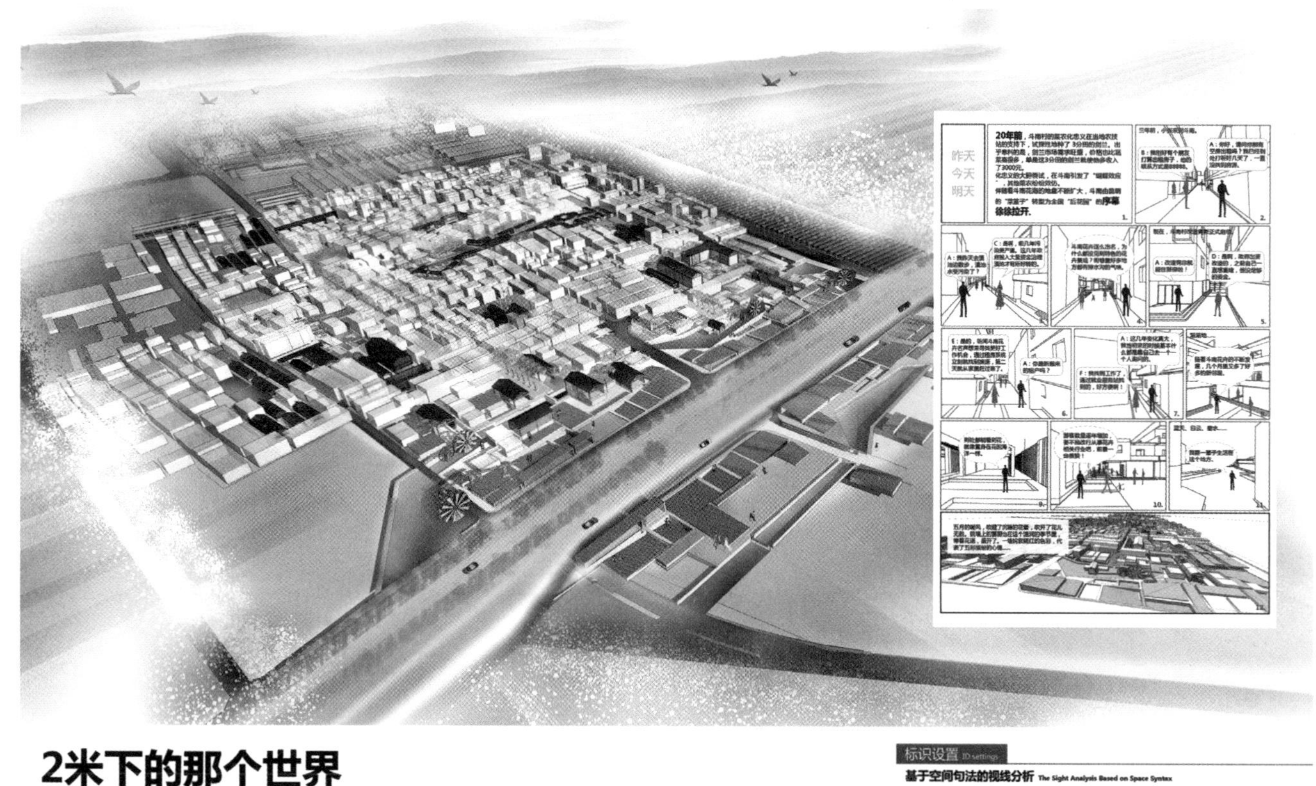

# 2米下的那个世界

人性化维度下基于空间句法分析的斗南村保护与更新系统构建 03

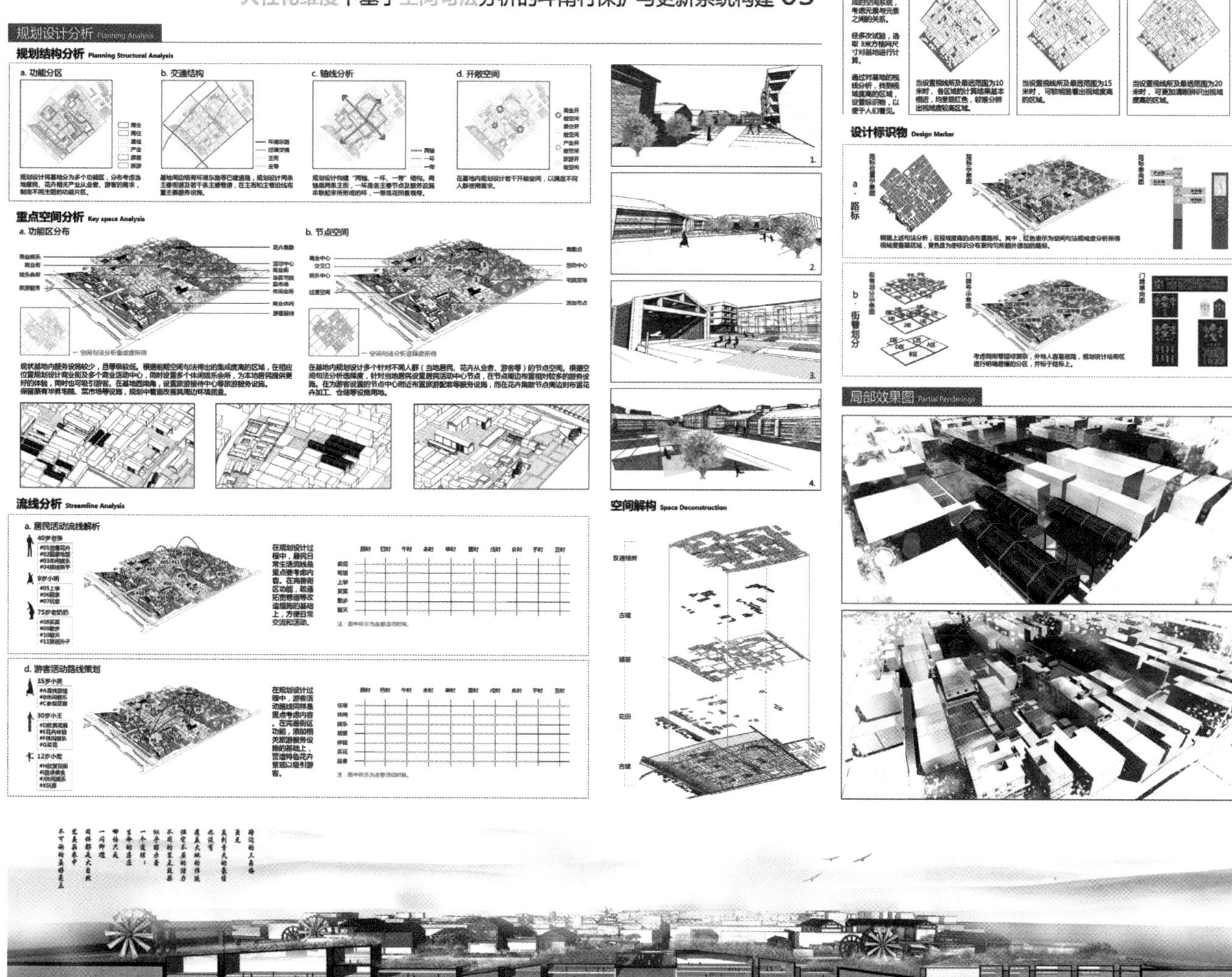

三等奖

**程易易**

—

二十多年前，三分花田播种了斗南花卉的希望；十多年前，斗南打造了中国最大的花卉市场。随着发展步伐的加快，斗南村中那些富有历史印记的建筑逐渐被清一色的混凝土房替代，我们该如何感知过去？现在，花卉拍卖中心及交易市场的运营，使得斗南成为花卉的发展平台。面对经济的快速增长，以及亟待改善生活质量的人们，如何协调城市更新与旧城保护？城市化与现代化正以一种猛烈和激进的方式降临滇池东岸平原，在这个变迁过程中，栖居在这片土地上的人们不得不尝试着接受和适应，千百年来形成的乡村传统和信仰不得不在时代的夹缝中艰难延续。传统村落保护与更新系统该如何构建？他？她？他们真正需要的是什么？

偶然间，我们看到这样一段话，并被其所感动，于是决定从人性化维度来思考及设计——人们热爱一座城不是因为他新奇的建设，而是历史留下来多少东西，不论罗马，还是巴黎，我们更愿意走在18世纪的绅士们同他的恋人曾经路过的凹陷而光滑的石阶上。人们热爱一座城不是因为她有了和纽约香港同样的天际线，而是2米下的那个世界，那里的你我正在贴满日租广告墙壁的背影下吃着烤串，喝酒聊天。

让我们同斗南一起感受昨天，参与现在，见证未来。

**王宇**

—

很荣幸能够在云南昆明参加西部之光竞赛，这次设计中我收获很大，斗南村的城市设计给我最大的感悟就是，规划不能一厢情愿。

做规划不能一厢情愿。在实地调研中我们发现，斗南村有很多具有浓厚地方特色的历史建筑，有很多值得保护的乡土元素，但是在调查中我们发现，居民对此地的价值往往是不关注的。他们向往现代化的居住条件，他们重视生产和生活的便利程度，对于我们眼中的保护是相矛盾的，因此规划不能是一厢情愿的，不能强加价值观和审美，但同时也不能对使用者听之任之，从而造成资源浪费。所以，我们的工作中，如何处理规划师的情怀和人民群众的需求是一个需要认真思考的问题。

**吴笛**

—

呈贡是中国著名的花卉和蔬菜生产基地，被称为“中国花卉第一县”，本次方案规划地点便是包括了斗南花卉市场、斗南村以及湖滨生态地带的片区。

二十多年的花卉发展让斗南走出了小村镇的局限，富有历史印记的建筑随发展逐渐被清一色的混凝土房所替代，但城市生活生产质量并未随经济发展而不断提高。如何使斗南在大兴土木的旧城改造中保留街区生活完整性，使传统生活方式得到延续，建立一个与历史并存、生活舒适的美好明天是本次设计的思考重点。

我们提出解决方案是基于“两米下的世界”的设计思考，从行为人的尺度出发从宏观微观尺度上对斗南村的产业经济、街巷空间进行改造，并充分利用斗南村现有优势花卉产业打造完整的产业链体系。

简·雅各布斯在曾引起规划界轰动的《美国大城市的死与生》提到过街道眼的理论，而基于街道眼理论，我们在此升华，提出“街道芭蕾”，对街道眼空间重点设计，使这片街道的每个地方都不尽相同、充满活力，在表现自己独特风格的过程中又相互映衬。

我们最后希望这里的人们热爱这片土地不是因为其有与纽约、香港同样的天际线，而是两米下的那个世界，那个充满你我生活故事的地方，在这里我们一起迎来呈贡的美好明天！

**明钰童**

—

本届“西部之光”规划竞赛选址于昆明呈贡斗南，于我而言印象最深刻的是斗南村健全的花卉产业体系及规模宏大的交易市场，体现出了昆明作为春城与花都的城市特色。题目中的三个地块也呈现出了鲜明的特色与区别，都非常具有挑战性和趣味性，最终我们的方案是基于地块二的旧城更新但同时也维系了区域间的物质联系。在调研过程中，我们注意到地块二中有大量小规模的花卉加工与仓储，同时这里的人居环境较差且公共空间质量低下，也是以此为出发点确立我们人性化维度思考的方向与概念。在后期的设计深入过程中，离不开给力的队友和一直悉心指导我们的老师，团队的合作也是这次竞赛带给我最大的收获。

赵敏

三等奖

云南大学

# 花样邻里

## ——基于介质视角的斗南村再生设计

指导教师 | **赵敏**　参赛学生 | **陶惠娟　姬莉　王慧咏　康智辉　李楠楠**

斗南村，这个滇池沿岸曾经的传统村落，这个偏安在都市角落里的城中村，寂静的街巷潜藏着生机与活力，密集的楼房居住着为生活而打拼的人们。以花为媒，斗南村聚集了部分留守的原居住民和大量做鲜切花生意的外地人，他们包容彼此，也渴望被村外的都市所包容。斗南村，不应该成为都市里被遗忘的角落，也不应该被现代都市所吞噬，它应该在适宜的自我更新中与都市相交融，有尊严地存在于繁华、时尚的都市中，生生不息。斗南村现有的物质空间需要重新梳理，承载着村庄记忆的老房子和老街巷应当被审慎地对待，“拆、留、建”的过程是为了创造更加宜人的生活空间，满足人们居住、交往、休闲和游憩的需求。斗南村现有的社区活力需要重新激发，未来的斗南村应该是一个开放、包容、混合的社区，一个安居、乐业、和睦的社区，如花一般多彩和绚烂的邻里。

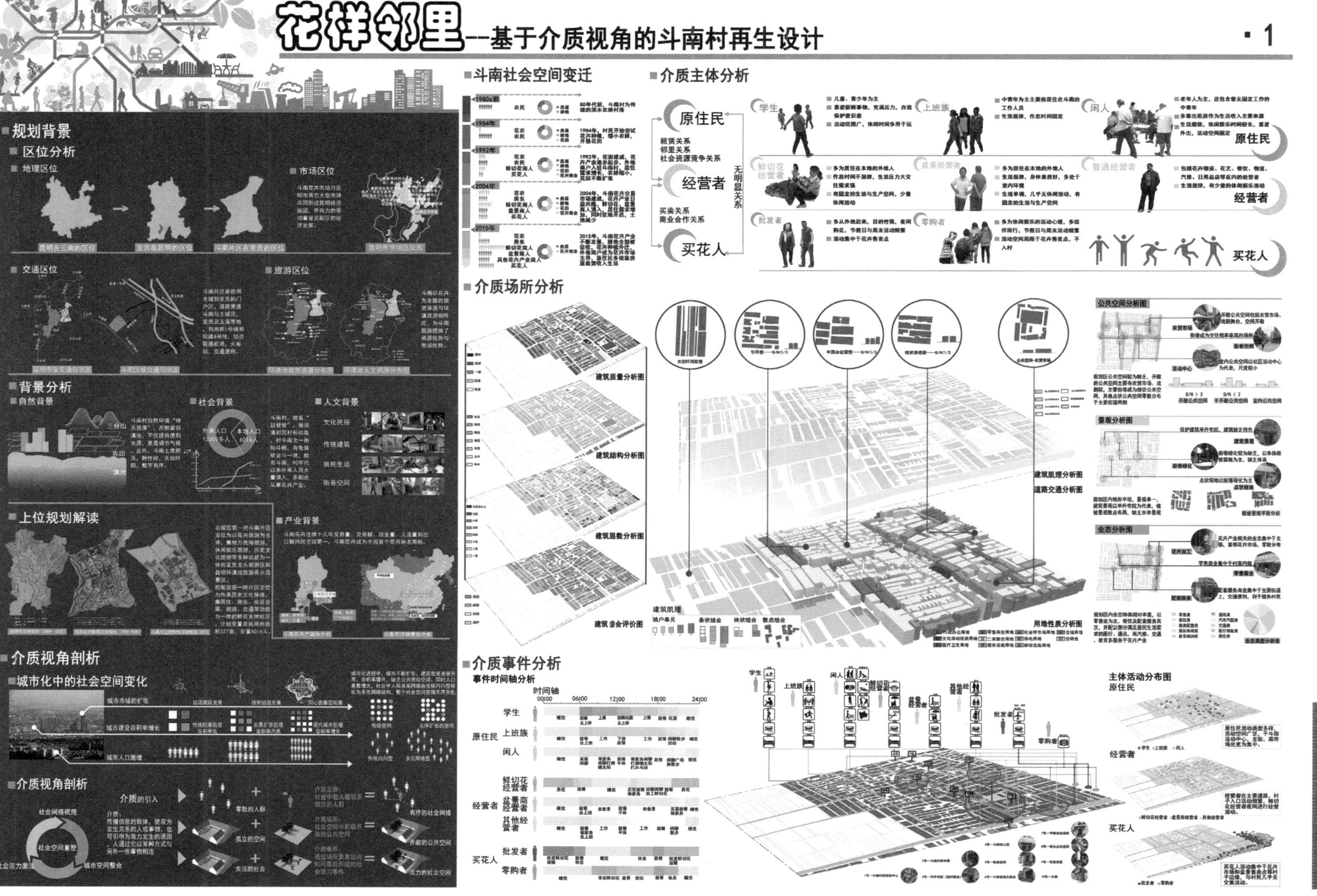
花样邻里--基于介质视角的斗南村再生设计
·1
规划背景
区位分析
地理区位
市场区位
交通区位
旅游区位
背景分析
自然背景
社会背景
人文背景
上位规划解读
产业背景
介质视角剖析
城市化中的社会空间变化
介质视角剖析
斗南社会空间变迁
介质主体分析
原住民
经营者
买花人
租赁关系
邻里关系
社会资源竞争关系
买卖关系
商业合作关系
无明显关系
介质场所分析
建筑质量分析图
建筑结构分析图
建筑层数分析图
建筑综合评价图
建筑肌理分析图
道路交通分析图
用地性质分析图
公共空间分析图
景观分析图
业态分析图
介质事件分析
事件时间轴分析
时间轴
学生
上班族
闲人
批发者
零购者
主体活动分布图

# 花样邻里——基于介质视角的斗南村再生设计 ·2

## 理念解读

高密度住宅 High Density District
缺乏日照 Lack of Sunlight Area
低水平的居住条件 Low-Level Living Conditions
交通拥堵 Traffic Jam
不均衡的生态系统 Unbalanced Ecology
混乱的日常生活秩序 Chaotic Daily Life Order
疏远的邻里 Distant Neighbourhood
匮乏的邻里空间 Scanty Neighbourhood Space
传统的生产方式 Traditional Production
落后的产业链 Behindhand Industry Chain

生态修复 Ecological Reconstruction
邻里重塑 Relation Remolding
产业升级 Industrial Upgrade

花样邻里设计思路

花卉产业引入　道路交通梳理　精神空间重塑　复合功能丰富　新旧建筑整合　新型社区建设　农田肌理传承

"花样" → 花卉产业发展
"邻里" → 邻里空间重塑
设计定位：既有创意斗南花卉产业，又有滇池村落的肌理，汇集时代创意与历史痕迹为一体的和谐滨水智慧村落

花卉产业　滨水村落
过去　现在　未来
传统农耕　城郊渔村

## 规划思路

STEP 2 生态修复
STEP 3 邻里重塑
STEP 4 产业升级

空间功能单一　丰富空间功能　复合空间功能　空间整合

## 介质场所策略——多重空间、花样邻里

功能重组策略
公共空间策略
街巷空间策略
空间梳理策略

## 规划总平面

0　50　100　200M

环湖高速　瑞香西路

经济技术指标
地块总面积：285556㎡
建筑总面积：510525㎡
建筑底面积：120745㎡
建筑密度：42.3%
容积率：1.79
绿地率：29%
停车位：4500个
改造建筑面积：49557㎡
新建建筑面积：343443㎡
保留建筑面积：87525㎡
拆建比：1：1.75

① 瑞香商业街
② 斗南生活集贸市场
③ 毕昇宅院
④ 斗南村文化活动中心
⑤ 斗南村蓓蕾幼儿园
⑥ 斗南村新卉小学
⑦ 五谷寺复建新址
⑧ 斗南村节事中心
⑨ 六角塔
⑩ 花样街区入口广场
⑪ 花样街区
⑫ 生态街坊
⑬ 绿野邻里游园
⑭ 绿野下沉广场
⑮ 阳光露台
⑯ 蔷薇林里公社
⑰ 玫瑰林里公社
⑱ 花瓣之芯
⑲ 斗南花海生态带

## 功能复合

空中绿化复合
居住功能复合
底层功能复合

## 功能分区规划

## 空间结构规划

## 车行交通规划

## 步行交通规划

## 建筑更新分析

## 介质主体策略——多样人群，复合网络

促进原住民、经营者、买花人之间的相互融合，提高生产力，使斗南村达到非物质层面的社会混合。

丰富原住民生产角色
引入创意产业商家
转化为观光式的交易者

原住民　融合　经营者　买花人

## 介质事件策略——多元需求，活力社区

复兴民俗节庆活动事件，加强各类人群的日常交流，延续滨水田园生活。

提供商家多样化日常生活事件，举办演讲与展览，升级商务交流事件。

丰富买花人餐饮、住宿、休闲、SPA、展览、观光的一站式事件。

# 花样邻里--基于介质视角的斗南村再生设计

·3

## 花样街区规划

主题街区分析

观赏 购物 交谈 观望

闲逛 休息 漏逛 游览

空间剖面分析

## 业态规划

原有产业链

吉种苗圃 根架耗材 花卉种植 花卉肥料 鲜花采摘 鲜切花粗加工 花卉产品加工 盆栽生产 大型花卉物流中心 斗南花卉交易市场 各大花卉市场

原有产业构成

产业升级需求

规划业态类型

## 景观规划

景观构思

景观结构

## 规划效果图

林里公社 花样-屋顶平台 花样-空中廊道 花样-立体花园 花样-下沉广场 花样-地下商业 花翼之芯 花卉体验区 斗南五谷寺

## 建筑更新设计

## 绿色屋顶设计

## 林里公社-可支付性住宅设计

## 生态街坊设计

生态系统循环示意图

## 西立面

**陶惠娟**

—

花样邻里是一种介质，一种媒体，一种纽带，一种生活方式和一种发展形势，是通过对主轴的重点改善和打造去激活整个区域的发展，介入一条完善的产业链，打造全新的生活方式，从而提高村民的生活质量。这不仅仅是外表的提升，更重要的是从根本上解决村民的生活工作问题，是质的提升。通过利用斗南原有的鲜花优势，去打造一个花样的邻里社区，从而改善村民的生活环境，通过引入鲜花的一个完整的产业链，去解决居民的就业问题，从而改变当地居民的生活方式。最终使斗南成为昆明鲜花的标志地，成为一种优秀的可借鉴的发展模式。

**姬莉**

—

在城市化进程中，城市边缘区的土地往往代表着复杂的城镇化问题，周边土地不断被征收，村落被迫城中村化，在其中，传统精神与文化几乎消失殆尽。

斗南村再生设计要解决的不仅是物质空间的修复更新，更是社会空间的融合再生。文化与产业的复兴回归让城中村不再是囚徒困境。于是花卉产业全面升级，流动人口和本地居民安居乐业。新常态下的乡村建设关注人与人之间的社会关系，流动人口与本地居民的生产生活方方面面的充分交流，于是斗南将进行微手术，完善公共服务设施和开放空间体系，将原有城中村肌理继续保留并且在场所落实本地居民充分的收租利益保障空间。

乡土情愁起愁落，我们探讨乌托邦式的理想，为促进社会公平。突破全景敞式监狱的资本权利的控制枷锁，深入研究资本运作逻辑，为村落的自发建设进行良好的引导。从而解决最大的城中村改造问题，即各方利益问题。

于竞赛，我们想一探究竟规划师如何促进解决乡村城市化的问题，着力在拆迁安置的具体问题进行设计考虑，对于今后的规划实务有一定启发。

**王慧咏**

—

花样邻里的理念来源于我们对斗南村深入的社会调查：通过观察花卉市场的经营者、雇工、消费者、原居住村民等的生活状态，访谈调查不同人群的心理诉求，我们选择从邻里关系这一视角切入，通过打造和谐丰富多元的邻里关系来激活这一依托花卉产业的滇池东岸滨水村落，优化村落的内部空间，传承农田肌理，修复村落生态环境，重塑邻里关系，统筹村落功能结构，升级特色产业，并核算建设的经济成本。

我们的设计思路源于思考与大胆的尝试：我们从年轻的设计师立场出发，从小处着手，以介质视角出发，将介质主体、介质场所和介质事件合理规划入村，打造多重空间的花样邻里，多样人群的复合网络和多元需求的活力社区，为斗南村的未来注入创意设计、街巷休闲、特色体验、创意集市、品质廉租和多元的邻里空间，通过这些人、场所和活动来激活传统村落，推进社会空间重塑。

**李楠楠**

–

规划设计的过程同时也是发现问题，提出问题，解决问题的过程。当然，这个过程离不开扎实的基础调研工作，我们先后四次共20余人次到斗南村进行实地调研，与各个年龄阶段的原居住民、鲜花经营户、盆景经营户、游客、雇工深入访谈，走遍每条街巷，了解居民的实际情况及心理诉求。通过调研发现，花卉市场的兴起使外来经营户大量涌入，打破了传统的邻里结构，促进了斗南村物质空间与社会空间的变迁，花卉加工市场仍处于产业链低端等问题。据此， 我们基于介质的视角，从介质主体、场所、事件三个层面深入分析现状问题，然后从这三个层面提出多样人群，复合网络；多重空间，花样邻里；多元需求，活力社区的策略。通过发展升级花卉产业，重塑邻里空间，梳理道路交通，整合新旧建筑，丰富复合功能，传承农田肌理，建设新型社区，提供生态廉租房等“花样邻里”的设计思路，旨在通过斗南村再生设计满足不同人群的需求，活化社会空间，打造“花样”产业，塑造和谐“邻里”。乡村总是带给人们最强烈的地方依恋，我们带着一丝情怀完成了斗南村规划设计，感受良多，受益良多。

**康智辉**

–

在城市化的推进下，斗南村逐渐成为昆明市城区与郊区的交界地带，人力、物质和文化等要素的交汇与碰撞，使得这个新生的“城中村”在现有的条件下无法满足城郊有效衔接和健康发展的需要。斗南城中村改造的核心思想为：必须在控规的要求下，发挥当地的自然和人文资源优势，既要尽可能地通过规划来完善基础设施建设，为斗南村的社会经济发展提供优越的平台，也要保持其文化的原真性并使其得以传承。所以本着这一思想，提出“花样邻里”的设计理念，以斗南村花卉种植与经营为脉络，串联不同人群、不同厂商以及不同区域，把“花”植入生产设施和生活设施的建设当中，提升斗南村“花”的附加值和连带效应，并通过建设与花相关的主题餐厅、酒店和街道等形式对花文化进行宣传与发扬，使斗南村的经济发展和文化发展并驾齐驱的实现改造与发展。斗南城中村改造，不应该是单纯地把农村改造为城市，更不是把城市改造为农村，而是要妥善解决城郊间融合的各类问题，使斗南村真正成为昆明市城郊交流的纽带，实现城郊一体化健康发展。

桂林理工大学

# 复合·媒介·微更新

## ——斗南城乡活力新空间规划

刘声炜

张春英

张慎娟

指导教师 | **刘声炜　张春英　张慎娟**　参赛学生 | **李稷　潘莎莎　冯杰　黄栢荣　涂几文**

通过对本次竞赛设计文件的解析，本参赛指导组认为参赛题目从时间维度的演进、空间维度的梳理和发展维度的构造上均提出了明确的要求。设计题目《昨天·今天·明天：滇池东岸城市边缘滨水空间设计》是一个时间维度鲜明的三段式表述，需要分析和描绘斗南村发展的时间脉络，强调了对村庄自身发展历史和生态环境的尊重、对传统村庄现实发展需求的响应，更需要对村庄融入城市未来发展理想的引导；滨水和城市边缘的空间定位，构成了本次设计的重要地理环境架构，而发展则是本次规划设计的主要目的，处理好经济发展和环境提升的关系就成为本次设计的难点，因而本参赛组最终将设计场地确定为地块二斗南村。显而易见的是，斗南村应跳出城中村或城市边缘的地理概念，既要在自身发展传统脉络下延续，又要融入呈贡新城而新生，塑造新型人居“活力”聚居区成为切题的一个可行方向，而以小见大的微更新模式或可塑造传统村落的“新”空间，因而，围绕着这一基本解题思路，本次设计应强调区域环境联系与协调、人居物质空间的高效复合利用、社区文化和产业的提升等方面，这也正是本组参赛题目《3M-SPACE复合·媒介·微更新—斗南城乡活力新空间规划》的由来。

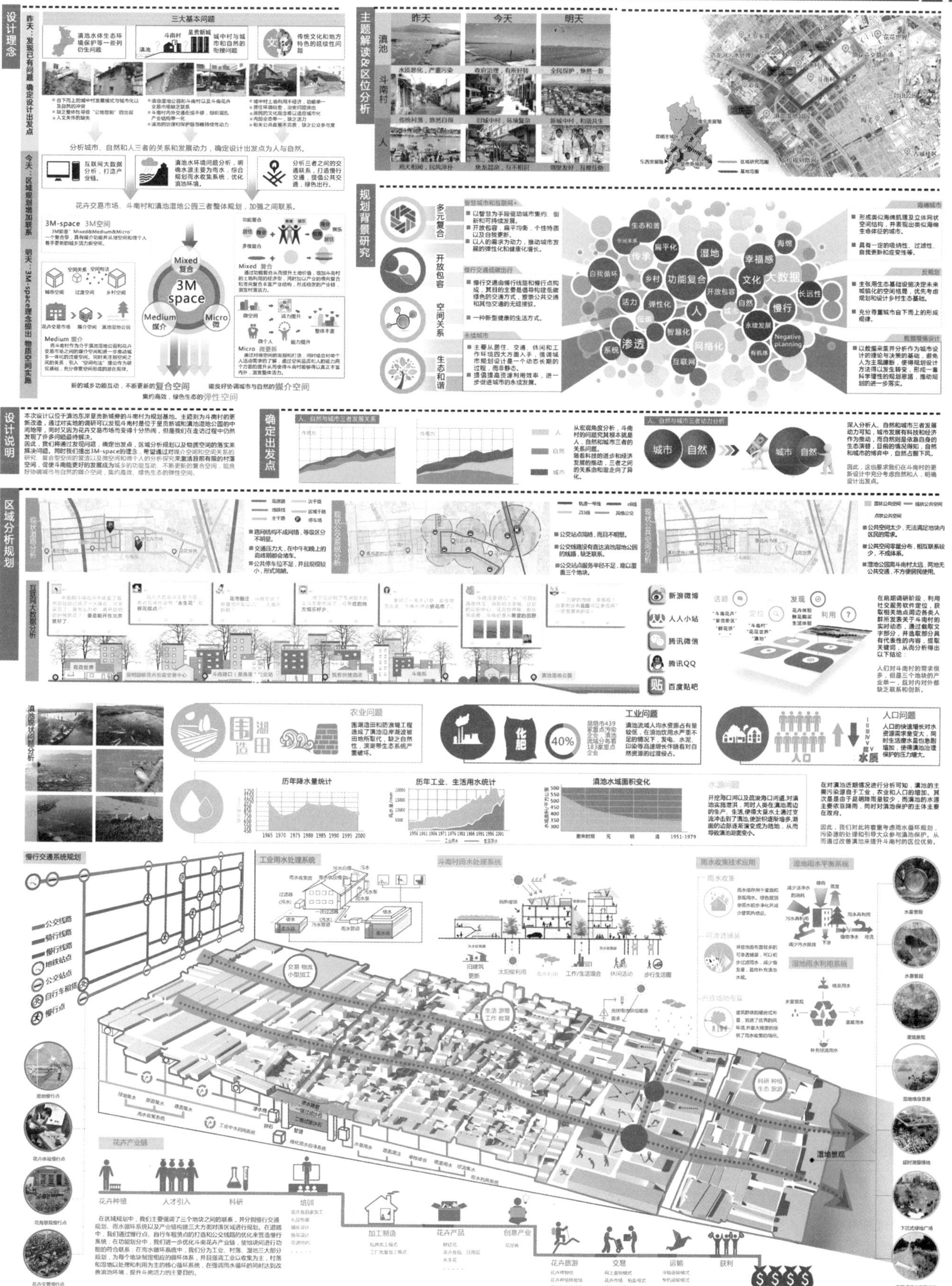
3M-SPACE
MIXED&MEDIUM&MICRO
复合·媒介·微更新—斗南城乡活力新空间规划
1
设计理念
主题解读&区位分析
规划背景研究
设计说明
确定出发点
区域分析规划
三等奖

# 3M-SPACE MIXED&MEDIUM&MICRO

## 复合·媒介·微更新—斗南城乡活力新空间规划

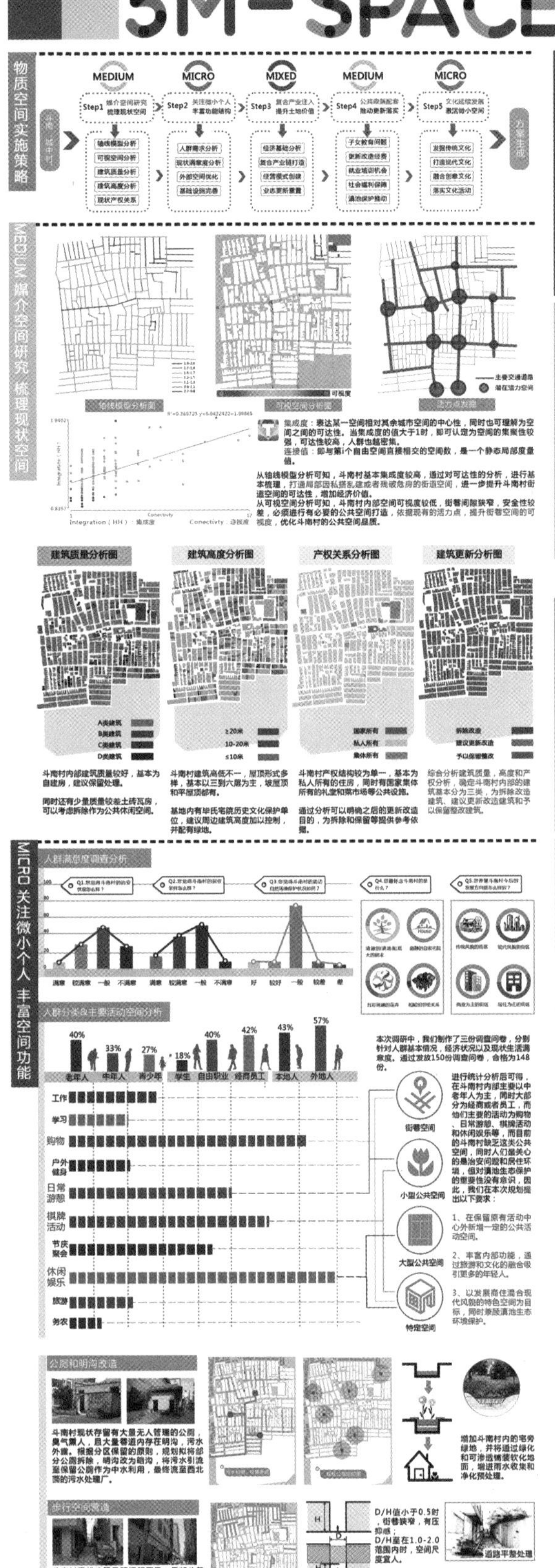

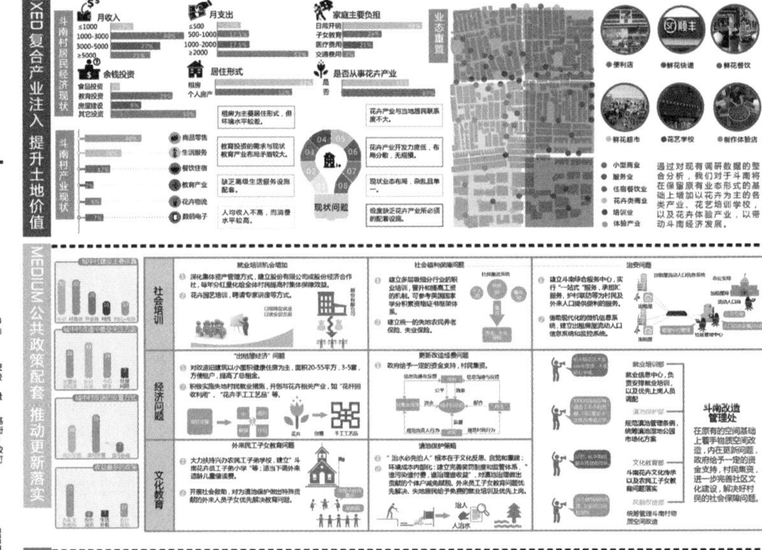

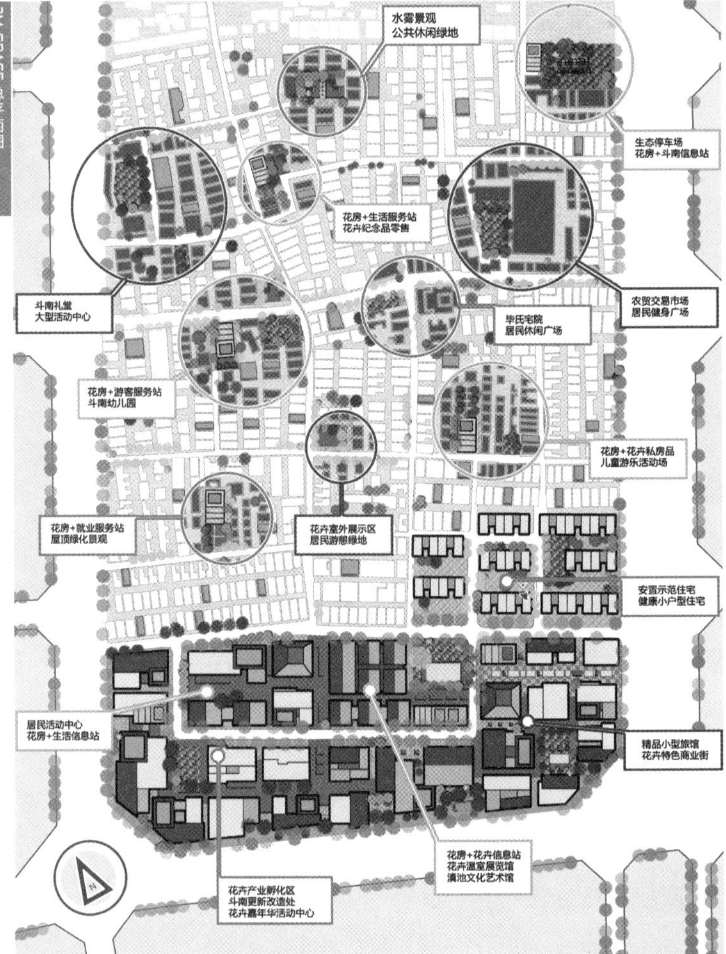


三等奖

# 3M-SPACE MIXED&MEDIUM&MICRO

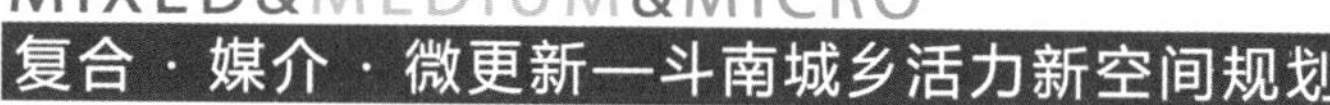


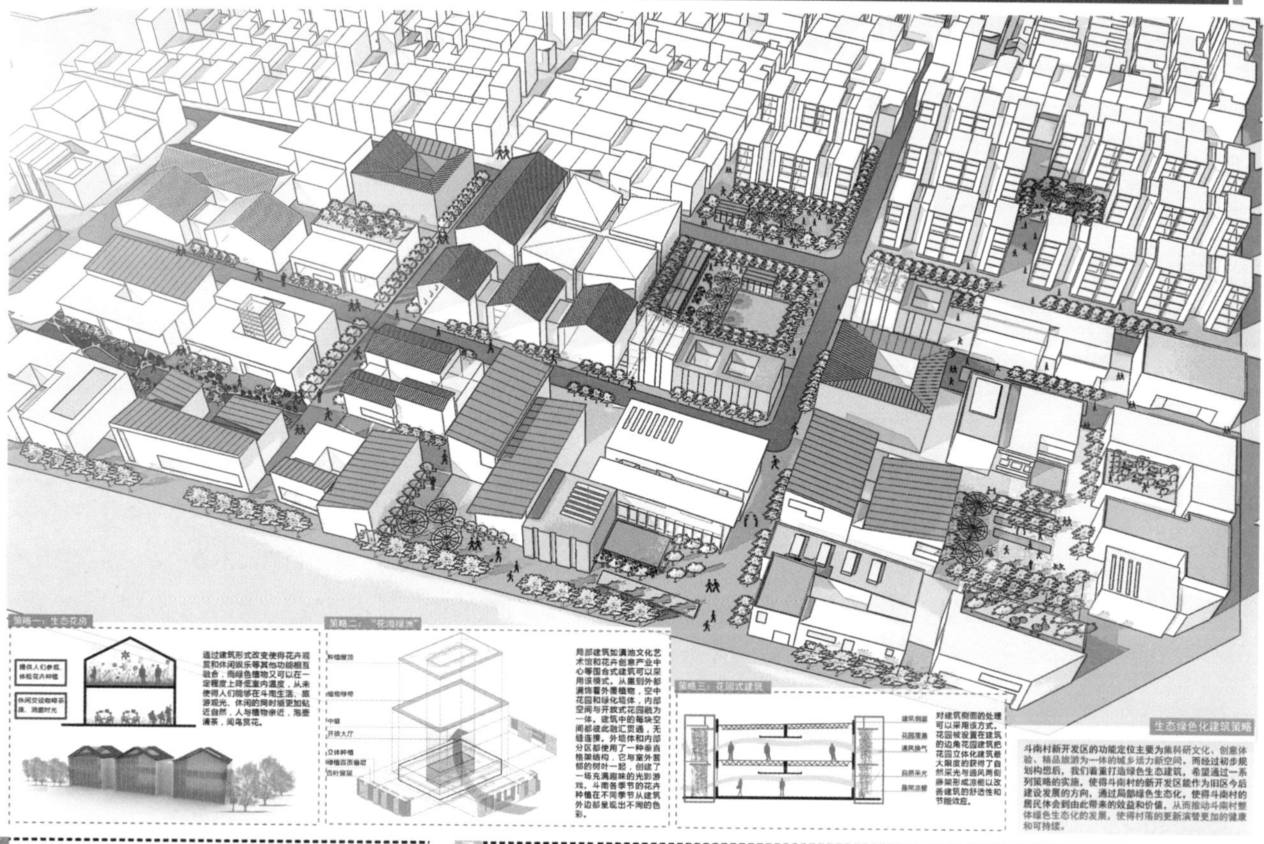


三等奖

MICRO 微空间的再生与创造

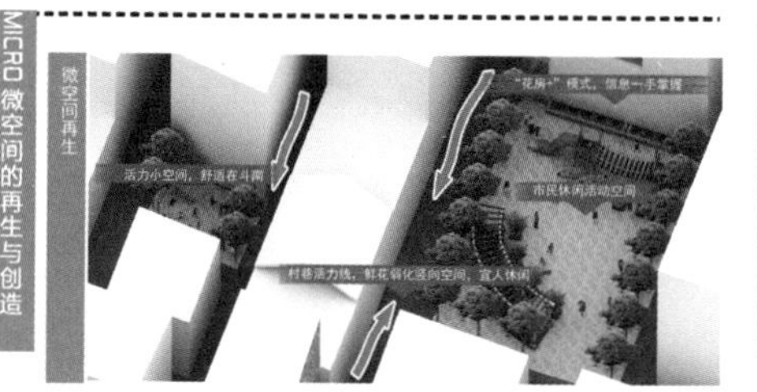

MEDIUM 媒介效应·智慧斗南

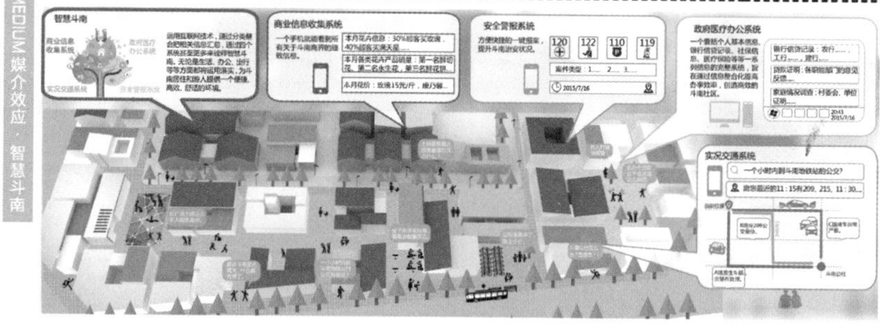


MIXED 功能复合·创意打造

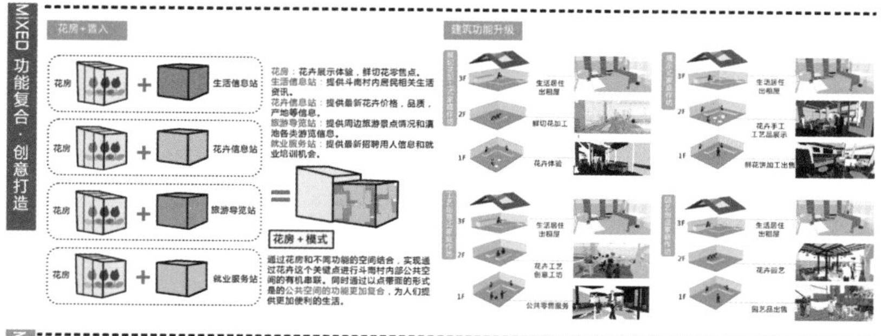


MICRO 弹性更新·健康发展

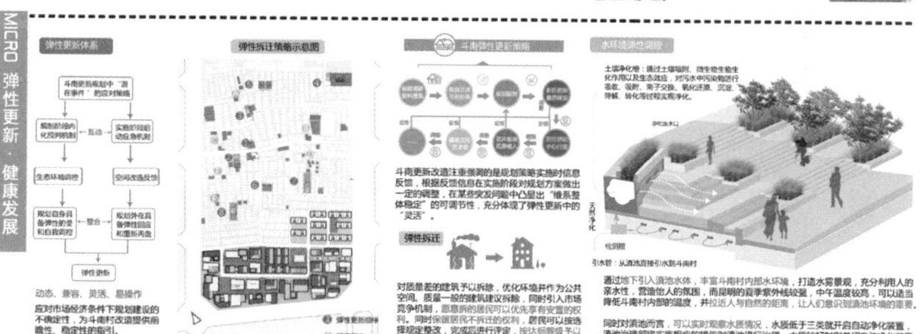

**李稷**

—

在本次“西部之光”的竞赛中，我们的设计基地选择为斗南的城中村区域。在我们看来本次的竞赛更多是需要我们通过城市规划手段去解决城市问题。在对斗南城中村的问题进行总结后，我们发现很多矛盾都不是在微观物质空间层面能化解的，我们的规划应当对不同层面的问题提出应对措施，才能保证规划的高效性。如对滇池水环境的治理问题，慢行交通的问题以及花卉产业链的合理优化问题。因此，我们开始放眼三个片区，将滇池滨水片区、斗南城中村和花卉交易市场综合规划，从区域层面来解决问题。与此同时，在面对斗南这个城中村的定位也与以往不同，我们要清楚认识到其对于城市的价值。城中村是位于城市与自然之间的过渡空间，既能阻止城市空间的无止蔓延，又能对自然形成有效的保护。因此，我们想让斗南这个城中村重新焕发活力，打造成一个能实现新的城乡功能互动不断更新的复合空间，一个能良好调节自然与城市的媒介空间，一个绿色高效且极具绿色生态的弹性空间。最后，作为这次竞赛的组长，十分感谢老师的悉心指导和各位组员对工作的支持，彩云之南，梦想起航。

**冯杰**

—

通过本次竞赛，让我明白区域的整体规划思想对城市规划的重要性，任何规划地块都不是孤立存在的，他们都与周边地块、所属区域乃至整个城市都发生着关系。因此，定位基地发展主题、研究城市问题，必须把握区域规划的思想，要有宏观思维。

本次设计，在研究如何高效利用水资源和如何组织慢行交通时。在水资源利用方面，通过将三个地块都纳入研究范围利用三个地块的地形优势，组织雨水搜集系统。通过三个地块之间的不同功能定位构建中水回用设施。在慢行交通组织方面，通过研究区域的公交网络结合自行车站点布置，组织生态怡人的慢行网络，并且从整个城市性质定位的角度，打造花卉产业链，为其解决就业及活力提升问题。但这依然是不够的，在实际设计中，所研究的范围应该更大、辐射面积应该更广。

**黄栢荣**

—

本次竞赛一个关注度较高也相对棘手的问题，无论从社会，经济，还是设计的本身出发，需要我们了解和解决的都太多太多。

这里我主要述说公共策略引导微小空间设计思路。公共策略作为城中村改造中最为重要的环节，是一个行政行为，同时也是一个引导行为。众所周知，在城中村改造中，最为复杂但是也是最可行的模式是政府、开发商、村民三方共同参与，所以要充分考虑到各方利益。结合调研情况后，我们把村民的请愿大概分为社会培训、经济问题、文化底蕴三个方面，针对各个不同的问题提出相应的解决对策。很多拆迁改造的问题有待解决，只要我们能提出解决首要问题的方案，实施的可能性就会相应加强。

微小空间设计主要应从智慧斗南，创意产业打造，更新模式等三个方面阐述。为方便斗南片区居民以及众多游客，结合现今如此发达的互联网系统，可以假设一种包括生活，工作，娱乐一体化的综合体系——“花房+”。这主要是为了提升花卉产业品质，提倡全民创业，不仅能改善当地环境，还能给游客增加游览地点。针对更新模式，我们主要是提出较为弹性的拆迁模式，不仅体现对当地居民的充分尊重，而且对政府部门的操作提供了极大的便利，同时也高度关注滇池水质保护。
总的来说，竭力将斗南打造成一个新的城乡互动空间，而非传统意义上的“城中村”。

---

**潘莎莎**

–

在选择了地块二——城中村改造之后，带着些许的茫然开始了设计。“昨天·今天·明天”的主题在城中村的背景下，蕴藏着对斗南村过去的回顾，现在思考以及未来的发展。在经历过一次为了做竞赛而做竞赛的失败经历，这次设计则更多地从人文需求以及地块发展的角度看问题——斗南村村民需要什么，斗南村未来的发展的机遇与挑战在哪儿，带着这些问题开始了走访调研。
在走访调查中发现，三个地块密不可分，因此在设计中对三个地块做了一个整体的规划：城中村改造中最大的主体便是人，而涉及的不光只是游憩、生产，还有生活、出行等。因此，调研中做了大量的问卷以了解斗南村村民最迫切想要改善的问题，以及对未来的期许，针对问题展开我们的规划设计：作为没有面对真实项目经验的大学生，在做设计时，难免有点“天马行空”，然而经过这次设计却有不一样的感受，我们的“天马行空”是对规划的热情与思考，只要找好落脚点，有理有据，也许会成为现实实践改造的思想源头。跳出竞赛，去发现地块及人们需要的是什么，我们能给她带去的又是什么，认认真真地去做一次城市规划，是这次规划给我带来最大的收获。感谢我的伙伴们和指导老师！那一次，你们都是我的老师。

三等奖

---

**涂几文**

–

城市的发展不断地扩张，随之而来的大拆大建已经让原来的城市面貌变成了千篇一面，所谓的现代化城市也不过是高楼林立、冰冷的水泥房子。城市发展、自然环境、传统人文三大基本问题同时也是斗南村面临的主要问题，我们也正是从自然、城市、人出发进行本次规划设计。我们以问题为导向，从调研中发现问题再解决问题，花卉市场、斗南村、滇池是一个整体，联系三者整体规划形成一个系统网络，整体把握斗南周边和村子的相互联系。从整体的规划到斗南村里的调研同样是从问题导向出发，发现问题再通过提出策略，最后落实到空间设计上。
最后的结果是好的，很荣幸我们拿到了第三名的成绩，能得到评委老师的肯定是对我们是莫大的鼓舞和激励。听了评委老师们的点评和通过自己的思考得到了一些总结：城市规划终究是要落实到空间上的，再多的设计理念都要回到对物质空间的设计。在设计的过程中需要抓住主要的矛盾，抓大放小把设计思想真正落实到实际中去。
十分感谢一起共同进步的组员和悉心指导的老师，在和大家的交流学习中自己也得到了提高。

何江

倪轶兰

广西大学

# 嬉皮花村

## ——异托帮理念下的城市反身之镜设计

指导教师丨何江　倪轶兰　参赛学生丨覃俊婕　黄星集　潘海莹　李金刚　邓若璇

此次竞赛为学生提供了一个深度思考与交流的平台，很好地引导学生对“城”与“村”的相互协调关系、传统村落的更新与保护、生态环境的可持续发展等问题进行剖析。通过竞赛，大家共同探讨在存量规划背景下如何对传统村落进行更新与保护、如何将传统文化和现代生活相结合等与城镇化相关的热点问题，并且在讨论与争论中不断反思我们的城市究竟需要什么、我们的城市设计能做些什么。这是一个很有趣的过程，不同视角与思维的碰撞，同时启发和开拓了师生的思维与视野。历史文化和花卉产业的融入使斗南村呈现与众不同的城市面貌和生活景象，这样的城中村格外富有活力，生活气息浓厚，让学生切身感受到了一个独特的城市生活空间。学生在实地调研中深入了解和体验当地的花卉文化和传统生活，在与当地村民面对面的交流过程中产生对于斗南村现状发展问题的思考，这对于学生增长见识、丰富阅历具有重要的作用。学生对未来大胆地构想，以长远发展的眼光来看待城市问题，挖掘自我潜能和设计灵感也是这次竞赛的意义。期待未来在“西部之光”看到更多、更优秀的作品！

# 嬉皮花村 Hippie Heterotopia
## ——异托邦理念下的城市反身之镜设计

1 昨天|行走与消逝|

### 规划背景 Background

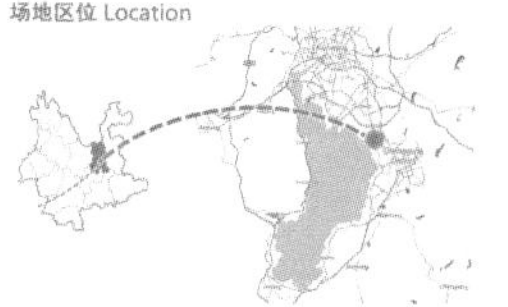


场地区位 Location

### 设计思路 Design Ideas

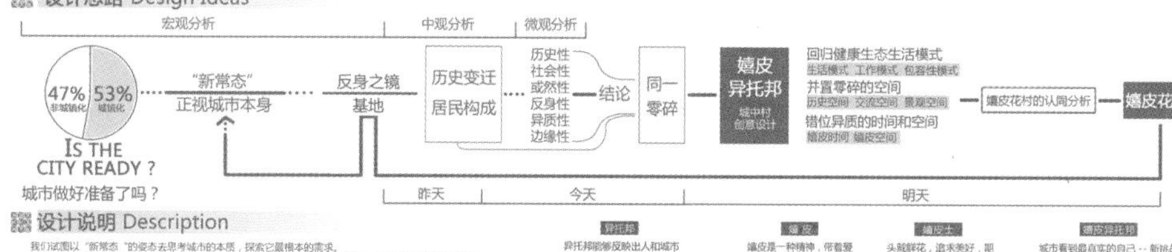


### 设计说明 Description

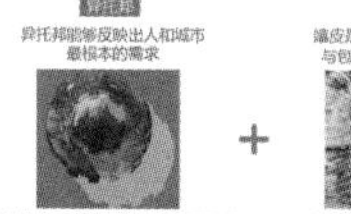

### 策略分析 Strategy Analysis

### 场地变迁与居民构成分析 History and resident

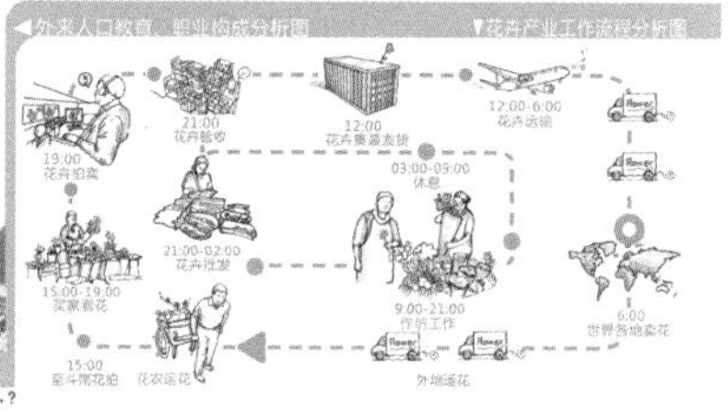

### 场地关系性与多元性研究 Site analysis of relationships and Diversity

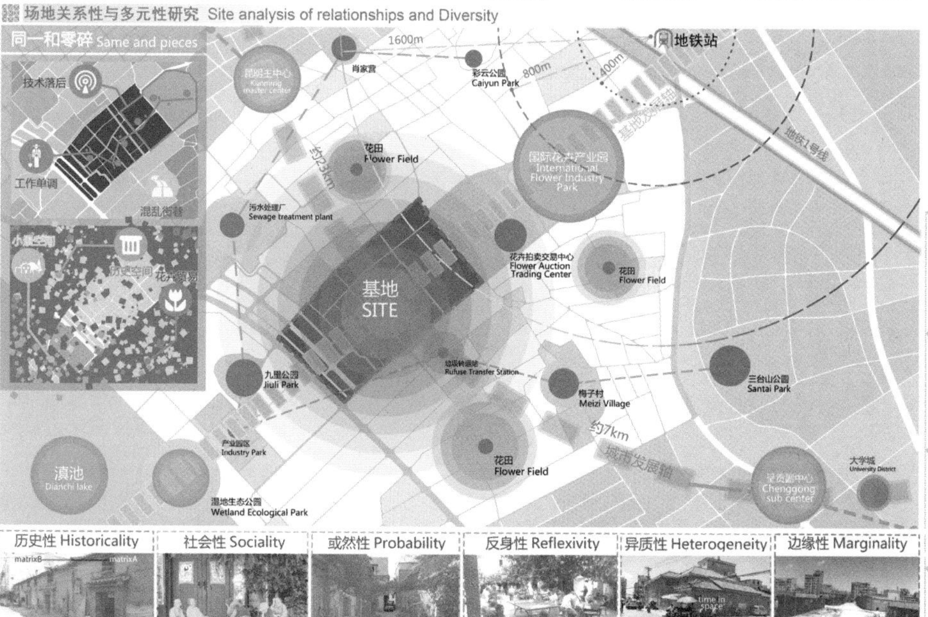


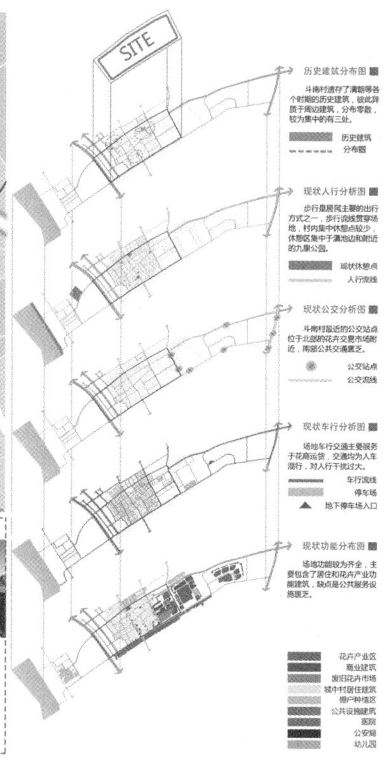

设计表现奖

# 嬉皮花村 Hippie Heterotopia

## ——异托邦理念下的城市反身之镜设计

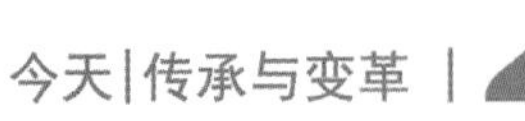

今天|传承与变革 | 2

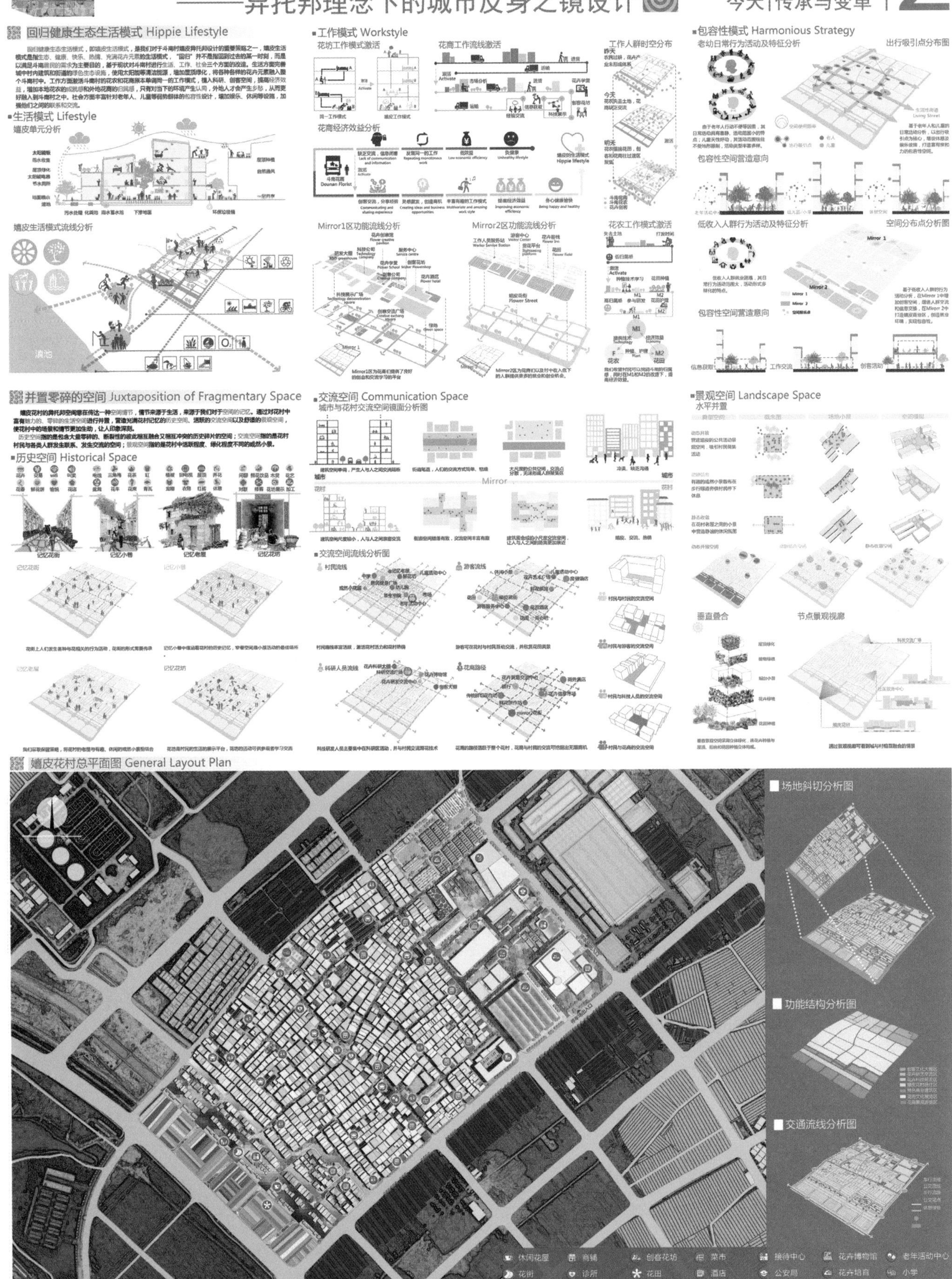

# 嬉皮花村 Hippie Heterotopia
## ——异托邦理念下的城市反身之镜设计

明天|嬉皮异托邦 3

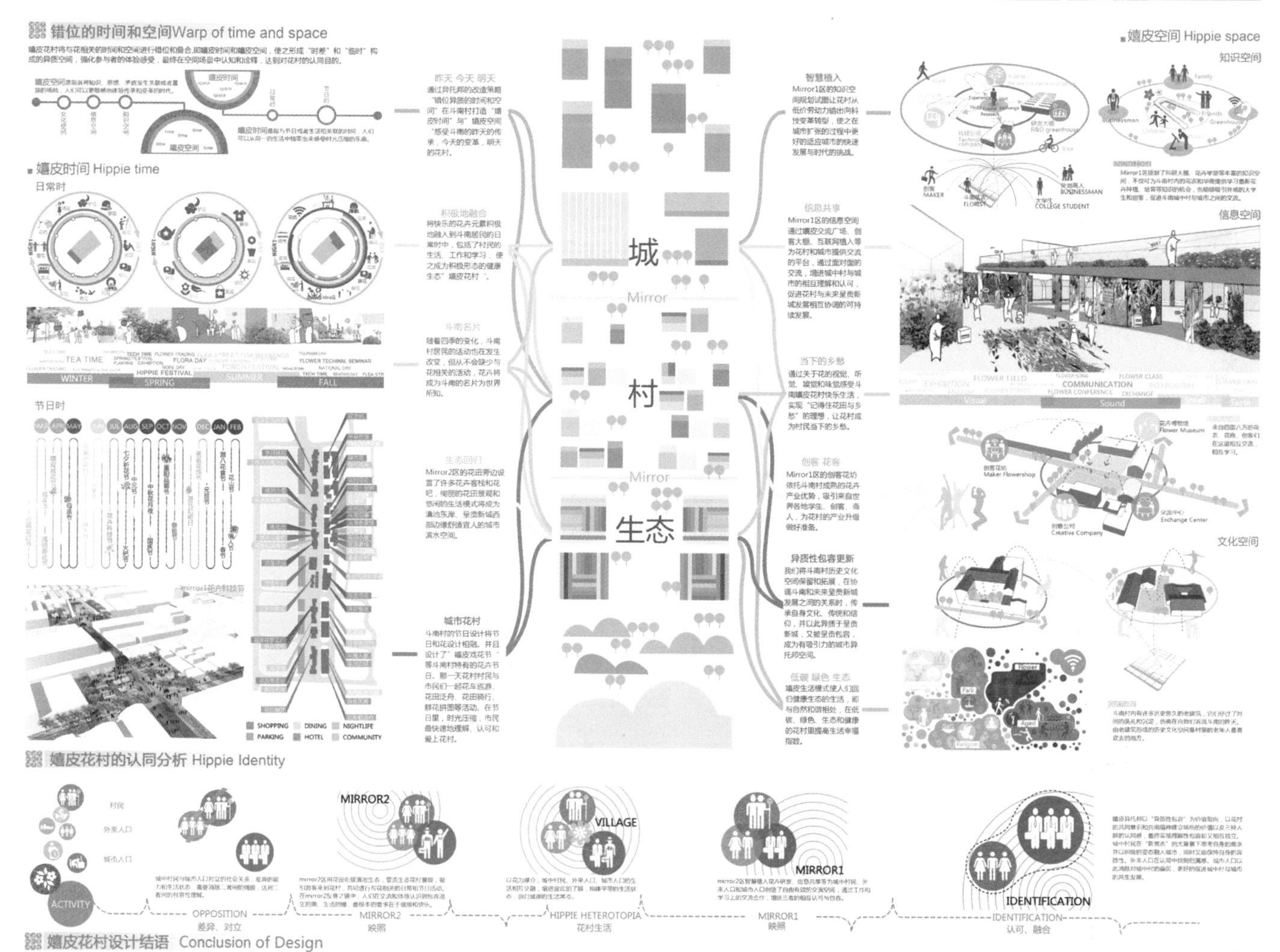


设计表现奖

覃俊婕

在这个设计中，滇池边上的斗南村几个特质是迫使我们思考的依据。首先，它是中国城市扩张中，城中村的一个缩影，多多少少被认为是城市发展的结缔，外来人口聚集，本地人口流失；其次，它有很突出的花卉历史沿革，为城市创造了不可忽视的贡献；再而，它包含了太多情感，关于当下的乡愁、关于偏见、关于梦想与奋斗。但当我们深入调研斗南村时，我们感受到许多感动和矛盾，本地村民与外地人融洽的相处、花商的忙碌和为生计奔波、院落空间的某一处转角惊人的美景、花卉根深蒂固的记忆牵连。我们认为，这里发生的一切，不应被拒绝在城市之外，不应在城市扩张的今天被抹去它美好的一面，城中村异质于城市，但它的许多特质却让我们流连忘返。城市应当以此为“镜”，看自己习惯淡漠的生活与村民闲适友爱，看自己高楼林立与村落里风吹花动。市民应当有机会走进这里，切身感受斗南的美好，于是就有了我们嬉皮花村的方案。嬉皮花村最重要的两个愿景和塑造点在于嬉皮和花村。嬉皮意味着快乐，快乐关于生活、工作、空间，之于市民和村民；花村意味着花卉记忆的延续和塑造、花卉产业与村民的共赢策略。通过方案，我们希望人们能真正走进斗南，看自然与村与城和谐的交融，更多的理解城市里落脚的我们和他们。

黄星集

这次的“西部之光”设计竞赛，已经是我参加的第二届了。匆匆又是一年，去年参赛的地点是西安城墙，今年转战昆明斗南花村。斗南花村是个神奇的地方，走在斗南村内，可以看到繁忙的街景、忙碌的人群、遍地的鲜花，到处可以闻到花香，到处充满了惊喜。本着以人为本的规划精神，我们选择了地块较为复杂，人群较为混乱的地块二。对于地块二的调研，我们通过走访、询问、调查问卷的方式，研究长期居住在花村里的人群生活方式、工作模式、娱乐形式，确定花村的产业结构、产业形式，进一步明确我们的设计思路。整个设计的过程，既痛苦也快乐，为了能做出一些成绩，我们起早贪黑，不断讨论，虽然会经常演变成争吵，但是也正是这样的争吵，加深了我们对设计的认识，深化了我们的设计方案，加强了我们团队的凝聚力，所有的这些，都将刻骨铭心吧。在此，衷心感谢老师的悉心指导，感谢组长的优秀带领，以及其他小组成员的相互帮助，是大家的共同努力，我们才能在这次的设计竞赛中取得优秀的成绩。

潘海莹

嬉皮花村，是我们通过斗南“昨天”的历史发展回顾，以及“今天”的现状概况分析和现状问题反思，提出关于“明天”的花村规划方案构想。依托斗南花卉市场天然的花卉文化产业优势和丰富的城中村“异质空间”，我们的方案侧重于将花卉文化和花卉生活植入斗南村居民生活的方方面面，并以“异质性包容”为价值取向，鼓励城中村以健康、快乐、积极的方式融入城市发展中。在宏观策略上，通过“反身之镜”的设计，鼓励基地与基地周边共同发展，促进不同类型的人群相互交流；在微观策略上，将嬉皮花村的设计细化为“回归健康生态生活模式”、“并置零碎的空间”、“错位异质的时间和空间”三个策略。希望通过我们的设计和改造，嬉皮花村能实现“城”、“村”、“生态”三者之间的相互融合，在协调发展中积极推进该片区的可持续发展，让斗南村成为具有包容力、活力和魅力的城市空间。最后，感谢主办方的支持和指导老师的帮助，感谢一起奋斗的小组成员，期待“西部之光”在未来涌现出更多优秀的作品，越来越好！

**李金刚**

–

最初拿到竞赛题目时，我们更倾向于滇池沿岸湿地公园、滨水空间的设计，但经过实地调研考察，我们被斗南村淳朴的民风，独特的花卉产业，以及有趣的人口组成所吸引，最终决定选择斗南村的城中村设计。我们的方案引入了“嬉皮异托邦”的设计理念，保持并突出斗南村的异质性，成为城市的“反身之镜”，并规划设计斗南村与城市的过渡区，打造既能保持自身的意志特性，又能够融入城市的“嬉皮花村”。通过这次竞赛，我学到了许多新知识，结交了许多新朋友，也充分认识到了团队合作的重要性，感谢老师的悉心指导，感谢组长的优秀带领和其他组员的倾心付出。我们小组成员们一起讨论，一起画图，一起思考，一起熬夜的场景将成为我2015年夏天最美好的回忆！

**邓若璇**

–

非常感谢规划学会和规划专指委举办“西部之光”城市设计竞赛，为我们西部的学子提供了更好的交流平台和学习机会。获奖对我们来说是一个惊喜，更是一份坚定的荣耀。通过这一次竞赛，扩宽了我的规划思路与眼界，增添了一份规划的社会责任感。

初遇斗南，这是一个花的世界，生活中的一切与花息息相关，村民的生活简单而模式化，但又富足、快乐。我们的作品“嬉皮花村”理念源于“异托邦”，是对传统城镇化模式的挑战。现如今，城中村批量改造，大拆大建，缺乏对人性的关怀与尊重，大多数是将当地人的个性特点抹去，变成千篇一律的高楼大厦。因此，我们希望斗南村以独立的姿态融于城镇化进程之中。既保有斗南村的特色——花文化又尊重村民的生活节奏。感谢这一次竞赛，让我遇到了这么契合的队友。在竞赛过程中，我们有过欢笑、争吵，但这一切都激发了我们的小宇宙，促成了我们的作品。从开始调研到提交成果，我们五个“嬉皮村民”在组长的带领下分工协作，充分发挥每个人的特长。感谢竞赛的一路有你们相伴！

李春玲

四川大学建筑与环境学院

# 花卉·创客·互联网+

指导教师 | **李春玲**　参赛学生 | **施媛　李梦颖　邱建维　姜梦影**



“西部之光”竞赛已经举办了三届，前不久第四届“西部之光”正式启动，现在如火如荼地进行。每一次竞赛，主办城市在不断轮换，竞赛题目也在不断更改，从“城市漫步：山城 步道 低碳”到“守望城墙——西安顺城巷更新改造”到“昨天·今天·明天——滇池东岸城市边缘滨水空间设计”，再到现在正在进行的“小街道 大生活——成都市小街区更新设计”。规划学会每一次都能够抛出来一个值得思考的题目给同学和老师，启发各位参赛者共同去审视思量一些突出的社会矛盾，激发了同学们对城市文化、城市文脉的思考，培养他们捕捉社会变化以及敏感于国家发展动向的能力。这一次的斗南社区改造，同学们提出了一个新的概念就是“互联网+”，很新颖，但是同样会面临很多问题，如何将一个抽象的虚化的概念落实进社区空间，如何规划筹措产业运营发展、如何实现社区自我更新的第一步……这些都是同学们在思考方案设计时不可回避的重要问题。从第一届竞赛开始，我就陆陆续续指导学生参赛，这三年中同学们一届比一届认真，一次比一次思考得深入，提出的见解越来越深刻，表达的手段越来越多样。我很欣慰于他们的进步，同时非常感谢规划学会和规划专指委可以每年孜孜不倦地举办竞赛，也正是每次竞赛的锻炼，才能让我们的同学得到更多的进步，取得更好的成绩。最后祝愿“西部之光”竞赛越办越精彩。

## 2.设计背景

1.花卉产业

花卉产业是一项集经济、社会、生态效益于一体的绿色产业。近几年来，花卉产业已成为云南省五大支柱产业之一，同时也是昆明市呈贡区斗南村的支柱产业。斗南花卉市场和昆明国际花卉拍卖中心是亚洲最大的鲜切花交易区。

2.创客空间

创客空间可以被看作是人们能够聚集在一起通过分享知识，共同工作来创造新事物的实体实验室。我国自2010年在上海成立了第一个"创客空间"以来，创客运动在这几年得到了迅速的发展。

3.互联网+

2015年3月，两会上马化腾表示，"互联网+"是指利用互联网的平台、信息通信技术把互联网和包括传统行业在内的各行各业结合起来，从而在新领域创造一种新生态。同时，李克强总理在政府工作报告中提出，制定"互联网+"行动计划，推动移动互联网、云计算、大数据、物联网等与现代制造业结合，促进电子商务、工业互联网和互联网金融健康发展，引导互联网企业拓展国际市场。

### 设计说明：

本次设计提引入了"互联网+"新型概念，设计落点在花卉产业形态及创客空间形态，旨在将互联网与花卉产业、创客空间、社区生活紧密结合，在社区中创造一种新生态，并实现花卉产业的多个层次升级，完成社区的自我更新第一步。

此外，本次设计着眼点并未直接定位成全面的社区改造，而是本着尊重基地本源的原则，深入探求基地存在的根本矛盾点，以期可以最小投入，激发基地活力源泉，从本质上为斗南社区复兴提供切实可行的解决办法。

## 4 概念提出

### 关键问题

**问题一 花卉产业单一、附加值低**

1.基地主要产业为花卉**加工与零售**；

2.花卉加工基于家庭式手工鲜切，产品**附加值极低**；

3.地区优势资源没有得到合理利用，**旅游吸引力弱。**

**问题二 青壮年劳动力外流**

1.基地人群普遍受**教育程度较低**，30-50岁人群所占比例较低；

2.本地青壮年**劳动力外流**严重，留守老年、儿童问题突出。

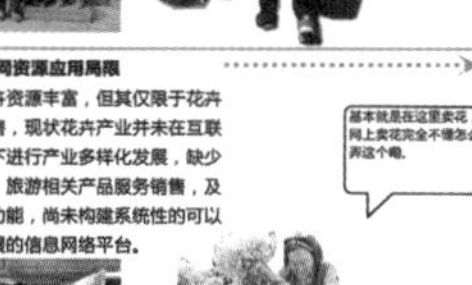

**问题三 互联网资源应用局限**

基地现状花卉资源丰富，但其仅限于花卉初级产品销售，现状花卉产业并未在互联网思维指导下进行产业多样化发展，缺少花卉衍生品、旅游相关产品服务销售，及互动体验等功能，尚未构建系统性的可以统筹基地发展的信息网络平台。



### 概念界定

**概念一 花卉产业链**

在原有单一产业基础上（加工、销售），依托互联网平台，**整合当地优势资源**（当地蔬果、药材、云南八大碗、文化习俗等），进而构建以花卉培育—加工—销售—主题餐饮、购物—体验参与为核心的产业链，**协同发展**，实现**产业升级。**

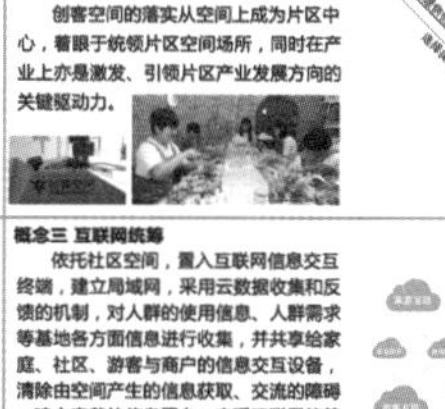


**概念二 创客空间**

创客空间建立在花卉及当地资源基础上，展开富有活力、创意的行为活动，并依靠互联网络平台进行数据信息推送，达到将创意变为现实的目的。

创客空间的落实从空间上成为片区中心，着眼于统领片区空间场所，同时在产业上亦是激发、引领片区产业发展方向的关键驱动力。

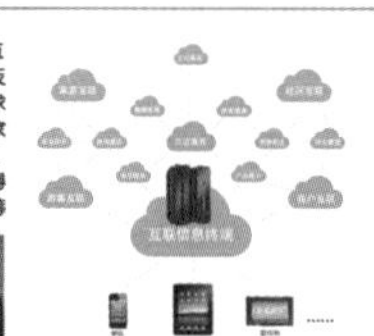


**概念三 互联网统筹**

依托社区空间，置入互联网信息交互终端，建立局域网，采用云数据收集和反馈的机制，对人群的使用信息、人群需求等基地各方面信息进行收集，并共享给家庭、社区、游客与商户的信息交互设备，清除由空间产生的信息获取、交流的障碍，建立完善的信息平台，实现互联网统筹。



### 概念逻辑

花卉作为基础产业资源，结合创客空间吸引人才，丰富花卉产业项目，而互联网的引入则是利用互联网的平台、信息通信技术把**互联网和花卉产业结合起来**，从而在新领域**创造一种新生态**

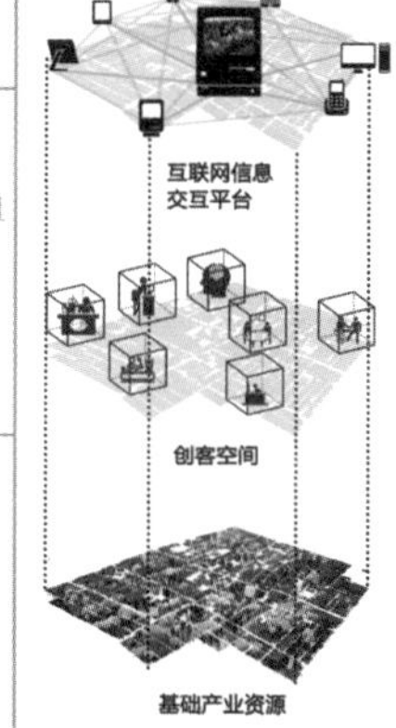


## 5 设计策略

**策略一：整合现状花卉产业、完善产业链条；划分功能片区**

原有产业活动

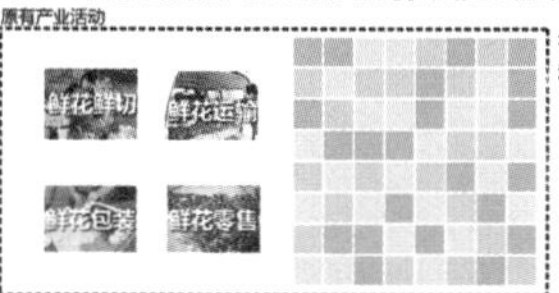


将现状散点状发展的花卉产业化零为整，并引入花卉产业其他环节，据此对基地进行功能区划分。各片区互相协同、实现产业升级。

整合后产业活动

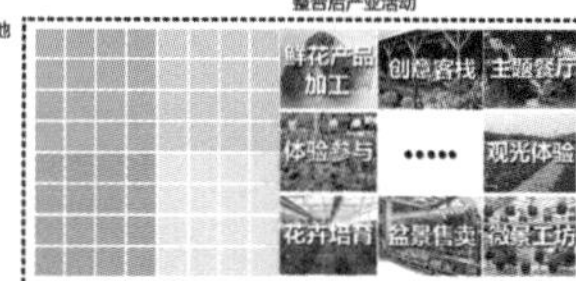


**策略二：功能分区基础上整合当地资源，置入创客空间**

当地资源

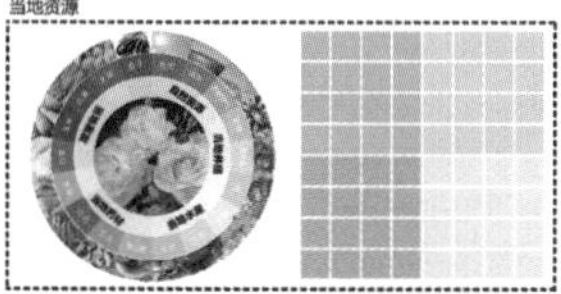

在划分后的功能区基础上，利用花卉及当地其他资源，置入两类不同体量、不同性质的创客空间。

创客功能意向

**策略三：依托社区空间，建立互联信息平台实现互联统筹**

互联终端

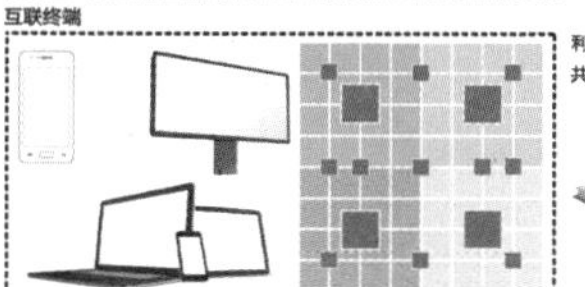

利用创客空间成为互联载体，引入互联中心服务器，以及多种形式的互联终端，共同构筑信息网络。

互联生活意向

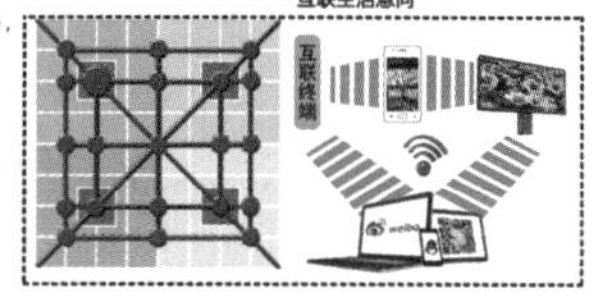
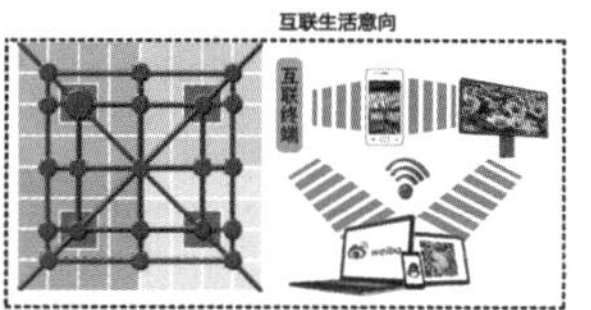


## 6 执行手段

**手段一：（针对策略一）**将花卉产业链中培育、加工、销售、餐饮、体验参与重要环节整合进基地。划分四个重要功能分区，分别为**种植培育区、花卉加工区、花卉销售区、主题餐饮区，体验参与功能穿插进四大功能分区。**

当地现有产业

新功能置入

**手段二：（针对策略二）**

1.在四大功能区中置入以创客交流、培训、大型厂房等具有综合功能的创客Unit，其承载多样的创客综合活动如：讲座开办、项目研讨、初创推广、内部竞赛、沙龙，同时组织参与国际竞赛投标。这里是思维摩擦、创意碰撞的场所，其感知着世界潮流最前端，引领着片区发展趋势；

2.在原有建筑基础上插入小尺度、性质灵活具有特定功能的创客module(插件），如小型工作室、设备间等，为创意活动的具体实施提供场所和设备等。

### UNIT部分

**1.概念提出**

Unit应对基地起到**统领**作用，Unit的存在应该**掷地有声**，方可与基地形成**对话。**

BUT HOW？ ——在现状寻找答案

1.街道界面凌乱、乏味缺少变化与趣味 2.重复乏味的街道突然出现玻璃建筑，引人驻足

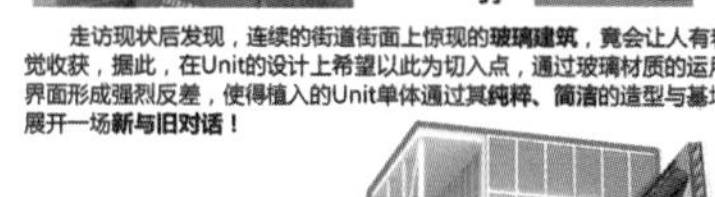
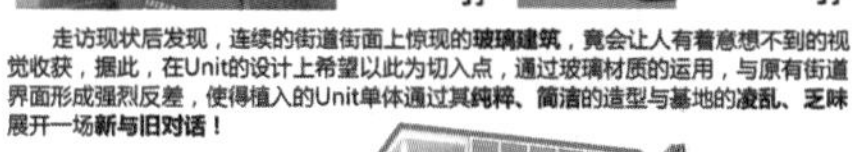

走访现状后发现，连续的街道街面上惊现的**玻璃建筑**，竟会让人有着意想不到的视觉收获，据此，在Unit的设计上希望以此为切入点，通过玻璃材质的运用，与原有街道界面形成强烈反差，使得植入的Unit单体通过其**纯粹、简洁**的造型与基地的**凌乱、乏味**展开一场**新与旧对话！**

贰 方案展示——总平面图
2.Unit形体分析
Unit不变区域功能示意
unit不变区域
unit变化区域
体块单元
unit1
unit2
unit3
unit4
组合
注入活动
技能培训
产品展销
花卉展览
娱乐广场
连接
7 总平面图
N
比例 1:1000
人行次入口
车行入口
人行主入口
车行入口
插件部分
现状部分区域还残存着红砖瓦房，虽然大部分建筑质量堪忧，但不同于千篇一律的现状居住建筑，红砖瓦房的存在却是在展现着地块的历史，所以调研小组认为红砖瓦房有着特殊的存在意义，因此，在对于创客空间插件的植入选择红砖瓦房，希望创客们可以在这样过去遗存下来的场所进行革新、创造，实现未来与过去的对话。
照片
模型
剖面图
平面标注：
生态种植培育区
Ⓤ生态种植培育区Unit
Ⓜ生态种植培育区Module
1.花卉采摘体验园
2.自行车骑行换乘点
3.入口广场
4.公共停车场
5.花卉种植池
花卉销售区：
Ⓤ花卉销售区Unit
Ⓜ花卉销售区Module
6.游客中心
7.文化驿站（青旅）
8.斗南花卉展卖馆
9.大型超市
10.省级保护建筑
11.企业总部
12.创意工作室
12.创意工作室
13.青年创业中心
14.自行车接驳点
15.斗南花卉文化艺术馆
16.娱乐活动中心
17.体育活动中心
18.斗南菜市场
花卉加工体验区：
Ⓤ花卉加工体验区Unit
Ⓜ花卉加工体验区Module
19.花卉加工体验厂
20.企业孵化园
21.平面设计工坊
22.艺术沙龙
主题餐饮区：
Ⓤ主题餐饮区Unit
Ⓜ主题餐饮区Module
23.斗南花卉主题餐厅
24.滇南花茶养生馆
25.嘉华鲜花饼---斗南店
26.星巴克---斗南店
27.斗南时代剧场（电影院）
28.小学、幼儿园
29.社区综合服务中心
规划边界
人行入口
车行入口
地下车库入口
慢行体验系统规划
慢行空间节点
体验线路
体验空间节点
体验功能建筑
体验线路
公共交通系统规划
停车场
交通线路
停车场
步行交通
车行交通
公共服务设施规划
创客服务设施
商业服务设施
创客Unit空间
省级保护建筑
创客空间插件
商业建筑
花卉.创客.互联网+
—斗南社区复兴改造设计
Internet Plus
手段三
1.在花卉销售区中的创客Unit中设置互联服务器，做为统领区域的信息中心。
2.在整个社区中引入多类型的互联终端设备，同时构建多种网络信息交流平台，实现信息共享、交互
运营模式
人群需求
日常生活
衣
行
食
住
终端
产业效益
培育
体验
加工
销售
旅游休闲
车旅
餐饮
住宿
其他需求
实时上传
服务器
数据分析
社区管理
建立社区居民信息数据库
分析、整合相关数据
方便社区管理、完善社区政策
促进社区信息交互
促进社区和谐发展
产业优化
征集潜在客户需求/专家意见
调整产业比例、结构
确定产业内容
促进区域经济发展
创客Unit
确定创客方向
发布系列方案
投入建设改造
创客Module

## 叁 方案展示—鸟瞰图

互联网+创客插件场景

互联网+产业生活场景

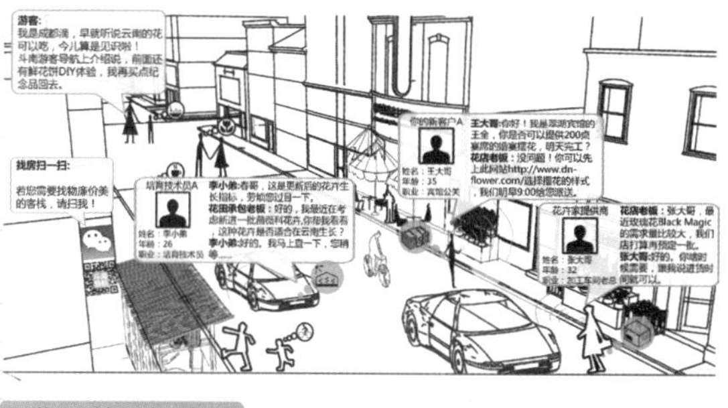

互联网+社区生活场景

互联网+创客Unit场景

互联网+游客游玩场景

**施媛**

—

参与这次竞赛很开心，在更多了解自己家乡的同时，还能和不同年级的同学交流，共同完成一次有意义的设计。期间正值我在建筑事务所实习，加班之余赶竞赛，也正因为这样，更好地学会了协调自己的时间，结识了一群学习和生活上的好伙伴。

通过对此设计的思考，我们试图将产业与规划有机结合，突破传统规划致力于功能规划的局限，将花卉产业链中培育、加工、销售、体验等重要环节整合进基地，并划分功能分区；然后在功能分区基础上整合当地资源，置入创客空间；接着依托社区空间，建立互联信息平台，实现互联统筹。最后，植入创客空间，以点带面，带动和激活地方特色产业。

**李梦颖**

—

首先要很感谢李春玲老师，能在自己的假期，不分昼夜地对我们进行指导，给予我们大量恳切的修改意见。我也很庆幸在自己第四学年结束之际，可以和很优秀的学姐以及同届同学合作学习，共同努力参与这次竞赛。

竞赛的开始并不顺利，刚刚拿到竞赛题目时，并不能直观理解题目，直到现场实地调研之后，发现斗南村花卉产业的兴盛与产业链的不完善产生了突出矛盾，而如何解决这个矛盾，如何发挥斗南村的资源优势成为我们思考的切入点。竞赛时间恰好是李克强总理提出制定“互联网+”行动计划，将移动互联网、大数据等与现代制造业结合。于是，我们愿意在这样一个背景之下尝试在斗南社区改造中同样引入“互联网”概念。将设计落点在花卉产业形态及创客空间形态，旨在将互联网与花卉产业社区生活紧密结合，实现花卉产业的多个层次升级，完成社区的自我更新第一步。基于成本和时间的考量我们本次的设计着眼点并未直接定位在全面的社区改造，而是本着尊重基地本源的原则，深入探求基地存在的根本矛盾点，引入“点状”建筑空间，以期以最小的投入，激发基地活力源泉。

**邱健维**

–

历时一个多月的“西部之光”已经结束，回想从参与调研到提交作品的整个过程，有兴奋、有激动更有自己的所悟所感。对于在短期内设计没有达到自己所设想的深度，以是为遗憾，遗憾之余，总结在此过程中的得失，用于警示自己在今后的专业道路上精益求精。

保护和更新是规划中不可规避的主题，这次的项目为传统村落的更新改造，要在基于自然生态的前提下考虑与未来新城的发展如何协调，我们组在基于调研的前提下，通过挖掘在地性的产业（花卉、物流产业），进一步对产业进行升级。

反思整体的设计过程，我们虽然提出了产业的复兴升级，但对居民的真实诉求与更深层次的问题有所忽视，比如在面临城市化的浪潮时，如何控制引导居民进行有序可持续的更新改造而并非简单的建筑翻新与加建，以及在引导产业升级的同时是否会对传统的村落聚居模式产生影响等问题思考不够。

这一个多月的经历，感谢团队所有成员的共同付出以及老师的悉心指导，再次感谢学会和专指委的各位专家评委的点评指导以及承办方云南大学的相关工作人员对“西部之光”竞赛活动的支持，愿“西部之光”暑期大学生暑期规划设计竞赛在未来能产生更多精彩的方案！

**姜梦影**

–

作为本科阶段一个重要的全国性竞赛，我在这三个月里学到了很多东西。首先，我明白规划专业是一个合作性特别强的专业，需要的是团队的力量，在方案中，一定要做好自己负责的部分，只有所有组员一起认真努力，才能把一个方案做出彩。从一开始接触方案的懵懂，不知道如何下手，到慢慢一步步地做好整个方案，我们经历了一个比较漫长的过程。首先进行了基地的调研，收集到了大量的现状资料和照片，对基地做出一个比较准确地定位，紧接着通过认真分析大量的案例，对方案有一个整体性的把握，然后就以我们的理念为基础，进一步完善方案。总的来说，这三个月的生活是很充实的，每周跟老师汇报讨论，每天与组员一起交流，共同完成方案，过着“日出而作，日落而归”的生活，这些都是我所珍惜的。

当然，在参加竞赛的过程中我也有过不坚定，因为工作强度大，压力也很大，所以不止一次想过要放弃，每当这个时候，老师和合作伙伴总是给予我最大的鼓励与支持，让我坚持走到了最后。同时，我也明白，很多东西，你不是一次就能做好，需要不断地调整，不断地改善，一点一点做到最好，在这个过程中，我们不能气馁，因为这是一个不断进步的过程，不管进步的多与少，它始终是向着好的方向发展。

黄瓴



重庆大学

# Livability · Mobility · Community

## ——基于乡村产业社区再生的城市设计

-

指导教师 | **黄瓴**　参赛学生 | **余海慧　赵宏钰　李南楠　张颖　钟皓**

方案基于斗南新村的资产现状和潜力分析，同时从整体片区与昆明市的发展联系入手，提出可宜居性（Livability）、机动性（mobility）和社区性（community）三个关键概念，分别拟定相应的目标、策略和城市设计控制要素，将斗南新村的花卉文化产业与社区街巷和庭院为空间特征的社区生活营造结合起来，分步实施产业再生和高品质的斗南生活。小组五个小伙伴满怀热情，通过现场调查和多次讨论，逐渐达成共识。这个过程本身就是一次非常好的学习体验。

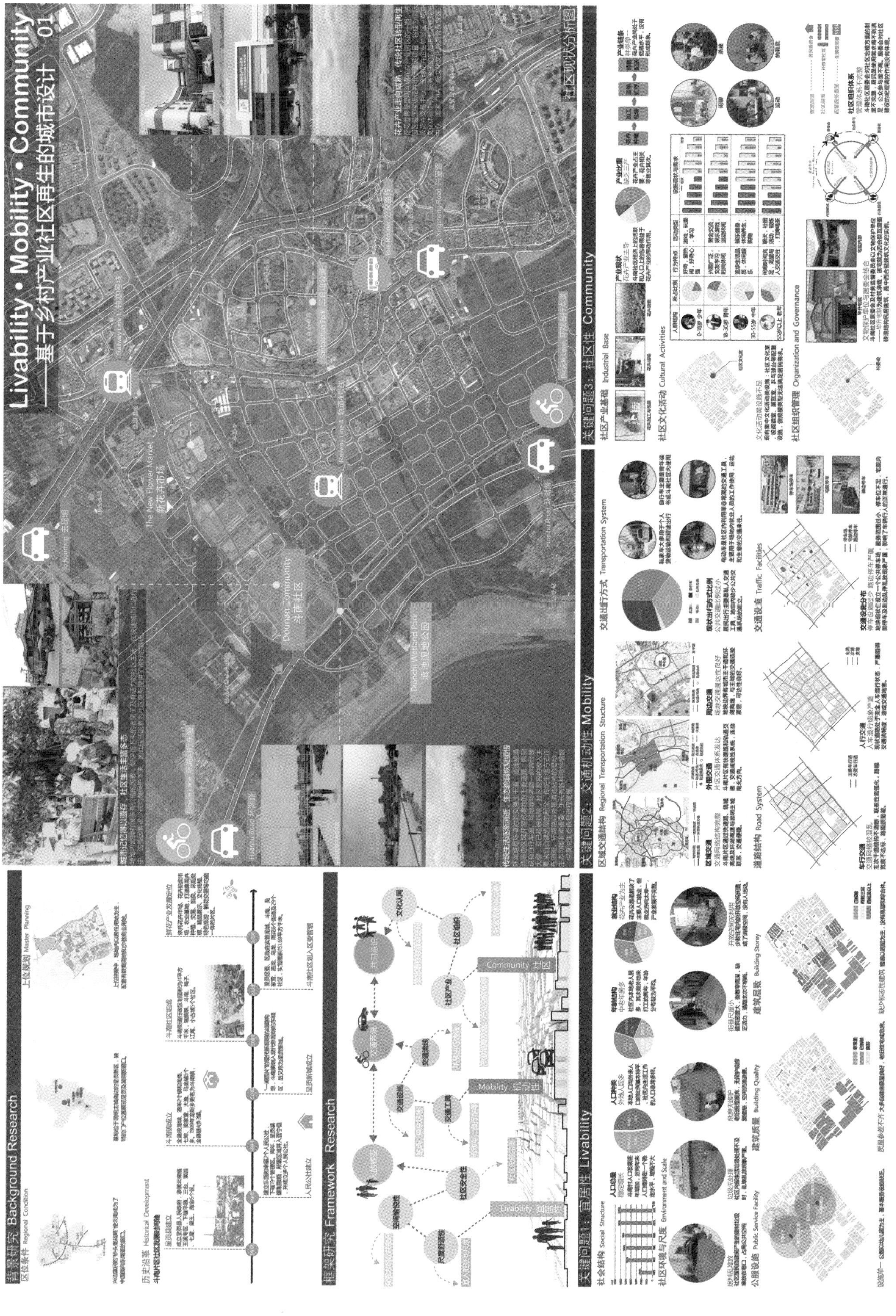

# Livability • Mobility • Community
## ——基于乡村产业社区再生的城市设计 01

## 背景研究 Background Research

区位条件 Regional Condition

上位规划 Master Planning

历史沿革 Historical Development

斗南片区社区发展时间轴

呈贡县建立

斗南镇成立

斗南社区组成

鲜花产业发展定位

人民公社建立

呈贡新城成立

斗南社区划入区委管辖

## 框架研究 Framework Research

人的感受

交通系统

共同意识

空间愉悦性

交通设施

交通流线

文化认同

尺度舒适性

社区安全性

交通工具

社区产业

社区组织

Livability 宜居性

Mobility 机动性

Community 社区

城市记忆得以遗存，社区生活丰富多态

传统生活逐渐消逝，生态脆弱恢复缓慢

花卉产业走向成熟，传统社区转型再生

To Kunming 去昆明

Railway Line 1 轨道1号线

The New Flower Market 新花卉市场

Bicycle Lane 环湖自行车道

Huanhu Road 环湖路

Dounan Community 斗南社区

Railway Line 4 轨道4号线

Santaishan Park 三台山公园

Bus Routes 公交路线

Dianchi Wetland Park 滇池湿地公园

Xingcheng Road 兴呈路

社区现状分析图

## 关键问题1：宜居性 Livability

社会结构 Social Structure

人口总量

人口种类 外地人居多

年龄结构 中老年居多

就业结构 花卉产业为主

社区环境与尺度 Environment and Scale

废料乱堆放

垃圾无处理

危房无维护

街巷尺度小

开放空间无利用

公服设施 Public Service Facility

建筑质量 Building Quality

建筑层数 Building Storey

设施单一

质量参差不齐

缺少标志性建筑

## 关键问题2：交通机动性 Mobility

区域交通结构 Regional Transportation Structure

区域交通

外围交通

周边交通

交通出行方式 Transportation System

现状出行方式比例

道路结构 Road System

车行交通

人行交通

交通设施 Traffic Facilities

交通设施分布

## 关键问题3：社区性 Community

社区产业基础 Industrial Base

产业现状

产业比重

产业链条

社区文化活动 Cultural Activities

| 人群结构 | 所占比例 | 行为特点 | 活动类型 | 设施现状与需求 |
|---|---|---|---|---|
| 0-18岁 少年 | | | | |
| 18-30岁 青年 | | | | |
| 30-55岁 中年 | | | | |
| 55岁以上 老年 | | | | |

文化活动类设施不足

社区组织管理 Organization and Governance

社区组织体系

管理体系不完整



设计创意奖

# Livability • Mobility • Community

## ——基于乡村产业社区再生的城市设计 02

总平面图 1:1500

居住区　花卉售卖区　花卉展览区　花卉创意产业区　玫瑰街　情人街　相思街　康乃馨大道　满天星巷　桔梗巷　百合巷　旅游商业区　特色餐饮区　旅游服务区　鲜花主题公园　居住区

**技术经济指标：**

总用地面积：26.09ha
现状总建筑面积：409650m²
规划总建筑面积：651630m²
建筑密度：45%
容积率：2.5
绿地率：25.5%
地面停车位：90个
地下停车位：200个
拆迁总建筑面积：134600m²
新建总建筑面积：376580m²

1. 社区股份有限公司
2. 市场
3. 综合百货店
4. 综合食品店
5. 社区餐饮
6. 书店
7. 银行
8. 居委会
9. 物业管理
10. 社区服务中心
11. 幼儿园
12. 社区活动中心
13. 养老院
14. 青少年活动站
15. 老年活动站
16. 演出中心
17. 居民健身设施
18. 治安联防站
19. 卫生所
20. 邮电所
21. 变电室
22. 供热站
23. 公共厕所
24. 垃圾收集点
25. 产业加工中心
26. 产业培训中心
27. 教育科普中心
28. 民俗体验馆
29. 城市花田
30. 游客服务中心
31. 酒店
32. 露天广场
33. 公交车站
34. 观光旅游车乘车点
35. 路边停车场
36. 地下停车场入口

## 宜居策略：窄街巷、小街区 Livability

### 街巷尺度重塑 Street Scale Rebuilding

长街道改成短街道

提高街道活力

### 公共空间增补 Public Space Increasement

增加公共服务设施

构建绿化体系结构

### 老旧建筑改造 Old Buildings Regeneration

拆除破旧建筑，改成公共空间

连接底层建筑，形成商业街

### 宜居性改造示意图 Livability Transformation

更新改造

更新改造

拆除重建

提升改造

更新建造

更新建造

保留现状

### 社区模块创建 Community Module Creatation

量化社区规模

归纳总结旧社区发展的规律，用数据量化保证街道多样性和社区的功能复合。避免因人口和产业的聚集，导致公共空间的过度拥挤和环境质量下降

| [illegible] | [illegible] | [illegible] | [illegible] | [illegible] | [illegible] | [illegible] |
|---|---|---|---|---|---|---|
| 8[illegible] | 100*200 | 200*200 | 2000 | 35 | 2.8 | 15 |
| 6[illegible] | 200*200 | 200*400 | 3200 | 45 | 2.5 | 13 |
| 4[illegible] | 200*400 | 400*400 | 4500 | 50 | 2.2 | 10 |
| 2[illegible] | 400*600 | 400*600 | 7000 | 55 | 1.8 | 6 |

## 机动策略：低碳出行 Mobility

### 多层次交通选择 Multi-Transportation

增设citycar/carsharing　低碳节能　提高土地利用率

在社区内增加citycar，游客在换乘点使用其游览观光。

充电使用的citycar提倡了低碳出行，代替原本的大型机动车，节约能源。

### 交通机动化改造示意图 Mobility Transformation

为不同人群设计交通路线

### 方便的换乘措施 Traffic Transfer

设置换乘点

增设公共停车场

### 交通流量管制 Traffic Flow Control

更改地面铺装

部分路段禁行

## 社区策略：复合功能社区 Community

### 地段价值提升 Location Value Improvement

重点打造T形金街，提升场地价值

### 社区生活构想示意图 Community Life Vasion

游客体验路线

居民生活路线

花卉工作者路线

### 文化活动组织 Cultural Activities Crganization

文化活动布局

制度设计

### 社区治理体系 Community Governance System

居民委员会　业主委员会　社区发展组织　各中介组织

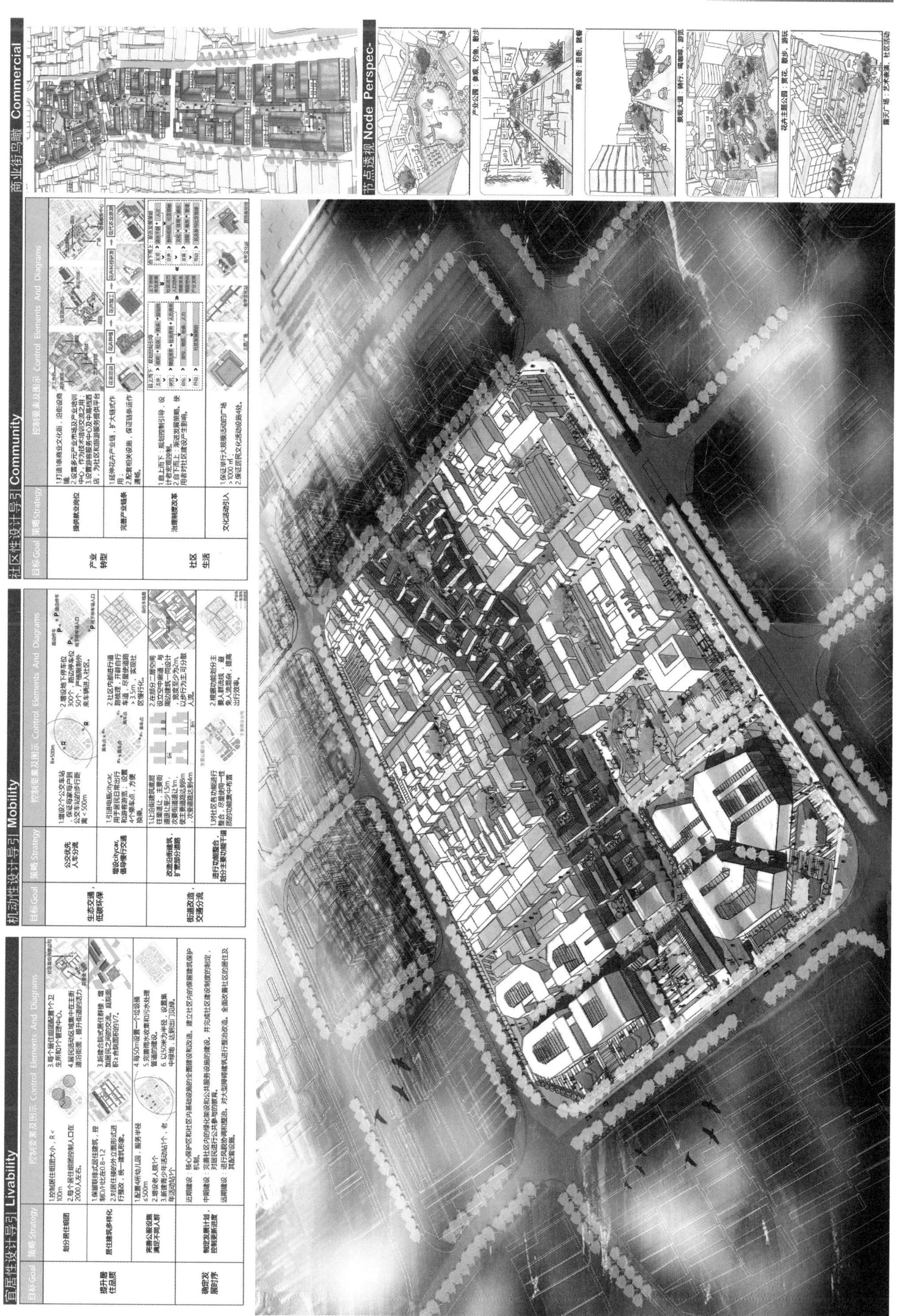
宜居性设计导引 Livability
机动性设计导引 Mobility
社区性设计导引 Community
商业街鸟瞰 Commercial
节点透视 Node Perspec-

设计创意奖

**余海慧**

—

呈贡新区位于高原明珠——滇池的东岸，境内交通线纵横交错，有昆河、南昆铁路，昆洛、昆河两条国道，安石、昆玉两条高等级公路等穿境而过，而斗南片区是连接昆明主城与呈贡新城之间的重要区域，也是由昆明主城进入呈贡新城的“门户区”。 城市化与现代化正以一种猛烈和激进的方式降临滇池东岸平原，在这个变迁过程中，栖居在这片土地上的人们不得不尝试着去接受和适应，那种安然悠闲的乡村生活状态随之无声地逝去。

场地内以居住用地为主，配套有教育用地和少数商业用地。产业以鲜花产业发展为主，是依托花卉市场、花卉拍卖市场和农业基地，打造集花卉种植、交易、拍卖、采后处理、精品展示、文化传播、特色旅游、鲜花交易等功能一体的片区。场地中拥有很多有价值的因素，如保留下来的老房子及有活力的社区生活，在快速城市化进程中，这些因素很少被完整保护下来，但是这些因素为社区更新提供了很好的基础。

根据现状研究，为保留城市记忆，创建美好的社区，从宜居性、交通机动性、社区性三个方面入手，并提出对应的策略。宜居策略：通过街巷尺度重塑，社区模块创建，酿造社区宜居性；机动策略：通过多层次交通选择和机动化改造等酿造社区机动性；社区策略：通过提升地段价值，组织文化活动酿造复合功能社区，最终实现产业转型，创造居住品质高，生态、环保的美好社区生活。

**张颖**

—

这次“西部之光”规划设计竞赛让我受益匪浅，在这紧张有限的两个月的时间里，我们小组成员分工协作、互相帮助、共同进步，在黄瓴老师的指导下，不断提升工作效率、创新想法、完善设计，最终完成了这份来之不易的作品，我在学到了很多专业知识的同时，也增进了与老师和组员之间的感情。

在设计过程中，我们通过对场地进行现场调研，对当地市民进行切身访问，深入了解市民需求，分析场地发展中存在的问题和障碍，在充分挖掘设计背景和场地现状的基础上，加入我们的立意点：Livability宜居性、Mobility交通机动性、Community社区性，对场地进行改造，引入产业社区的概念，提出窄街巷、小街区、低碳出行、复合功能社区等设计策略，为社区的健康可持续发展做出了良好的指引。

**赵宏钰**

—

这几个月的参赛经历让我感受良多。我们曾有过意见相左的争执，也有过一起熬夜的快乐。彷徨过，疑惑过，迷茫过，最终都变成了我们宝贵的收获。在比赛中，我们在老师的指导下进行过实地调研、前期分析、方案生成的过程，充分运用了我们的专业知识，并通过这次比赛积累了许多经验，也取得了应有的荣誉。在备赛期间，我们根据各自特点进行了良好的分工协作，这为我们保持良好的工作效率提供了基础条件。在概念阶段，我们通过查阅有关书籍及案例，选择了生活性，机动性、交通性方向进行深入细致的设计研究，并不断地进行讨论。选择出各种形式的最优方案，最后得出合理的深入方向。在方案设计过程中，我们借鉴参考优秀案例，在初步设计的基础上进行整合改进，然后设计出我们自己的方案。此外，由于比赛的时间有一定的限制，我们制订了详细合理的时间安排表。这些工作都让我们在比赛过程中获益良多。通过“西部之光”大赛我们充分运用了所学的专业知识，并对其有了更加深入的了解，更加培养了我们一种吃苦耐劳，团结合作的精神。谢谢主办方提供这次宝贵的机会。

**李南楠**

–

从拿到题目到完成设计，方案整个耗时1个月。在初期场地调研时，我们便关注到了云南昆明的产业发展，著名的鲜花饼和昆明的母亲河滇池。通过走访，我们发现场地所在的地方有几个明显的特点。第一，社区生活特征明显，很多城市生活记忆得已保存。第二，花卉产业成熟，斗南村的花卉已成为全国都市型农业观光中心，是国家文化旅游管理的景区。第三，传统生活逐渐消失，生态脆弱且恢复缓慢。从以上三个现状特征，我们提出对症下药的方案对策，从解决基本的生活问题入手，从社区基本建设情况着手，使斗南村变成宜居性社区。其次，便是交通问题，这里的交通不仅仅是指人车的基本出行，还包括了未来产业发展的货运通道和旅游所需的游客交通。最后，便是提升社区生活，城市建设的政策性建设，社区管理制度的健全，丰富社区生活方式，完善社区组织体系。从现状分析到整改设计，从土地利用到城市设计，从基础设施完善到生活场景演练，我们争取在最短的时间内尽量做到面面俱到，全方位考虑。期间，指导老师黄瓴对我们的方案进行了框架梳理、形态整改等重要修正，使我们避免一些基本错误和尽量完善方案设计。最终，我们完成了“livability · mobility · community——基于乡村产业社区再生的城市设计”。

**钟皓**

–

参与这次竞赛的过程中我学到了许多知识，再反思本次竞赛，可以概括为两点解读。首先，在解读基地时，我们需要认识到城市发展背后的经济发展问题及社会发展问题，从宏观角度把握住城市发展的关键点。这次竞赛中城中村的更新，其主要矛盾就在于空间、经济与人群更新升级的相互矛盾，要想留住原居住民，要想保持原有村庄的地域性，产业必须随着人的生产能力和观念的更新而更新，否则城市更新是排斥性的更新，排斥掉原有产业与人群，置入新的产业与人群，这样的更新就是推动快速城市化的因素，是自上而下野蛮式的城市发展途径，问题日益严重。所以，城中村更新改造的核心问题不在于空间与产业的更新换代，而在于更新机制如何诱导产业、人群与空间渐进更新。其次，在考虑核心问题后需要考虑人的感受与需求，城市最终为人而生，在空间设计与社区构建层面怎么塑造城市活力需要给出相应策略。在这次竞赛中我们针对城中村老社区分别从Livability · Mobility · Community三个方面做了剖析与提升策略，这次分析问题的角度及尝试让我们更全面认识到一个社区的构成要素以及城市生活的多样性。

赵强



重庆大学

# 微渗透·慢生长

## ——引入社区规划师概念的昆明市斗南村更新机制探究

–

指导教师 | **赵强**　参赛学生 | **张卫凌　夏天慈　袁源　赵益麟**

同学们在对斗南村的实地调研中意识到，斗南不是一个问题重重的“城中村”，它是一个主体产业明晰、街道管理相对健全、生活秩序井然的“个性”社区，当然，也存在着诸多隐性的社会问题。从长远、持续的发展角度来看，它需要的是渐进细微式、自我学习和提升型的社区生长策略。相应地，从规划的角度看，它需要的是一个良性引导和适度控制、在慢生长的过程中不断与多种维度协调的设计机制。所以，同学们没有按照常规来完成这个设计方案，而是以超前的意识从引入社区规划师的角度来破题，并提出“微渗透·慢生长”的设计理念。设计图纸也没有突出空间形态和效果表现，更多呈现的是社区规划师融入社区的机制探讨，以及社区的微渗透方式和慢生长系统的引导。通过斗南村的设计竞赛，同学们前瞻了这一类社区未来的设计机制，预示了社区规划师这一新兴职业的必然。

# 微渗透·慢生长 | 引入社区规划师概念的昆明市斗南村更新机制探究

RESEARCH ON THE MECHANISM OF COMMUNITY PLANNER

VILLAGE UPDATE

基地介绍

本基地位于昆明市呈贡斗南片区西部，北与斗南花卉交易市场紧邻，南与滇池相望，东西两侧现状主要为农田。基地内部道路较窄但形成四通八达的网络，建筑格局由清朝延续至今，建筑朝向整体为东南—西北向，形成较为密集但充满特色的肌理。

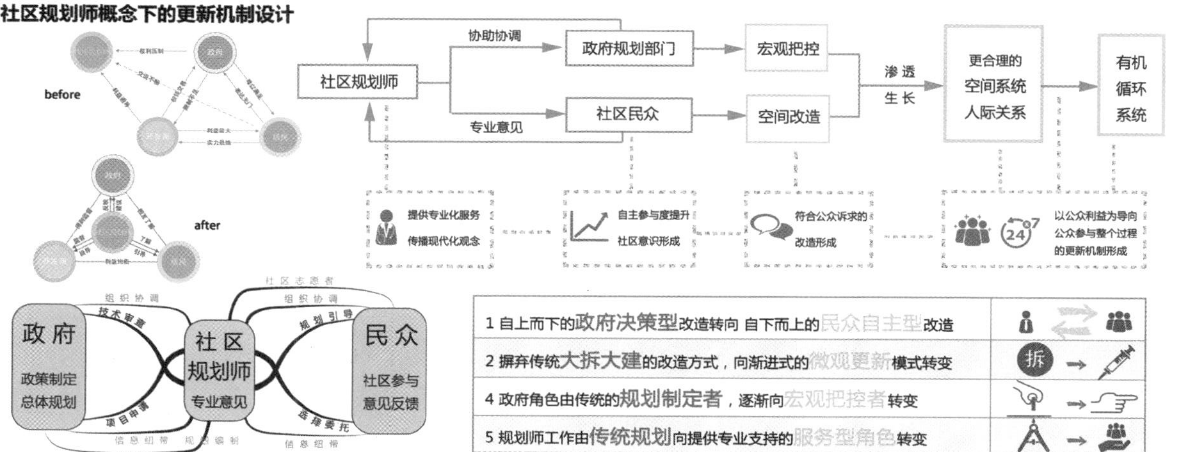


## 传统旧城更新模式存在的问题

### 住房供需结构失衡

中低收入者住房短缺，高等住房空置

沿街一层皮的开发模式下，街区内部居住环境无改观

### 社区社会网络破碎

异地安置——邻里关系一去不复返

商业化住区——多元混居局面消失，出现阶层隔离

### 政府、开发商和原住民盾激化

原住民利益诉求难以被重视

政府难以应对拆迁矛盾

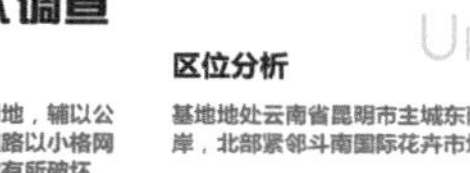
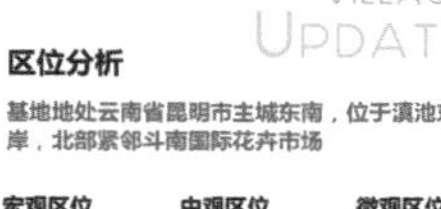

### 社区文化难以延续

开发商忽视弱势群体利益

传统文化活动逐渐消失

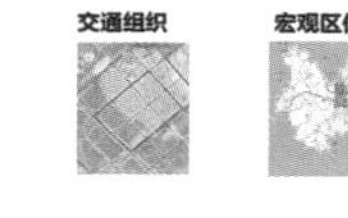
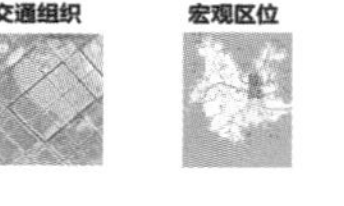
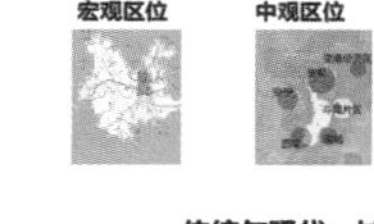

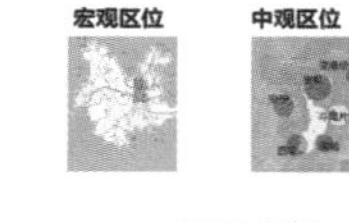

## 问题产生根源分析：

传统规划趋向于将复杂问题简单化，强调对物质空间的改造，而对另外的与居民生活息息相关的诸如社区文化历史传承，社会结构保护，经济结构建设等问题不屑一顾，为日后大量的矛盾和问题埋下隐患

更新规划目标单一

目前公众参与主要发生在规划师在方案开始阶段对居民进行的询问及短期抽样调查，以及方案完成后对居民进行的宣传公示。基本属于象征型及被动式参与方式，最终成果往往侵犯到公众的切身利益

公众参与落实不足

在依赖商业投资的大规模旧城改造中，开发商由于掌握了改造所需的巨额资金，控制整个改造过程，从中获得了巨额收益。而作为原土地使用者的居民由于被排斥在改造进程之外，往往处于受支配的劣势地位

利益主体结构失衡

我国的旧城更新过分强调速度与规模，立项评估、公共参与决策、实施过程监督以及最后的成果反馈等重要程序往往直接跳过或者走走过场，对社会公正，减少决策失误，以及有效监督的实现及其不利

运作过程程序缺失

## 斗南村现状调查

### 上位规划

用地布局重点为居住用地，辅以公园绿地和商业用地。道路以小格网为主，对原有格局依然有所破坏

### 区位分析

基地地处云南省昆明市主城东南，位于滇池东岸，北部紧邻斗南国际花卉市场

### 花卉产业和花卉文化

目前斗南的主导产业为花卉产业，斗南花卉市场是亚洲最大的鲜切花交易区。斗南村围绕花卉种植、鲜切花卉加工、物流运输及相关服务业等，形成了完整的产业链。

### 传统与现代、城市与农村并存

城市化进程的加快导致斗南村建筑质量参差不齐。城市道路沿线多为新建中高层建筑，地块内部多为居民自建房，建筑质量一般，建筑密度较大，且存在随意搭建等现象。

### 基础设施情况良好

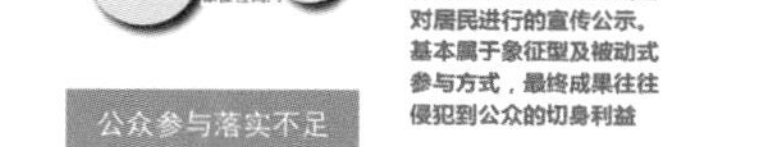

斗南村现建有社区活动中心、戏剧舞台、器械运动场和篮球场等公共设施，场地内共计有菜市场一处、幼儿园4所、卫生室2间、超市等若干，整体运行情况良好。

### 较强的经济活力与吸引力

斗南村每天进行大量的鲜花加工及交易活动，鲜花产业带动了社区各项产业尤其是第三产业的活跃，整体具有很强的经济活力，且对本地居民和外来人员均有较强的吸引力。

## 居民访谈调查

| 受访者代表 | 主要诉求 | 社区规划师行动策略 |
|---|---|---|
| 本地加工业者 | 花卉产业带来的经济利益提高；交通更顺畅；建更好的房子 | 宣传现代化的生活观念；培养社区精神和公民意识 |
| 外来从业者 | 环境卫生改善；生活更方便 | 鼓励引导社区居民自治；通过宣传提高民众素质 |
| 本地服务业者 | 花卉产业带来大量客源；自家与外地租客关系不佳 | 营造和谐社区氛围；鼓励不同地域文化间的交流 |

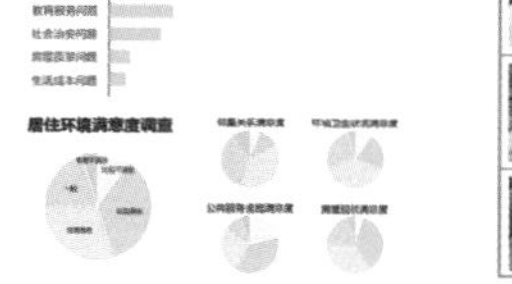

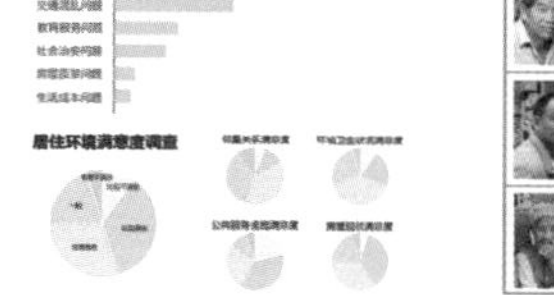
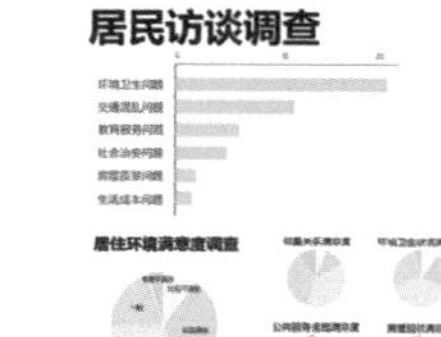

## 新的城中村更新模式的探索——社区规划师制度

### 深圳社区规划师制度模式

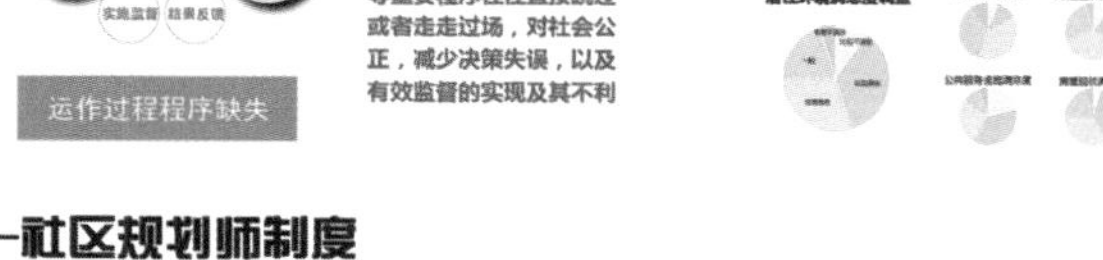


**创新思路**

before：政府 → after：政府 + 市场 + 社区

**模式总结**

深圳市从2005年起编制与实施社区规划师制度，标志着规划师服务群体由过去单一的政府主导，向多样化、基层化的方向转变

提出 规划师应服务于社区 的理念

### 台北社区规划师制度模式

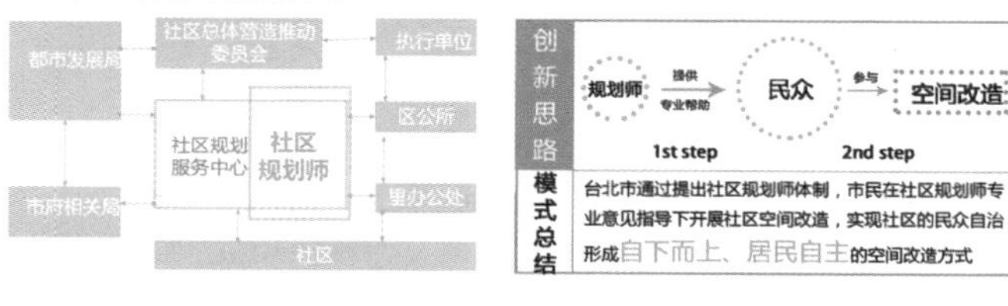


**创新思路**

1st step：规划师 —提供专业帮助→ 民众 2nd step：民众 —参与→ 空间改造

**模式总结**

台北市通过提出社区规划师体制，市民在社区规划师专业意见指导下开展社区空间改造，实现社区的民众自治形成自下而上、居民自主的空间改造方式

## 社区规划师概念下的更新机制设计

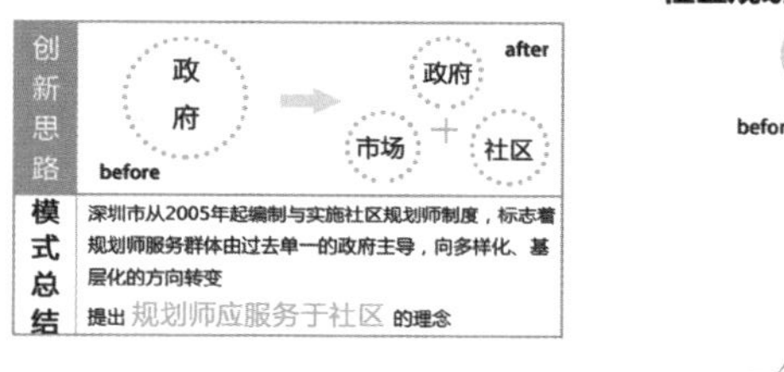


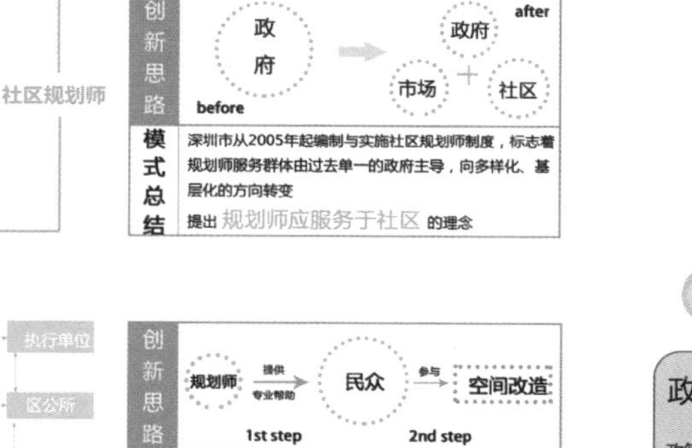


1 自上而下的政府决策型改造转向 自下而上的民众自主型改造

2 摒弃传统大拆大建的改造方式，向渐进式的微观更新模式转变

4 政府角色由传统的规划制定者，逐渐向宏观把控者转变

5 规划师工作由传统规划向提供专业支持的服务型角色转变

VILLAGE UPDATE
Community Planner

# 微渗透·慢生长

RESEARCH ON THE MECHANISM OF COMMUNITY PLANNER

## 引入社区规划师概念的昆明市斗南村更新机制探究

## 社区规划师工作框架

社区规划师

- 现状调研：意见收集、优劣势评估、实地踏勘
- 规划制定：社区空间规划、社区管理体制规划
- 规划实施：制定阶段实施计划、搭建公共参与平台
- 总体完善：反馈调整、自我生长

居民　居委会　政府

产生机制

- 隶属机构：昆明市规划局呈贡分局斗南社区工作室
- 来源：高校城市规划相关专业学生、教师；政府相关机构管理人员；斗南社区有规划和组织经验的社会人士
- 要求：综合的知识结构；较强的沟通组织能力；社区服务精神；在地化的优势基础
- 更替：3—5年任期；定期考评，依据结果决定是否续聘

## 渗透与生长

### 空间策略

空间渗透策略

空间生长策略

## 观念渗透

| 权威主义 | 个人利益 | 道德约束 | 血缘纽带 |
|---|---|---|---|
| ↓ | ↓ | ↓ | ↓ |
| 社区自治 | 公民意识 | 契约精神 | 社区精神 |

## 政府宏观把控点

1年 … 10年

- 公共建筑建设
- 公路修建
- 新区建设
- 基础设施完善
- 公共空间整理
- 原有建筑改造

## 社区规划师工作内容

社区规划师

- 社区咨询与培训：设置社区规划师工作室、构建公众参与平台、建设社区规划服务中心
- 社区发展规划制订：社区资产调查、提出斗南社区发展规划、参与修订上级规划及管理体制
- 环境优化：环境改造、基础设施建设、社区实时规划

1年　2年　5年　10年

|  |  |
|---|---|
| 设置社区规划师工作室 | 现场办公 |
| | 召开定期会议及临时会议 |
| | 协助推动社区相关事务 |
| | 组织社区居民形成志愿者团队 |
| | 帮助外来人员融入斗南社区 |
| | 沟通管理层 |
| | 接受服务考评 |
| 构建公众参与平台 | 社区规划师网站 |
| | 热线电话 |
| | 微信公众平台 |
| | 座谈会 |
| 建设社区规划服务中心 | 提供社区规划信息查阅及咨询 |
| | 提供民众讨论规划相关的场所 |
| | 组织社区培训日 |
| 社区资产调查 | 走访发掘 |
| | 社区资料汇总 |
| | 提出现状及专题调研报告 |
| 提出斗南社区发展规划 | 内部研讨 |
| | 设定发展目标 |
| | 草拟社区更新改造规划 |
| | 草拟社区形象塑造规划 |
| | 社区投资筛选 |
| | 建设项目评估 |
| | 社区发展评价 |
| | 公众宣传及意见征询 |
| 参与修订上级规划及管理体制 | 发展方向及问题发掘和汇整 |
| | 参与上一级规划修订有关会议 |
| | 参加社区规划师交流活动 |

|  |  |
|---|---|
| 环境改造 | 宣传环境卫生意识 |
| | 组织公众参与景观营造及维护 |
| | 建筑间距控制 |
| | 建筑立面改造 |
| | 建设社区公园 |
| 基础设施建设 | 公共空间营建 |
| | 道路建设 |
| | 停车场地组织修建 |
| | 运动健身场地及器材配套 |
| | 摊贩经营点规范化 |
| | 场所标识建设 |
| 社区实时规划 | 公众反馈收集 |
| | 实施效果总结 |
| | 规划动态调整 |

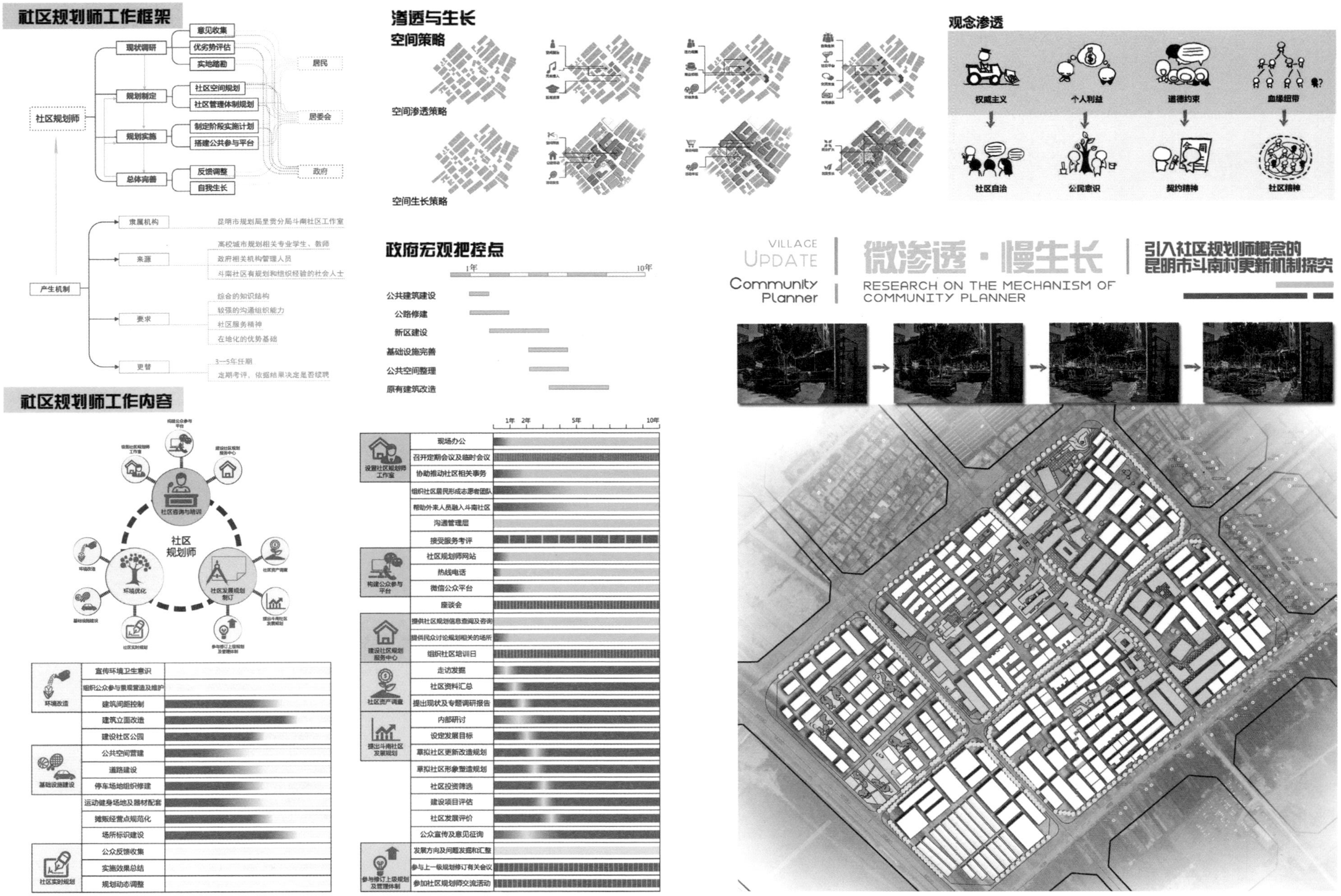

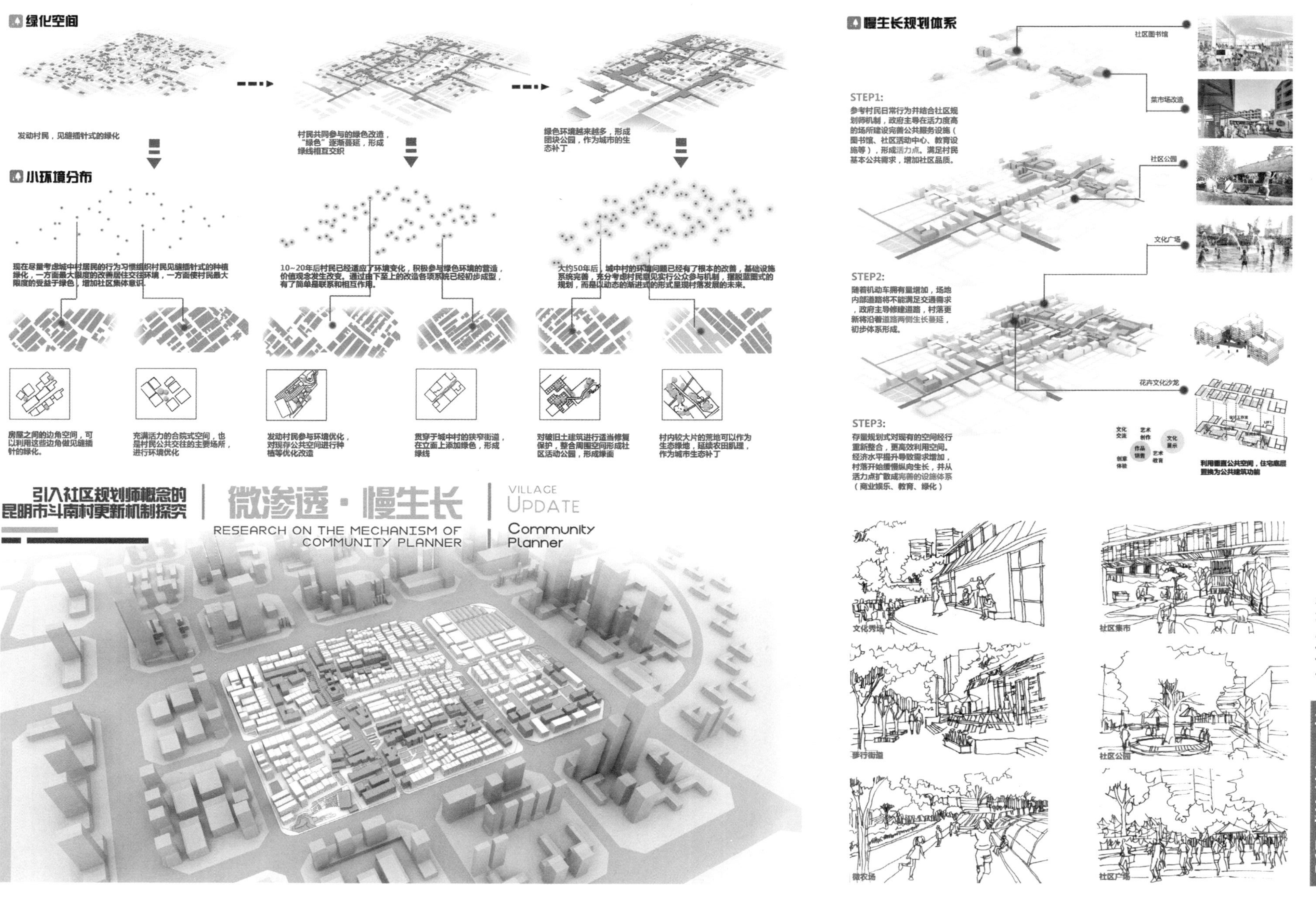
绿化空间
发动村民，见缝插针式的绿化
村民共同参与的绿色改造，"绿色"逐渐蔓延，形成绿线相互交织
绿色环境越来越多，形成团块公园，作为城市的生态补丁
小环境分布
现在尽量考虑城中村居民的行为习惯组织村民见缝插针式的种植绿化，一方面最大限度的改善居住交往环境，一方面使村民最大限度的受益于绿色，增加社区集体意识。
10~20年后村民已经适应了环境变化，积极参与绿色环境的营造，价值观念发生改变。通过由下至上的改造各项系统已经初步成型，有了简单是联系和相互作用。
大约50年后，城中村的环境问题已经有了根本的改善，基础设施系统完善，充分考虑村民意见实行公众参与机制，摆脱蓝图式的规划，而是以动态的渐进式的形式呈现村落发展的未来。
房屋之间的边角空间，可以利用这些边角做见缝插针的绿化。
充满活力的合院式空间，也是村民公共交往的主要场所，进行环境优化
发动村民参与环境优化，对现存公共空间进行种植等优化改造
贯穿于城中村的狭窄街道，在立面上添加绿色，形成绿线
对破旧土建筑进行适当修复保护，整合周围空间形成社区活动公园，形成绿面
村内较大片的荒地可以作为生态绿地，延续农田肌理，作为城市生态补丁
引入社区规划师概念的
昆明市斗南村更新机制探究
微渗透·慢生长
RESEARCH ON THE MECHANISM OF
COMMUNITY PLANNER
VILLAGE
UPDATE
Community
Planner
慢生长规划体系
STEP1:
参考村民日常行为并结合社区规划师机制，政府主导在活力度高的场所建设完善公共服务设施（图书馆、社区活动中心、教育设施等），形成活力点。满足村民基本公共需求，增加社区品质。
STEP2:
随着机动车拥有量增加，场地内部道路将不能满足交通需求，政府主导修建道路，村落更新将沿着道路两侧生长蔓延，初步体系形成。
STEP3:
存量规划式对现有的空间经行重新整合，更高效利用空间。经济水平提升导致需求增加，村落开始缓慢纵向生长，并从活力点扩散成完善的设施体系（商业娱乐、教育、绿化）
社区图书馆
菜市场改造
社区公园
文化广场
花卉文化沙龙
利用垂直公共空间，住宅底层置换为公共建筑功能
文化秀场
社区集市
步行街道
社区公园
微农场
社区广场

**张卫凌**

—

城中村问题在现今快速城市化的背景下愈演愈烈，但是在实地调研中我们发现，斗南村并不是一个传统意义上的城中村，它有自己的非农产业——花卉产业，村里的居民忙着买花卖花包装花赚钱，而不是日日盼着通过拆迁发家致富，建筑也质量普遍较好，井然有序，整个斗南村呈现出一种繁忙的景象。

所以我们思考讨论后认为，斗南村不适宜大拆大建，而是应该通过“微渗透·慢生长”的方式为斗南村增加一些城市服务设施，逐步改变传统的农村生活观念，使斗南村的居民在接下来的城市建设中能够顺利融入城市的生活。

而如何使斗南村居民的思想“微渗透”、斗南村的实体空间“慢生长”，我们想到了社区规划师这一特殊角色。社区规划师并不是很新的概念，但也只是在台北和深圳有过实践，而两者的运作体制大不相同，台北的社区规划师更民众化，深圳的社区规划师则偏重政府控制，两者各有利弊，于是我们想能否把两者合二为一，让社区规划师既能贴近民众又可以承接上层政府的导控，成为一座连接政府和居民的桥梁，从而使斗南村的发展不偏离城市发展方向，居民也可以自发自主改造自己生活的地方。

**夏天慈**

—

7月，初次来到昆明呈贡斗南村，我们看到鲜花产业给它带来的人口、发展的机遇，也感受到其自身运行的秩序井然和强大活力。然而在此之外，是步步逼近的城市开发、涌入的外来人口、看似近在咫尺的商机。

昆明呈贡斗南村面临的，其实是无数城市周边乡村的缩影。按照传统的城市设计-拆迁-建设模式，我们不难想见斗南村未来的图景：嗅到商机闻风而来的开发商投资商、拔地而起又空无一人的高层住宅、被迫和过去彻底割裂、投入一种全然不同的“都市”生活的村民。而这个过程中，规划师究竟是帮助居民改善生活环境的拯救者，还是将宏观愿景置于居民意愿之上的强权者?

规划师，不应是社区更新的设计者，而应是衔接政府与社区居民的参与者。这种思想的转变，正体现在本次作业对社区规划师制度的探索和建构中。

我们在台北和深圳已有的社区实践中找到了灵感，针对现状，尝试运用社区规划师制度进行斗南村的更新设计。在这个设计中，传统空间形态的设计不应是个人意志与审美强加的结果，而是自然发展与演变下的顺理成章。城中村的居民过去是、现在是、将来也将是社区的主人，而社区规划师，则应降低自己的姿态融入社区中，真正尊重与满足居民的利益，协调居民利益与政府宏观政策之间的摩擦。我们由衷希望这一制度能够真正延续城中村的生长肌理与历史脉络，避免割裂式的旧城开发。

**袁源**

—

在城市建设逐渐从增量规划转向存量建设之际，“城中村”的更新也越来越被重视，但由于缺乏对公众权利的监督和保障机制，强势介入的住房拆迁、旧城改造导致社会矛盾日益激化。进行的巨额改造得不到民众的认可，甚至有些人认为改造后还不如改造前，这些现象都非常值得我们思考。为什么在政府耗费了巨资、人力、物力的情况下为公众提供的改造得不到肯定？居民现阶段最需要什么？什么样的空间改造才是大家所期盼的？

我们认为，只有居住在其中的百姓才真正了解自身的需求，他们才是改造的主体。因此在对斗南村的更新思考时，不能站在上帝的视角，完全否定居民现在的生活，一厢情愿去构想社区发展的蓝图，以千篇一律的改造模式对其进行修整，这样不仅造成公共财政的浪费，还使斗南村原本的历史文化、社会网络等非物质文化遭到无法弥补的破坏。

要转变这种观念，就要从居民的角度出发，拟定我们更新的目的——他们的生活已经很好了，这是千百年的传承难以否认，而我们要让他们更好。

因此，方案从社区规划师的视角，根据前期调研基础，拟定社区规划师机制与运行措施，通过“社区规划师”这个媒介，在多方（政府、居民、开发商、专家）的利益博弈中寻求发展共识，为弱势方——居民争取最大的权益。同时，通过服务平台建设，调动居民自主更新的积极性，居民参与斗南村规划制定、空间与政策再造，方案重视的不是规划的结果，而是居民在团结一致以解决自身需求时，所表现的态度与作为——社区精神。正因于此，斗南未来的面貌，将有无限可能。

而“我们”的身份也不再是传统的规划师，可能是为社区服务的规划者、志愿者，甚至是他们中的一员。

**赵益麟**

—

斗南村，鲜花的香气萦绕下，原居住民兢兢业业，外地人你来我往，来自四面八方的人们因花而缘聚又缘散。到如今，仅有6000多名本地人口的斗南，容纳了1.5万余花商在此常住。在这里，生产与生活，交易与交往如影随形，如今形成一个混合性极强的社会群体，而容纳这个社会群体的，是一个密度较大，公共场地均匀分布的不“称心”空间——老斗南。如果说社区是一个依赖时间维度的存在，准确来说，用“好”或是“不好”评价一个社区过于简单，应当把社区放在实际的经济、社会和政治大背景之中，评价其是否能顺应时代要求，是否对现代国家治理和“人的发展”具有积极作用。所以，用是否“健康”来评价一个社区更为恰当，从这个角度上讲，人口、产业构成的急剧变化让这个缓慢发展的老斗南，疾病缠身了。

我们提出“微渗透·慢生长”这一理念，就是在不破坏现有的产业结构及人口构成的前提下，逐步推进“老斗南”空间与其社群产业结构走向一致，而引入社区规划师，就是引入一个个医者来医治老斗南的病体，并能在人口、空间的共同变化中寻求更好的更新方式，这是一种现有条件下天马行空的更新机制，实现起来较为困难，但我们相信它是合理而且有效的。

吴欣



西北大学

# 斗南村·“互联网+”行动计划

## ——新常态下产业型村庄更新设计

指导教师 | 吴欣　参赛学生 | 李冬雪　潘湖江　王婧媛　赵志勇　孙珊

“晋宁之北，中庆之阳，一碧万顷，渺渺茫茫”。滇池，昆明的记忆摇篮，也是昆明人的精神家园。然而，随着城市重心南移，地处昆明与呈贡间的滇池东岸平原一夜之间跨入城市化前沿，滇池东岸的许多古村落遭到破坏，滇池的生态环境也面临威胁，如何在城市化浪潮中实现传统村落保护与发展之间的良性循环，如何有效改善滇池生态环境，成为本次竞赛的重点。

我们选择的斗南村地块地处滇池东岸，是因花而盛的村庄。城区不断向近郊侵蚀的过程中，斗南村也成为“城中村”，产业发展面临困境，如何促进斗南村产业转型，改善斗南村人居环境，成为斗南村发展中亟需解决的问题。结合新常态下创新驱动发展战略，我们构思将“互联网+”引入斗南村的发展，以契合村庄产业特色鲜明的实际。“互联网+”为传统花卉产业注入新动力，实现经营模式的转型，促进村民创新创业。同时，为实现线上线下的融合，我们对斗南村的物质空间进行更新改造，将“互联网+”融入生产生活的方方面面，以期实现斗南村的可持续发展。

# 斗南村“互联网+”行动计划

THE "INTERNET PLUS" ACTION PLAN OF DOUNAN Village

新常态下产业型村庄更新设计

01

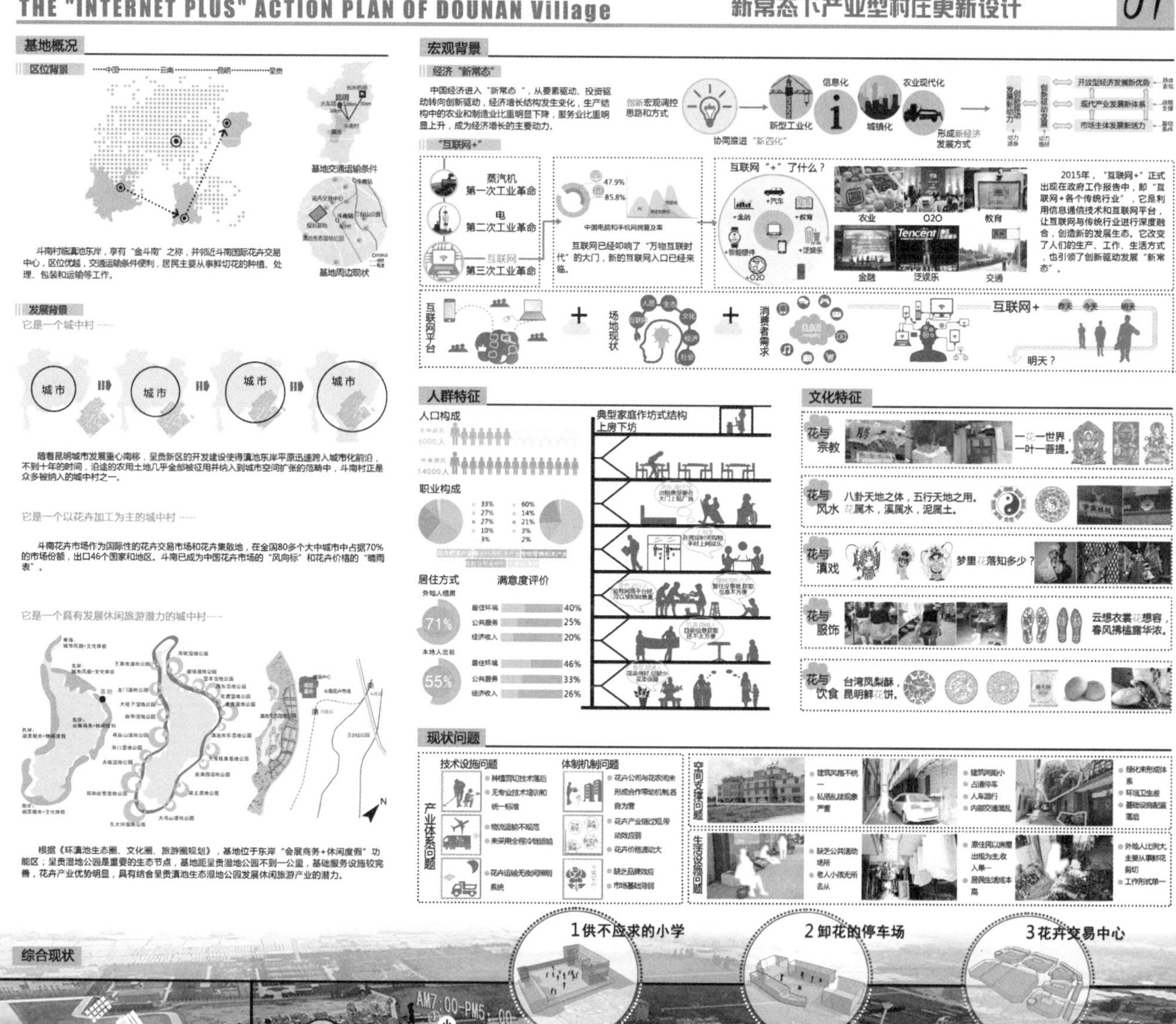


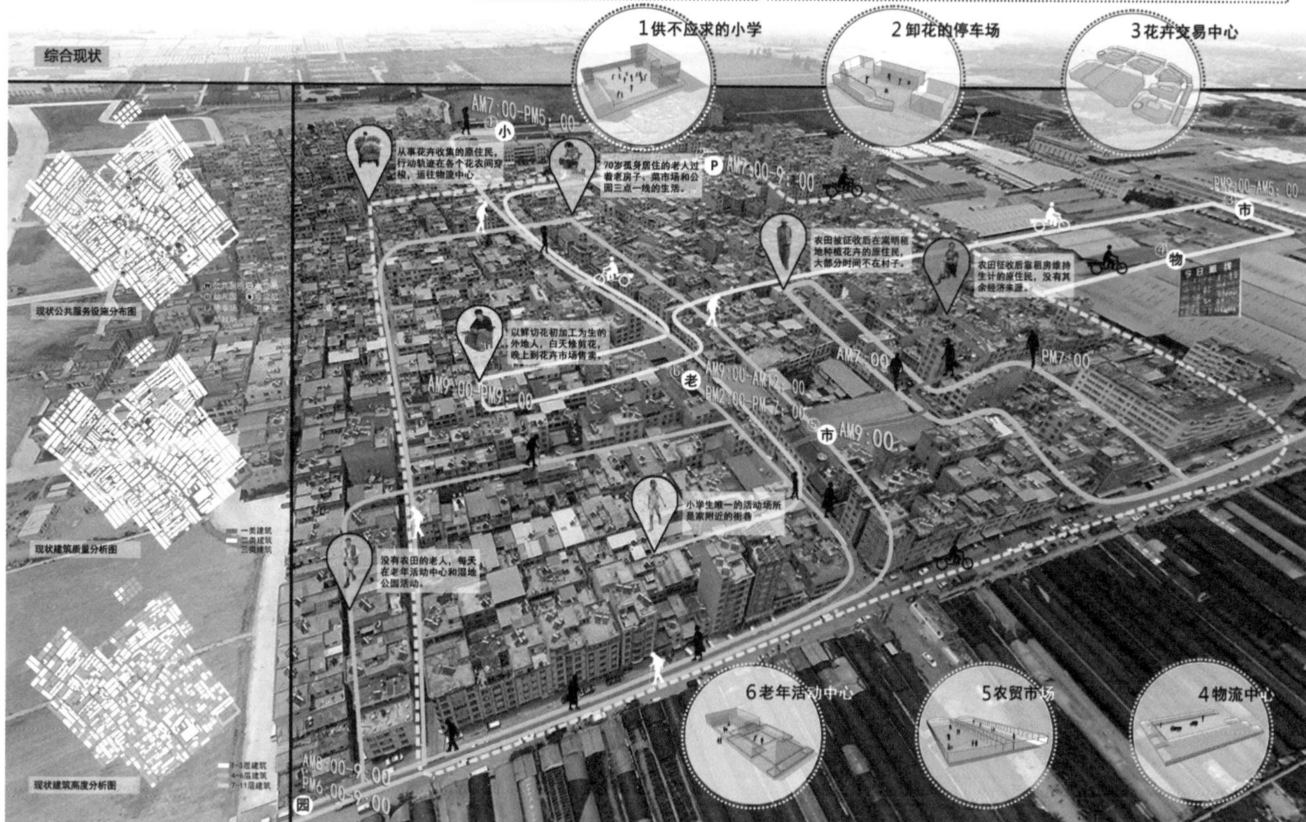


设计创意奖

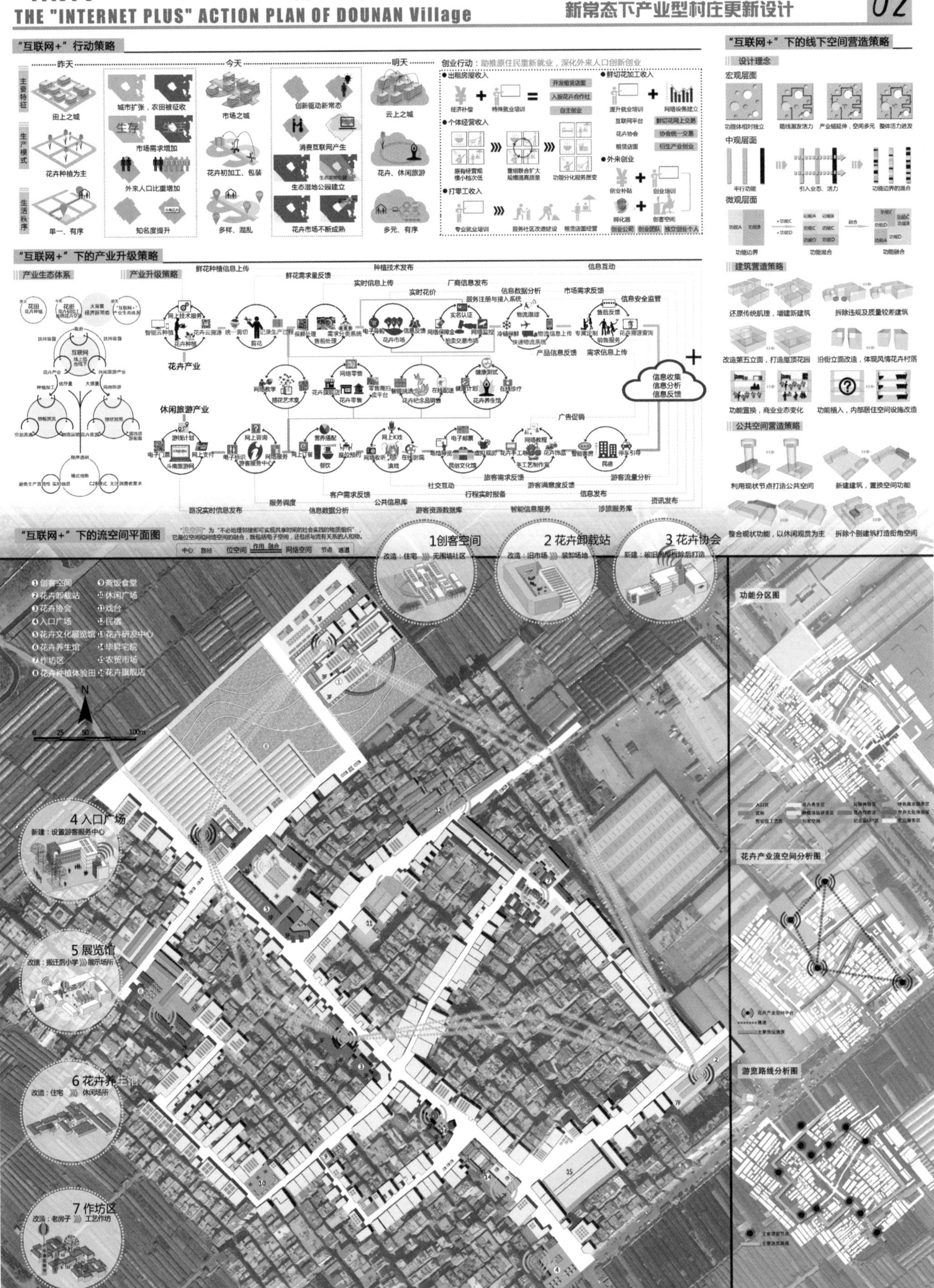

斗南村"互联网+"行动计划
THE "INTERNET PLUS" ACTION PLAN OF DOUNAN Village
新常态下产业型村庄更新设计
02
"互联网+"行动策略
"互联网+"下的产业升级策略
"互联网+"下的线下空间营造策略
"互联网+"下的流空间平面图
1创客空间
2花卉卸载站
3花卉协会
4入口广场
5展览馆
6花卉养生馆
7作坊区
功能分区图
花卉产业流空间分析图
游览路线分析图

斗南村"互联网+"行动计划
THE "INTERNET PLUS" ACTION PLAN OF DOUNAN Village
新常态下产业型村庄更新设计
03
行动时序
STEP 1
STEP 2
STEP 3
STEP 4
土地权属转换
成立村民股份公司，权衡三方利益
政府主导，村民股份公司与开发商共同开发
成立斗南花卉协会
招商引资，集聚发展
促进花卉生产流通，扩大品牌影响
调控花价，协调市场竞争
建立云处理中心
云处理中心
建立各个"互联网+"系统和服务平台
鼓励全民参与"互联网+"行动计划
改善生态环境，构建特色斗南村
建立互联网+生态保护系统
挖掘特色，传承传统文化
"互联网+"下的人群升级
活动升级
原住民
游客
创客
外来人口
就业升级
创业培训
项目探讨
花街开业
店面经营
娱乐项目
作坊经营
互联网 + 花卉衍生产业
互联网 + 鲜切花加工运输
互联网 + 弱势群体
互联网 + 休闲旅游
空间效果图
入口广场
花卉旗舰店
花卉协会
花卉文化展览馆
戏台
花街
鲜花饼制作工坊

**李冬雪**

—

斗南村因花而兴，花卉成为“金斗南”的符号。不大的斗南却容纳着很多差异，来自不同地方的花商、拆迁搬来的村民，还有无处可栖的流浪人，都赋予了斗南村多元和包容。鲜切花的特殊，让从事花卉产业的人们日夜奔波，白天加工处理，夜晚交易买卖，忙碌却井井有条。然而，城市的不断扩张，农用地的迅速减少，给斗南村的发展带来了挑战，在新时期和新背景下，人们生产生活方式的改变和市场需求变化也意味着传统的产业必须革新，新的市场孕育新的业态。大数据、“互联网+”、云处理技术的出现和普及，为传统产业的发展提供了新契机。我们的设计中，结合斗南花卉产业的优势，引入“互联网+”，以实现花卉信息的及时交换，衍生新的经营模式和交易方式，促进传统花卉产业的转型升级，深化居民创新创业；另一方面以花卉产业为基础，结合滇池生态湿地公园发展休闲旅游产业，助推原居住民重新就业。设计基于对产业的思考，落实到空间表达，对斗南村主要街道轴线进行改造，保留村庄文化符号的同时改善人居环境，规划旅游路线，并引入花卉协会、展览馆等功能建筑，促进人与花卉的互动，为斗南注入新的活力。

**潘湖江**

—

斗南村地处滇池东岸，历史悠久，花卉产业一枝独秀，是云南省乃至全国闻名的“花乡”。随着城市化进程加快，城区迅速向城市近郊渗透，斗南村也逐渐成为昆明市的“城中村”。作为“城中村”，城乡矛盾日益突出，当前已不能很好地适应现代化城市发展的要求。同时，随着“新常态”下经济的转型发展，斗南村花卉产业的发展也面临着困境。如何解决好斗南村与城市扩展产生的各类社会问题，保护与传承当地传统文化，促进产业升级转型是我们这次规划设计想解决的重点问题。

“互联网+”具有跨界融合、创新驱动、重造结构、尊重人性、开放生态和连接一切等六大特征。我们此次规划设计试图通过“互联网+”，利用信息通信技术与花卉产业的结合，推动斗南村花卉产业转型升级；挖掘鲜花文化内涵，规划旅游路线，通过“互联网+”与旅游体验的结合，保护、传承、宣传当地传统文化；完善基础设施，更新、改造村庄空间，同时将“互联网+”深入到人们休闲娱乐、购物、学习等各个方面，从村庄面貌与人们生活方式上促进城、村的跨界融合，消除城乡社会矛盾。此次规划设计我们通过“互联网+”与斗南村的更新结合，利用“互联网+”信息传递快的特性，表达出村民的心声，体现出真正的人本主义。

**王婧媛**

—

规划区位于呈贡新城西北部的斗南片区，区位优越、交通运输条件便利。斗南片区毗邻滇池东岸，地势平坦，土地肥沃，历史灿烂，人文荟萃，有优美的田园湖岸风光和悠久的人文历史景观。斗南打造了誉满全球的中国花卉第一品牌“斗南花卉”，享有“金斗南”之称，居民主要从事鲜切花的种植、处理、包装和运输等工作。在昆明城市化浪潮的席卷下，斗南也被纳入城市空间扩张的范畴中，成为名副其实的城中村，但是斗南凭借先天优势，又是一个极具发展潜力的城中村。

在新常态下这个依靠鲜切花进行一系列商业活动的城中村该如何顺应形势、保持活力是我们设计规划的初衷。通过调研了解，我们发现居民生产生活在信息获取这一方面比较薄弱，与国家倡导的“互联网+”行动不谋而合。也是借助“互联网+”这一平台，将实现我们对斗南从多样而混乱之“村”到多元而有序的极具活力之“城”的升级改造。因此在规划设计时，我们充分遵从并挖掘村庄原有肌理，本着少拆少新建的原则，对沿街及重要节点部位进行深入改造，统一风格风貌，使村庄焕发新颜、公共服务设施得以完善、村庄吸引力得以增强。本方案以“软件”策划及“硬件”改造结合的方式完成了对斗南的改造计划。

**赵志勇**

—

通过实地调研，发现斗南村与广义上的城中村还是有些差别的，它不仅有通常意义上城中村建筑密度高、环境卫生差、流动人口多等特点，更主要的特点是依托了斗南花卉市场，每家每户都是进行着收购花卉、加工花卉、运输花卉等与花卉相关的产业，正因为斗南村有这样的花卉产业，所以才使斗南村比其他的城中村更加有活力、有生机。

对斗南村进行具体分析，其技术设施、体制机制、空间支撑、生活设施等存在一些问题，然后提取斗南村的文化特征，针对问题和特征，依托“互联网+”，首先提出对花卉产业进行升级优化策略，然后依托规划的花卉产业落实到空间，做到产业与空间的相互对应，使产业有实际的空间存在，让空间有真正的功能价值。在对空间的改造过程中，我们一直秉承着宁改造不拆除的原则，尽量避免大拆大建，通过保存传统肌理，改造第五立面，修饰沿街立面，利用公共空间等策略实现空间与产业的统一。

在我的观念中，对城中村的改造绝对不是一味拆除然后新建，存在即合理，要先去挖掘城中村的特征，寻找其存在的理由和出现的问题，然后对功能和空间进行统一的规划，才能使改造后的城中村继续保持它的活力和生机。

**孙珊**

—

斗南村是以花卉加工为主要产业的特色村庄，它虽然聚居有大量的外来人口，但却不是传统意义上的城中村；它虽然远离昆明市中心，却与昆明市、云南省各地市及海外花卉市场有着密切联系。前期的调研表明这是一个充满活力的村庄，即使居民居住环境并不尽人意；花卉产业为当地居民带来了较为富足的生活，但产业国际化程度不够，仍然有许多资源可待开发……

基于上述认知，我们引入当前时兴的“互联网+”理念，以提高花卉产业协作程度和居民人居环境为主要目标进行规划方案设计，尽量减少拆迁量，较少地打扰当地人生活，策划花卉特色旅游路线，设置类型多样的旅游活动，以延长游客到访时间。将花卉产业的多样性发挥到淋漓尽致，借鉴全球花卉产业的集中地——荷兰在产业先进化进程中的做法，将其适应性地移入规划区域。

城市规划不是简单地拆迁和重建，要充分注重地区发展的潜力和居民的生活生产活动行为，因此，我们的方案并没有将建筑改造与营建作为主要目的，而在于其与时俱进的导向性：引领居民朝向更加健康、更有先进、更富有地方特色的方向发展。

王晓云

云南大学

# 生长的湖泊

## ——滇池东岸滨水空间景观设计

指导教师 | **王晓云**　参赛学生 | **王巍静　谭雯文　杜恩泽　黄岩　韩伟超**

规划地块为滇池东岸，呈贡新城西缘设计舒适宜人的滨水城市空间。其规划主旨为探索低碳生态原则指导下的自然资源保护利用、与未来新城发展的如何相互协调的问题。城市滨水区是人与自然的亲密交融地。自古以来人们依水而栖，靠水而“作”而“活”乃“兴”。昨天“水”是我们赖以生存又敬畏的神。今天“水”是我们挥霍享用的美物。“水”过度开发和使用后，被破坏、被污染，许多生物种群在消亡。明天我们必须重新建立和“水”的关系：尊重大自然，构筑生物共享空间，保护延续场地文化，让城市滨水空间以“自组织”模式可持续生长。

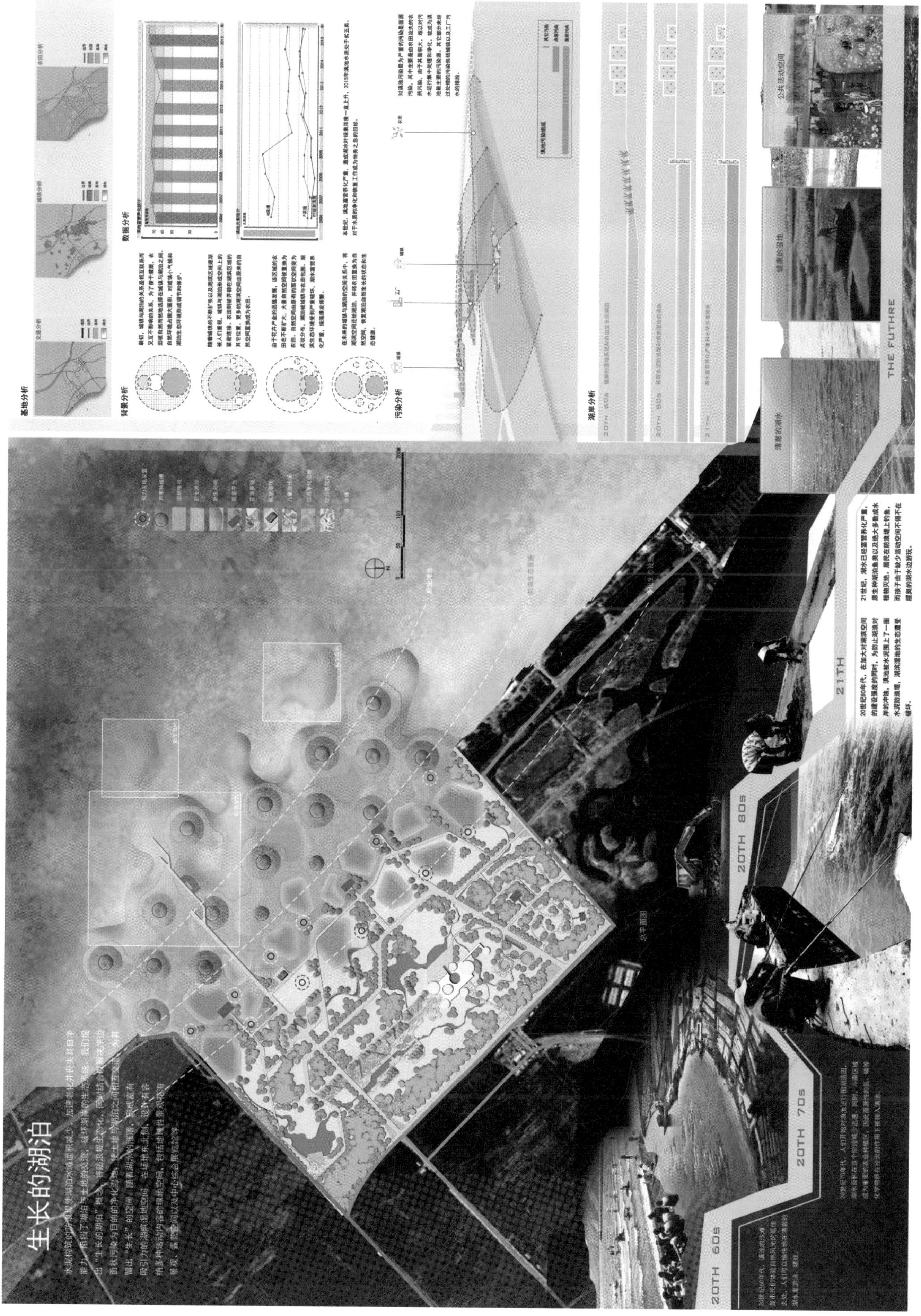
生长的湖泊
水泥构筑的防浪堤使湖泊水域面积减少，加速老化并丧失其自净能力，阻挡了湖泊与土地的交流，破坏湖岸的生态系统。我们提出“生长的湖泊”概念，将防浪堤生态化，同时结合以解决岸边面状污染为目的的净化湿地，使土地与湖泊之间相互交流，为其留出“生长”的空间。随着湖水的涨落，形成富有吸引力的湖滨湿地空间。在场地东北侧，设计有容纳多种活动内容的绿地空间，包括地域性景观花海景观、露营空间以及中心综合展览馆等。
总平面图
基地分析
交通分析
城镇分析
农田分析
背景分析
最初，城镇与湖泊的关系是相互联系而又互不影响的关系，为了便于灌溉，农田被自然而然地选择在城镇与湖泊之间。自然环境占据大面积，对城镇小气候和湖泊生态环境形成调节和保护。
随着城镇的不断扩张以及湖滨区域逐渐被人们重视，城镇与湖泊形成空间上的紧密连接。农田则被开辟在湖滨区域的其它位置，更多的湖滨空间由原来的自然空间置换成为农田。
由于花卉产业的迅猛发展，该区域的农田在不断扩大，大量自然空间被置换为农田。自然空间由原有的面状空间变为点状分布，湖泊被城镇与农田包围。湖滨生态环境受到严重破坏，湖水富营养化严重，绿藻爆发频繁。
在未来的城镇与湖泊的空间关系中，将湖滨空间还给湖泊，并将农田置换为自然空间，恢复湖泊自然生长的状态和生态健康。
数据分析
滇池富营养化统计
2006 2007 2008 2009 2011 2012 2013 2014 2015 年
滇池元素统计
N浓度
P浓度
叶绿素浓度
本世纪，滇池富营养化严重，造成湖水叶绿素浓度一直上升，2015年滇池水质处于劣五类。对于水质的净化和恢复工作成为当务之急的目标。
污染分析
城镇
工厂
城镇
农田
对滇池污染最为严重的污染是面源污染，其中主要是由农田流失的农药污染，由于其面积大，难以对污水进行集中处理和净化，故成为滇池最主要的污染源。其它部分未经过处理的污染包括城镇以及工厂污水的排放。
滇池污染组成
湖岸分析
20TH 60s
20TH 80s
21TH
20TH 60s
20世纪60年代，滇池的沙滩是市民们体验自然风光的最佳去处，人们可以愉快地在清澈的湖水里游泳、嬉戏。
20TH 70s
20世纪70年代，人们开始对滇池进行围湖造田，湖水面积在这个阶段减少迅速，同时，斗南区域成为重要的农业种植区，因此面源性的氮、磷等化学物质在径流的作用下被排入滇池。
20TH 80s
20世纪80年代，在加大对湖滨空间的建设强度的同时，为防止湖浪对岸的冲蚀，滇池被水泥围上了一圈水泥防浪堤，湖滨湿地的生态遭受破坏。
21TH
21世纪，湖水已经富营养化严重，原生种湖泊鱼类以及绝大多数成水植物灭绝。居民在防浪堤上钓鱼，而孩子由于缺少活动空间不得不在腥臭的湖水边游玩。
清澈的湖水
健康的湿地
公共活动空间
THE FUTHRE

设计创意奖

# 昨天·今天·明天：滇池东岸城市边缘滨水空间设计

## 1 防浪堤策略

防浪堤策略：

为解决传统防浪堤不生态的问题，尝试一种与湖泊共生长的弹性防浪堤。

用生态自然的材料构成种植槽并安置在湖滨浅水处，利用自然界中泥沙的沉积过程强大这一装置以达到防浪的目的，并运用微生物固化等相对简单的方式加快泥沙沉积过程。

在自然界的作用下，堤坝不断牢固的同时缓慢的横向扩展，形成多样的栖息环境，最终创建了一个自然的、强大的、低维护的湖水屏障。

■ 种植槽装置结构

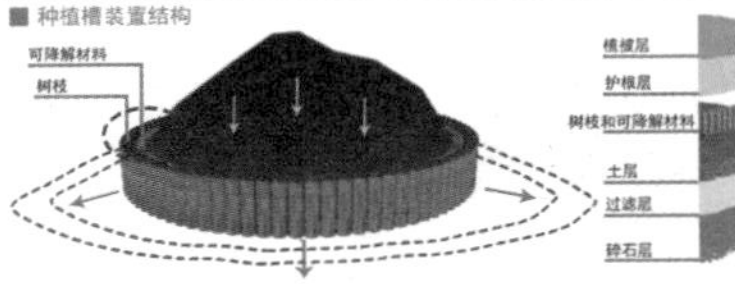
可降解材料
树枝
植被层
护根层
树枝和可降解材料
土层
过滤层
碎石层

■ 防浪堤形式

打破传统混凝土形式防浪堤，对其进行形式解构，最后形成的防浪堤形式成阵列排布，进行防浪的同时不完全阻挡湖与岸的交流，形成弹性堤坝。

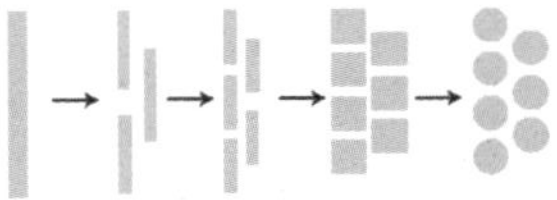

■ 防浪堤形成过程以及防浪过程

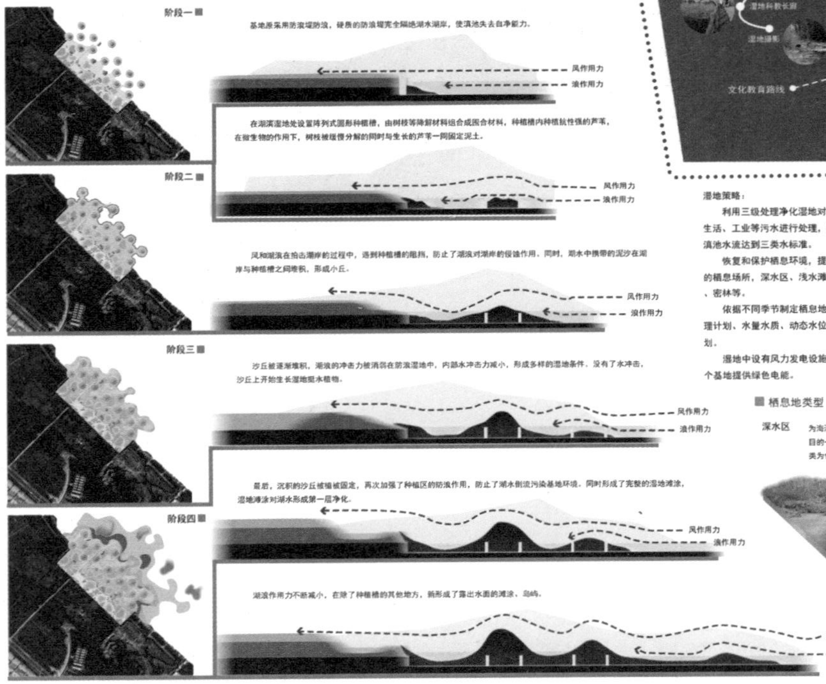
阶段一
基地原采用防浪堤防浪，硬质的防浪堤完全隔绝湖水湖岸，使滇池失去自净能力。
风作用力
浪作用力
在湖滨湿地处设置阵列式圆形种植槽，由树枝等降解材料组合成围合材料，种植槽内种植抗性强的芦苇，在微生物的作用下，树枝被缓慢分解的同时与生长的芦苇一同固定泥土。
阶段二
风和湖浪在拍击湖岸的过程中，遇到种植槽的阻挡，防止了湖浪对湖岸的侵蚀作用。同时，湖水中携带的泥沙在湖岸与种植槽之间堆积，形成小丘。
阶段三
沙丘被逐渐堆积，湖浪的冲击力被消弱在防浪湿地中，内部水冲击力减小，形成多样的湿地条件。没有了水冲击，沙丘上开始生长湿地挺水植物。
最后，沉积的沙丘被植被固定，再次加强了种植区的防浪作用，防止了湖水倒流污染基地环境。同时形成了完整的湿地滩涂，湿地滩涂对湖水形成第一层净化。
阶段四
湖浪作用力不断减小，在除了种植槽的其他地方，渐形成了露出水面的滩涂、岛屿。

## 2 活动空间策略

■ 活动区节点路线分布

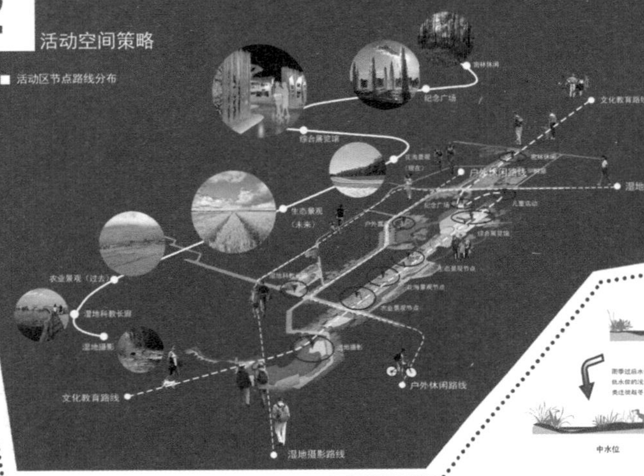
纪念广场
文化教育路线
综合展览馆
生态景观（未来）
农业景观（过去）
湿地科教长廊
户外休闲路线
湿地摄影路线

活动空间策略：

活动区为游客以及本地居民提供休闲娱乐的场所，兼具休闲和教育的功能。中心轴线反映历史的未来，空间组织为"过去——现在——未来"三个节点，尽头为生态综合馆，三个节点在景观和功能上体现出一个农业的过去、一个花卉的现在和一个可持续的未来。

另外，交通网络满足文化教育、景观摄影、户外休闲多种功能。

## 3 湿地策略

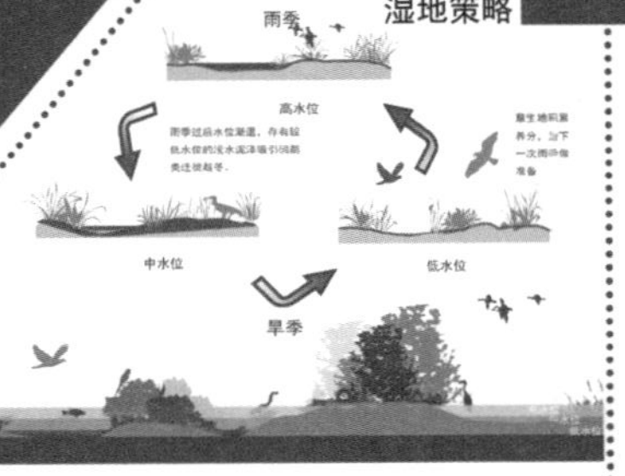
雨季
高水位
中水位
低水位
旱季

■ 湿地季节变化

湿地策略：

利用三级处理净化湿地对农业、生活、工业等污水进行处理，使排入滇池水流达到三类水标准。

恢复和保护栖息环境，提供多样的栖息场所，深水区、浅水滩、草泽、密林等。

依据不同季节制定栖息地维护管理计划、水量水质、动态水位调节计划。

湿地中设有风力发电设施，为整个基地提供绿色电能。

■ 湿地净化流程

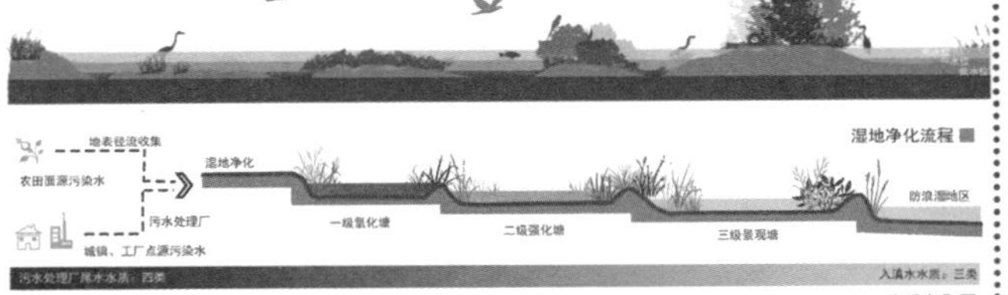
地表径流收集
农田面源污染水
湿地净化
污水处理厂
城镇、工厂点源污染水
一级氧化塘
二级强化塘
三级景观塘
防浪湿地区
污水处理厂尾水水质：四类
入滇水水质：三类

水质变化

■ 栖息地类型

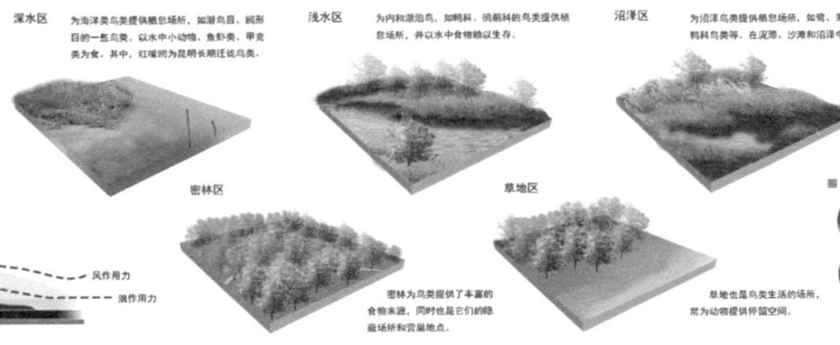
深水区
为海洋类鸟类提供栖息场所，如潜鸟目、鸥形目的一些鸟类。以水中小动物、鱼虾类、甲壳类为食。其中，红嘴鸥为昆明长期迁徙鸟类。
浅水区
为内和湖泊鸟，如鸭科、䴙䴘科的鸟类提供栖息场所，并以水中食物赖以生存。
沼泽区
为沼泽鸟类提供栖息场所，如鹭、朱鹮、鹤科鸟类等，在泥滩、沙滩和沼泽中觅食。
密林区
密林为鸟类提供了丰富的食物来源，同时也是它们的隐蔽场所和营巢地点。
草地区
草地也是鸟类生活的场所，常为动物提供停留空间。

■ 湿地植物

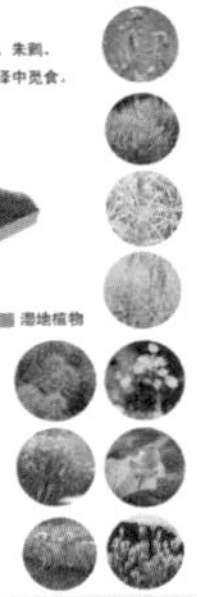

平面分析

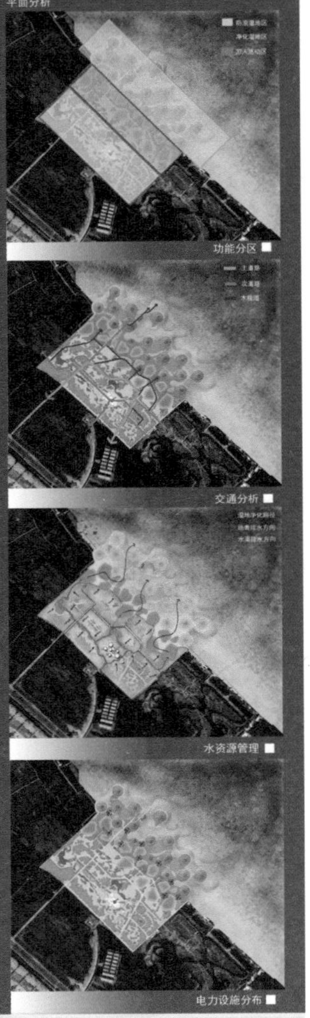
功能分区
交通分析
水资源管理
电力设施分布

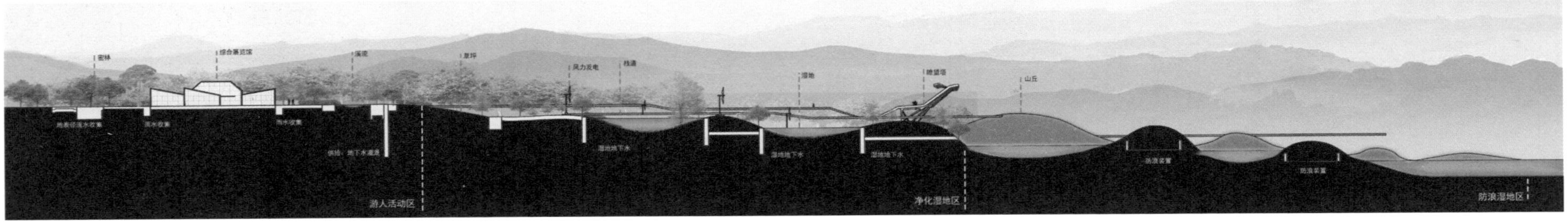
密林
综合展览馆
滨廊
草坪
风力发电
栈道
湿地
瞭望塔
山丘
地表径流水收集
雨水收集
供给、地下水灌溉
湿地地下水
防浪装置
游人活动区
净化湿地区
防浪湿地区

## 生长的湖泊03

在自然、湖水、种植槽的持续共同作用下，形成丰富的岸线，满足功能的同时自然形成了很好的景观效果。
通过结合自然的设计，我们期望的未来是：一个与自然共生长的弹性景观。

■ 景观变化

2010s
植物种类与数量
人流量
动物种类与数量

2020s
植物种类与数量
人流量
动物种类与数量

2030s
植物种类与数量
人流量
动物种类与数量

2040s
植物种类与数量
人流量
动物种类与数量

■ 动物种类示意

■ 剖透视图

游人活动区
净化湿地区
防浪湿地区

**王巍静**

—

我们的高原湖泊正在遭受着人类发展带来的伤害，污染物排放的增加，湖滨带和沼泽带的侵占、渔业过度捕捞使得生态本就脆弱的湖泊遭受着不可持续的发展。我们通过将设计地块作为湖滨湿地恢复的样板，讨论一种能够让正在萎缩的高原湖泊重新生长的可持续发展模式，旨在为高原湖泊生态系统的保护和恢复发挥作用。拆掉防浪堤的湖泊，将有机会让湖岸上的芦苇荡、湖中的海菜花一起重新生长，孩子们感受到的自然也将会是绿色的、清澈的、充满生机的。

**谭雯文**

—

景观是随时间维度变化的过程，方案强调动态的、可持续性的景观设计和规划思路。规划地块具有独特的地理位置，是城市、乡村、生态脆弱地区的交汇地带，存在着高度不确定性。对其未来的思考具有重要意义。经过对其历史的挖掘和现状的调查，发现其核心的问题是滇池水污染的问题，入滇河流的水体得不到严格的净化，水泥构筑的防浪堤虽然防止了农田等面状污染源的侵害，但是造成了滇池水域面积的减小、自净能力的丧失并加速老化。而规划区是城市边缘与滇池的过渡地带，设计强调以自然过渡代替人工防浪堤，从时间和空间上，为湖泊的自净和自生长留下余地，实现良性循环和可持续生长。

**杜恩泽**

—

本设计主要考虑了设计范围内滇池周边湿地功能的恢复，以及用地周边农田对滇池及湿地的污染的控制。将用地分为三个部分：第一个部分为场地服务区，对整个场地而言要弱化建筑物的存在，所以，减小建筑体量，化整为零，积极融入周围环境，隐藏在环境之中，同时为人们提供很好的服务场所和观景场所，减少人们在湿地上的活动；第二部分为湿地，架空廊道在减少人类活动对湿地的影响，为人们营造良好的观景平台；第三部分为滇池水体，这部分主要解决拆除堤坝后，水体外溢的问题。既让滇池水体与湿地有交流，也阻止水体对服务区、农田的破坏。

**黄岩**

–

本方案构思主题是生态与自然的共存，来源于现场调研与现实生活中防浪堤的水泥设计。硬质的水泥防浪堤设计，虽然有效地起到水浪冲击岸线的作用，但隔断了湖水与周边农田的联系，失去自净的功能，同时影响了人们亲近自然、戏水的感受。

参考国内外成功的湖水净化原理，本方案加入具有生态自净功能的防浪堤的设计，在湖岸植入种植槽，利用微生物的分解功能，净化各种水污染。同时，利用这种生态的防浪堤设计，形成一个湿地公园，有一个让人们体验亲水的自由游憩空间。

**韩伟超**

–

在人口越来越多，土地的自然属性越来越薄弱的今天，如何恢复土地的自然属性，是本方案首先要思考的问题。但是，这片区域不是孤零零地存在着，而是在历史长河中与周边居民不断发生着交流与融合，这片土地上承载着斗南村的历史变迁与人文足迹、保留着昔日的记忆，所以如何复原昔日生活场景、体现湿地的人文属性也是重点解决的问题。本方案紧紧围绕湿地的自然与人文属性，以“生长的湖泊”为主题，反映“滇池是个生命体，设计应该是保证其动态生长，应该与周边的居民一样一起生活成长，实现人与自然和谐共处”的设计构思。通过采取种植槽的防浪形式、生态净化污水设施、绿色节能装置等措施修复和保护原有的栖息环境，实现恢复湿地原本的自然属性，并在此基础上设置三个层次的功能区域，构建体现斗南人文变迁的生态景观和适宜的活动节点，以求重塑人们逐渐失去的活动空间，实现人与自然的交流体验……

董茜

刘娟

宁夏大学

# 织街·街“呈”

## ——基于城市记忆网重塑的赶街文化复兴设计

指导教师 | **刘娟　董茜**　参赛学生 | **王磊心　张新贺　龙倩　杨燕燕　陈德迪**

对于斗南城中村的方案设计，我们鼓励学生从云南的特色民俗文化“赶街”入手，在原有的路网中重塑“赶街文化”，再结合斗南花卉市场的花卉贸易，和斗南原住民对于这块地的感情依赖，保留大部分建筑，改造部分破损严重的、存在安全隐患的建筑。引入“赶街”，将花卉市场、城中村、滇池三块地有机链接在一起，在城中村现有的空地上，多功能植入花卉体验馆、斗南客栈等特色公共设施、吸引周围的朋友到此游玩居住，激活整块城中村。在建筑技术上，结合绿色建筑、海绵城市，运用中水处理系统，从可实行的角度出发，去完成这次设计竞赛。

# 织街·街"呈"

## 呈贡斗南村城市更新策略与规划设计

### 基于城市记忆网重塑的赶街文化复兴设计

7

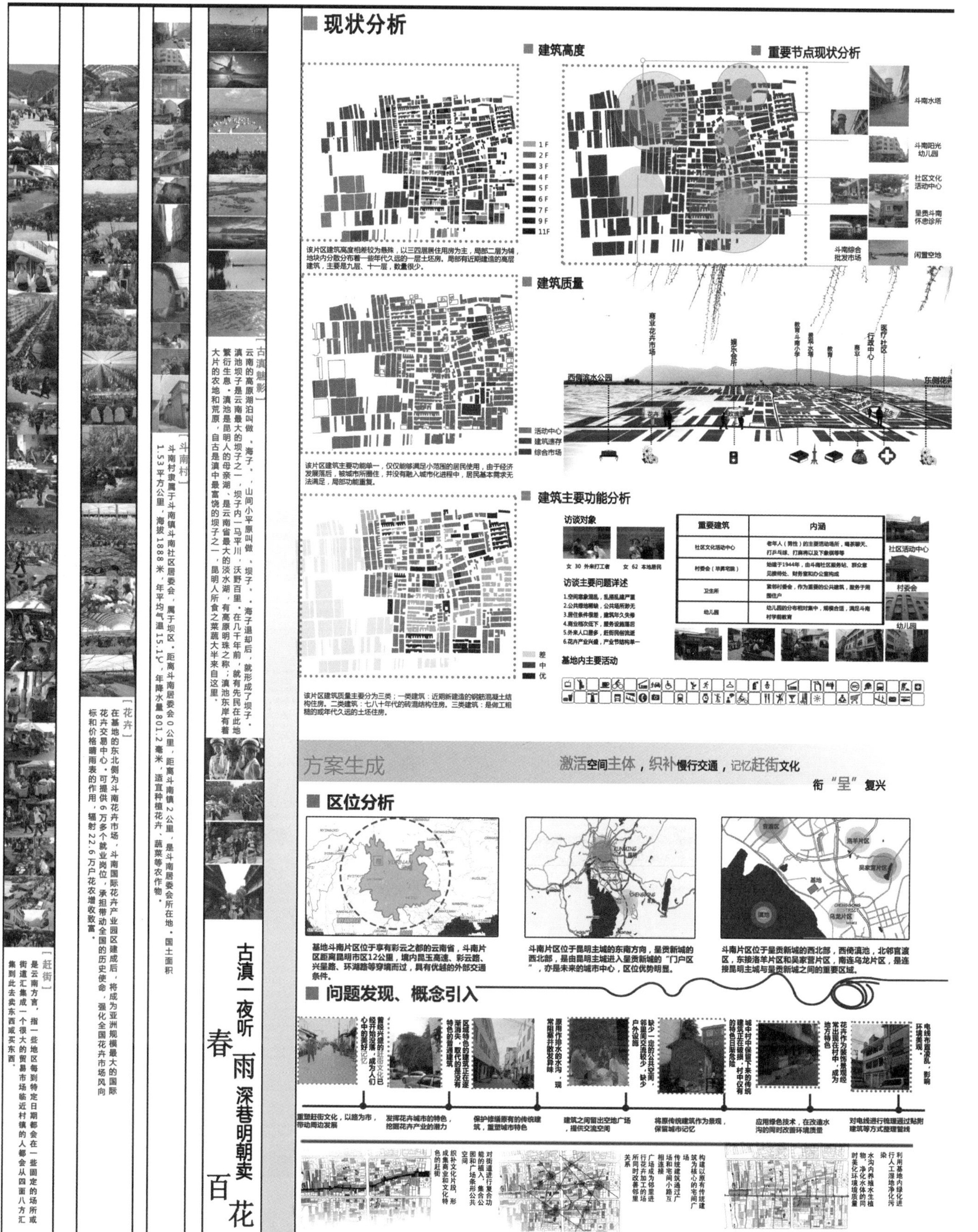


调查分析奖

# 织街·街“呈”

## 呈贡斗南村城市更新策略与规划设计

### 基于城市记忆网重塑的赶街文化复兴设计

2

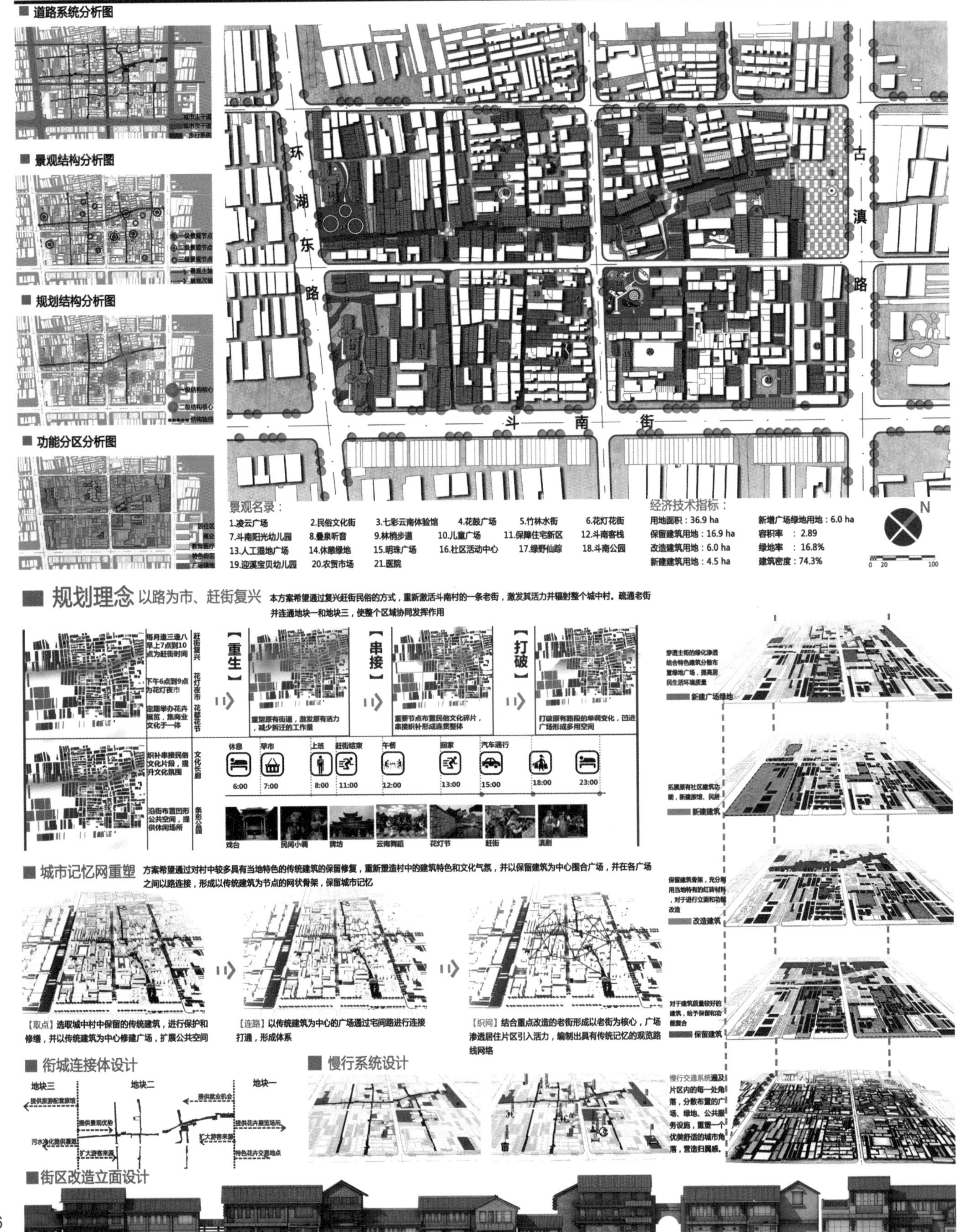

# 织街·街“呈” 呈贡斗南村城市更新策略与规划设计

## 基于城市记忆网重塑的赶街文化复兴设计

3

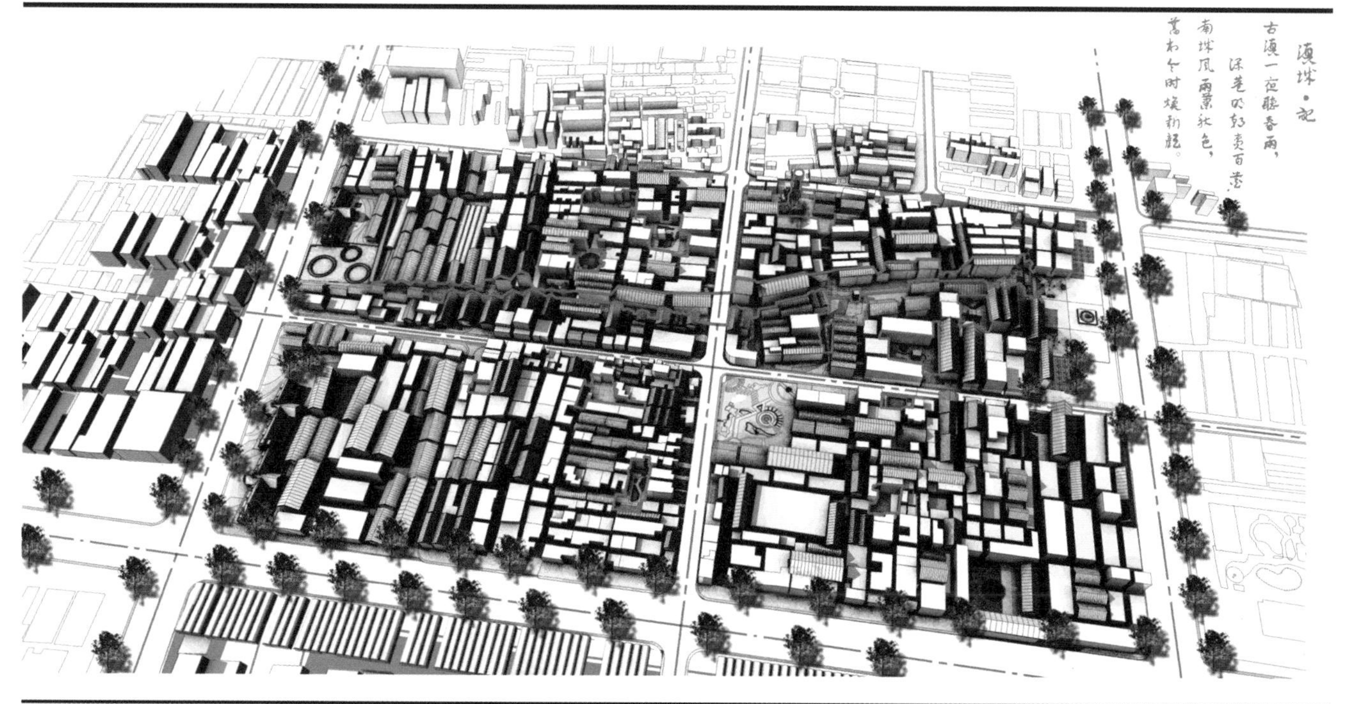

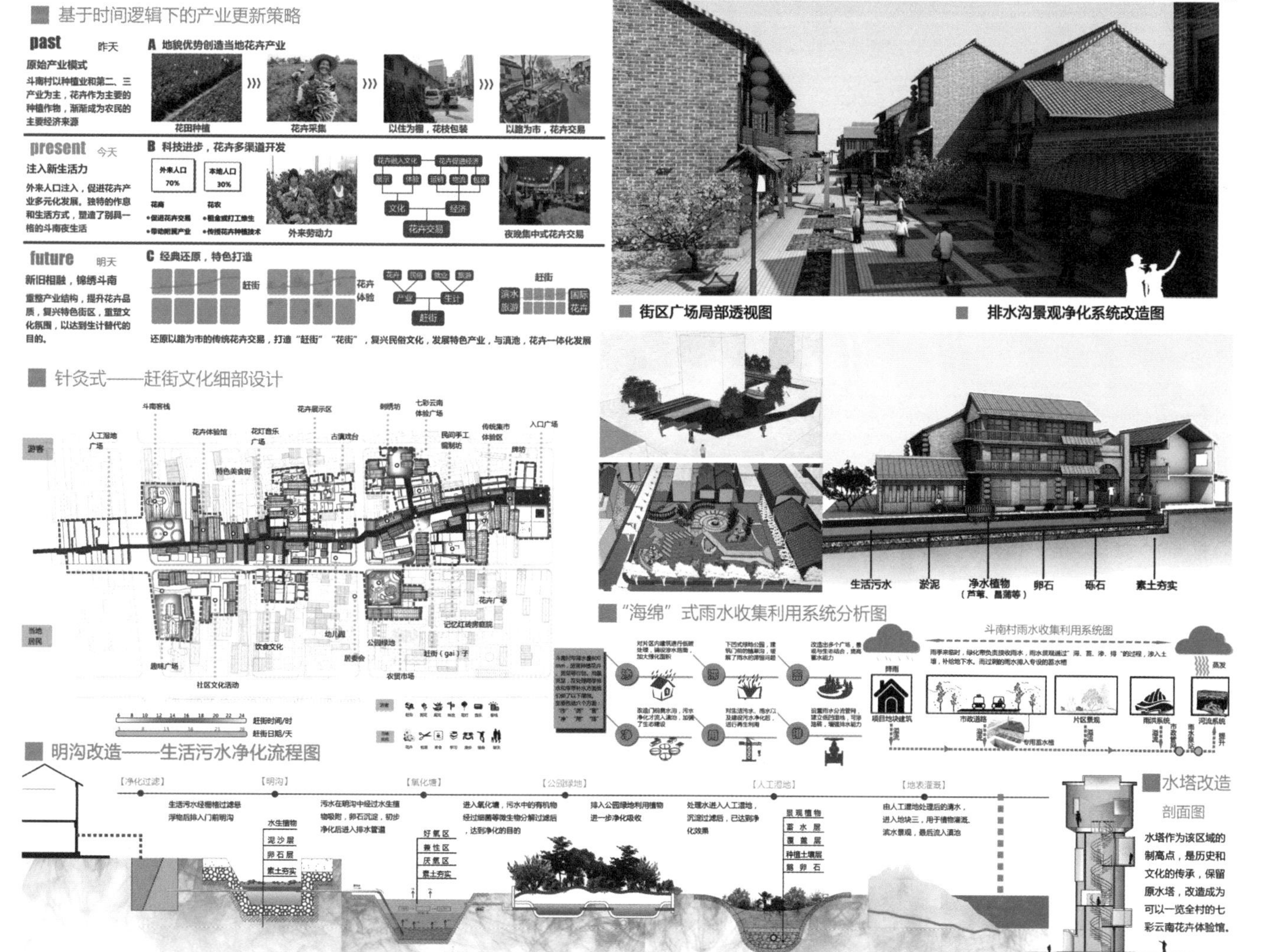

调查分析奖

**王磊心**

—

大学五年，曾两次参加“西部之光”活动，每一次都是新的高度，在临近毕业的2015年，我带领我的团队一起合作完成了这次特别有意义的竞赛；滇池——昆明人的母亲湖，选题者的用意，我们一次次的讨论和筛选，最终以城市记忆网的重塑为基础，从斗南村赶街文化的复兴入手进行方案设计定稿；从现场调研到最终的成果出来，作为组长还是深感欣慰，毕竟努力付出最终得到回报。

回想硕大的专业教室，五个身影，一直坚持到作品提交的那个下午，有苦有累有甜，苦尽甘来，也将成为我人生中最美好的一笔财富。最后感谢刘娟老师、董倩老师的悉心指导，感谢母校宁夏大学的大力支持，感谢规划学会、专指委和云南大学给予我们宝贵的平台。

**张新贺**

—

竞赛的过程大于结果，这是我参与本次竞赛的最大的感悟，从开始的困惑、一筹莫展，到逐渐找到思路，到最后的快速推进，整个竞赛过程，是对所学知识和技能的一次考验，团队成员之间互相弥补让我们彼此有了更大的进步。对于整个街区的思考从初次调研开始就从未中断过：如何才能给场地一个更好的归宿，如何才能改善街区居民的生活质量，如何才能激发当地的潜力，一连串的问号，伴随着我们设计的始终。如今竞赛已经完成，但斗南区人民的生活还一直在延续，如果我们的方案能给斗南的未来带来一点点启发，那就是我们最大的欣慰。

**龙倩**

—

参加西部之光最大的收获就是能与各个学校在一起交流和工作，让我在短短几天中，不仅感受了云南昆明的独特魅力，还结交了各个学校的朋友。通过云南的调研和各高校的调研汇报展示，我们大致了解了云南昆明对于滇池、斗南等地的总体规划，领略了斗南国际花卉市场，城中村的淳朴风貌，以及滇池的特色景观。对于斗南城中村的方案设计，我们结合云南的特色民俗文化“赶街”，在原有的路网中重塑“赶街文化”，结合斗南花卉市场的花卉贸易，和斗南原居住民对于这块地的感情依赖，保留大部分建筑，改造部分破损严重的、存在安全隐患的建筑。引入“赶街”，将花卉市场、城中村、滇池三块地有机的链接在一起，在城中村现有的空地上，多功能的植入花卉体验馆、斗南客栈等特色公共设施，吸引周围的朋友到此游玩居住，激活整块城中村。在建筑技术上，结合绿色建筑、海绵城市，运用中水系统，有效地解决斗南城中村污水严重等问题，恢复明沟的水循环，还滇池一片清明。

**杨燕燕**

—

回想参加比赛时候的时光，每天过得好充实，和队友们从开始组队，到后来去设计地块一起调研，有欢乐也有尴尬。每次想起最后一个月每天大家都待在一起做方案，一起吃饭，一起在教室里面趴在桌子上午休。这段记忆在大学快要结尾的时候显得格外的弥足珍贵，真正领悟到了团队合作的重要性。这次竞赛最大的收获可以说是我们通过认真的调研，把竞赛地块当做自己的家乡，以一个村民的身份去思考设计方案，脱离以往不成熟、纸上画图的设计方案模式，这次设计自开题起就保持了十分强的开放性与自由度。这就要求我们学会从单纯的设计者向策划者与设计者相结合的角色转变。不得不说，意义十分重大。

寥寥数句，不足以表意。感恩这次竞赛中指导我们的各位老师，同时感谢宁夏大学的老师、同学在学习与生活上对我们的帮助；感谢有点累却收获满满的2015的夏天。

**陈德迪**

—

如何进行建筑遗产保护，将成为今后建筑行业发展面临的一大课题。改建是方法之一，能够很好地再利用已不适应现代生活的“昨天”建筑，且尊重过去的文化，结合“今日”的经济技术手段，是一种很经济、合理的建筑改造方式，更符合这次设计的主旨——昨天 · 今天 · 明天。

以此为出发点，基于城市记忆网重塑的赶街文化复兴设计，结合斗南的建筑现状，重点开发村中的几个重要建筑节点，挖掘云南地区的建筑文化与当地的主要花卉市场特点，完成激活空间主体，织补慢行交通，记忆赶街，完成呈贡斗南村城市更新策略与规划设计。

马雯辉



昆明理工大学城市学院

# 完全规划下的不完全规划

## ——村民自治下的“村庄”

指导教师 | **马雯辉　杨曦**　参赛学生 | **张强　马敏　马晓雯　范文博**

作为一个青年老师，非常荣幸能参与其中，第一次指导同学们参加“西部之光”竞赛，其实对于自己也是一个学习成长的过程。在整个方案设计过程中能为同学们做的就是拓宽他们的视野，让他们从更多更广的层次去考虑问题。不局限于一个小层次，但是又要着重突出自己的观点。很多概念其实是很好的立题，但是我们并不是只提出概念就完事了，更重要的是我们该如何把我们的这些思路通过具体的做法落实下去。“昨天·今天·明天：滇池东岸城市边缘滨水空间设计”这次“西部之光”的主题其实更主要的就是要考虑一个村落的发展过程，对于传统的东西我们更多的是传承延续，而不是大刀阔斧的推翻重建。而对于传统部分未来的发展方向我们既要考虑未来的发展趋势，又要考虑传统如何能与未来更好的结合。确立大的发展方向之后，我们就得根据我们的方向去提出我们所面临的问题，然后分析问题，最后提出解决问题的方案措施。这一路走来，大家摸索着前进，同学们也从中收获很多，不管结果如何，大家成长了就好。

# 完全规划下的不完全规划 村民自治下的“村庄”

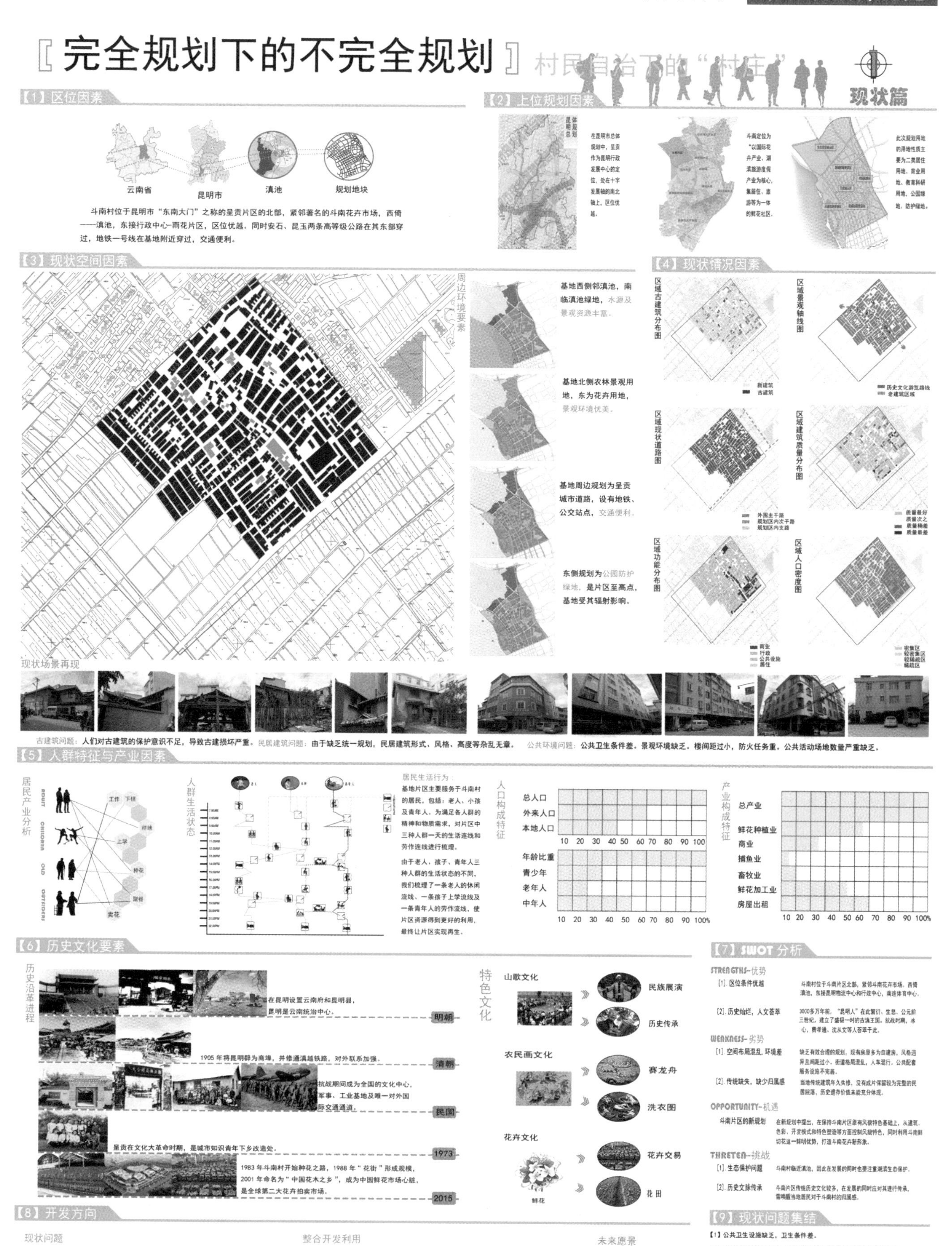


调查分析奖

# 〖完全规划下的不完全规划〗 村民自治下的“村庄”

策划篇

## 【1】规划理念提出

当代城中村改造，多采用推倒重建的方法，土地，宅基地的使用权被征收村庄这个小传统被迫依附于新的社会空间。一个个城中村被推平，高楼林立而起，抹平了之前城中村的一切印记，来自城市化的隆隆脚步声的逼近。明天，斗南村将何去何从？

我们的规划是保留一个村落的传统，着重于村落的保护，改造和改建，对整个村落的肌理进行梳理，形成一个位于城市与村落之间的“绿肺”，再进行改造的同时赋予它我们对过去建筑的一种保护维护，使其结合历史文化和旅游业来发展，对今天建筑的一种梳理，改善环境，完善功能区域，对于明天更多的是不确定的因素，引导村民自主的完成。

进行一个完全规划下的不完全规划，再以村民自治去实现这一规划理念。

## 【2】规划理念嵌入

完全规划理念是指对城中村的改造，改建，维护。把规划设计作为引导性方案，严格控制规划区内建筑风格，高度，使用性质等。

不完全规划理念是指土地使用权不变，调动广大村民的力量，按照规划引导自主进行建造，翻新，不完全规划理念对城中村改造力度较小，依据现有问题，理顺村庄肌理规划村庄的功能分区，公共绿地等。在不完全规划下采用“半商半居，商住结合”方法，使居民能在这本来的土地上解决所有的生存生活活动，通过回归传统的建筑风格手法，传承“昨天”记忆，扩大鲜花产业特色，打造鲜花小镇，形成城市中的花海和会呼吸的绿肺。在这些手法下，增加小传统特色，使小传统有机生存于城市空间中。

规划理念示意

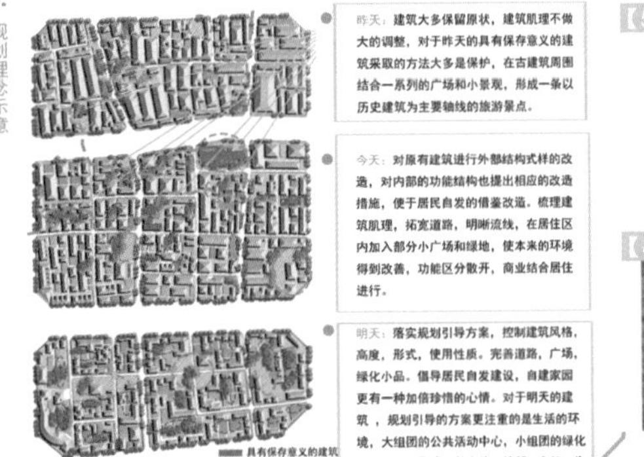

昨天：建筑大多保留原状，建筑肌理不做大的调整，对于昨天的具有保存意义的建筑采取的方法大多是保护，在古建筑周围结合一系列的广场和小景观，形成一条以历史建筑为主要轴线的旅游景点。

今天：对原有建筑进行外部结构式样的改造，对内部的功能结构也提出相应的改造措施，便于居民自发的借鉴改造。梳理建筑肌理，拓宽道路，明晰流线，在居住区内加入部分小广场和绿地，使本来的环境得到改善，功能区分散开，商业结合居住进行。

明天：落实规划引导方案，控制建筑风格，高度，形式，使用性质。完善道路，广场，绿化小品。倡导居民自发建设，自建家园更有一种加倍珍惜的心情。对于明天的建筑，规划引导的方案更注重的是生活的环境，大组团的公共活动中心，小组团的绿化小品，整体形成一种安静，清新，自然，生态，和谐的居住环境。

具有保存意义的建筑
小广场
绿化小品
历史文化游览路线

## 【3】规划体系策划

场地 》 明天 今天 昨天 》 组团 组团 组团 组团 》 单元 单元 单元 单元

网状结构的规划系统 竖向道路结构 横向道路结构 纵横交错的道路网到网格状的空间

通过对现状场地的解读以及上位规划的控制引导，场地中的道路规划基本延续上位规划的路网系统，做到与周边路网的完美衔接，保证大片区交通体系的完整与畅通。同时也也对现状道路肌理进行梳理拓宽，保证现有建筑肌理的适宜，并拥有多变的交通体系。

## 【4】开发体系策划

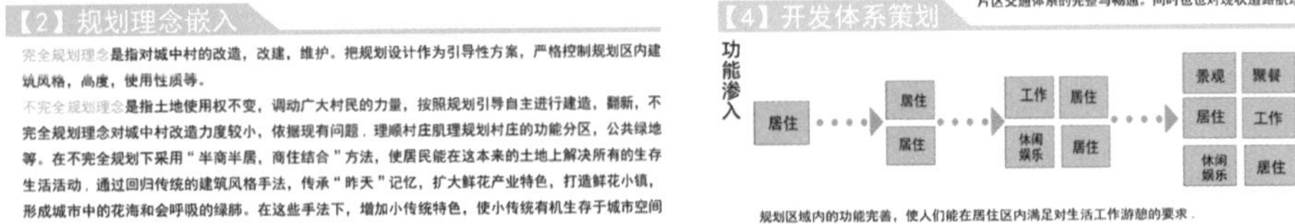



规划区域内的功能完善，使人们能在居住区内满足对生活工作游憩的要求。

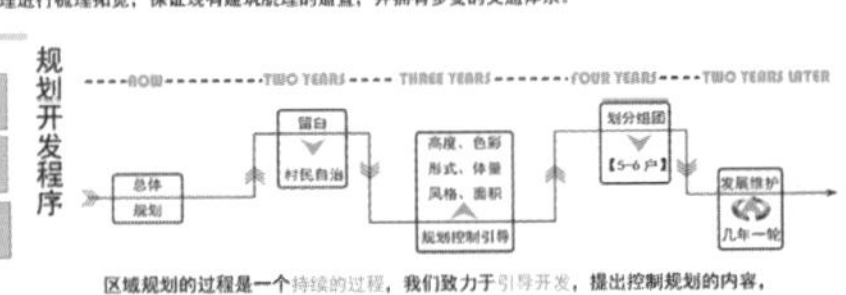



区域规划的过程是一个持续的过程，我们致力于引导开发，提出控制规划的内容，最后逐步实现区域内的完全规划。

## 【5】肌理梳理开发

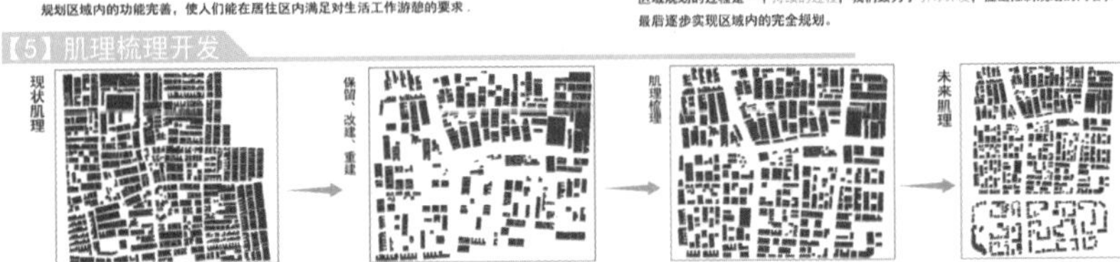



## 【6】未来场景展现

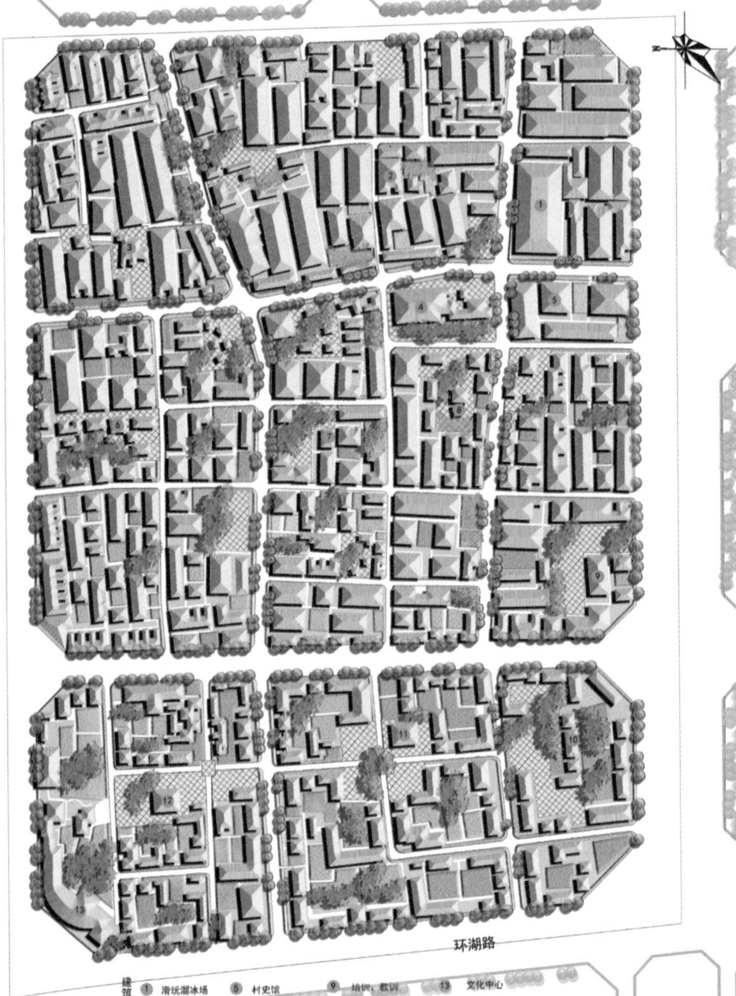



总平面图 1:1500

## 【7】空间营造手法

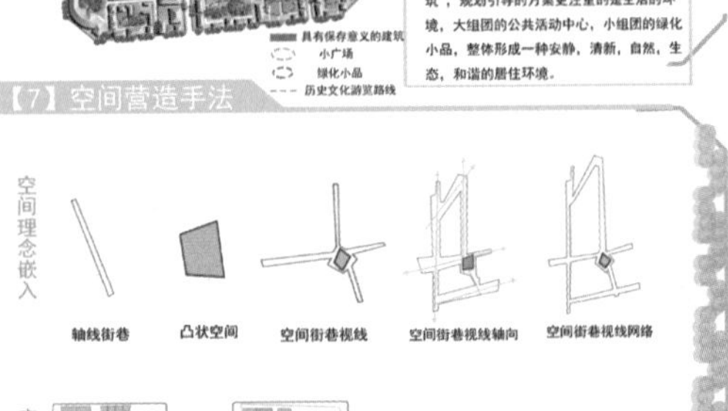



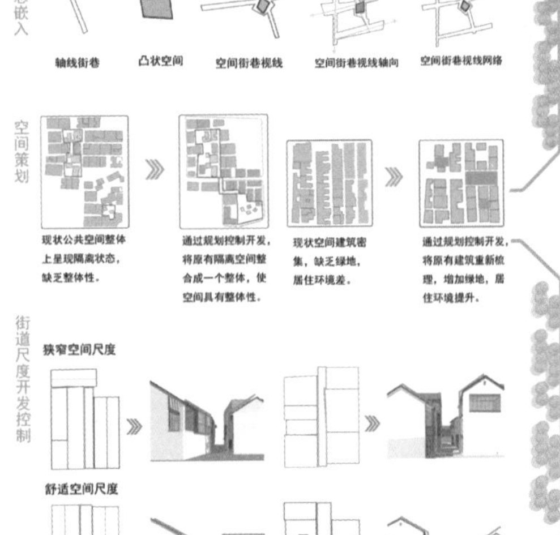



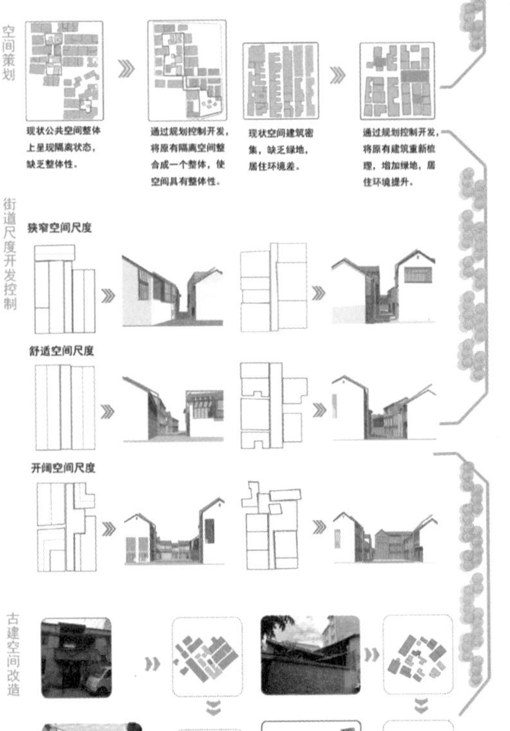

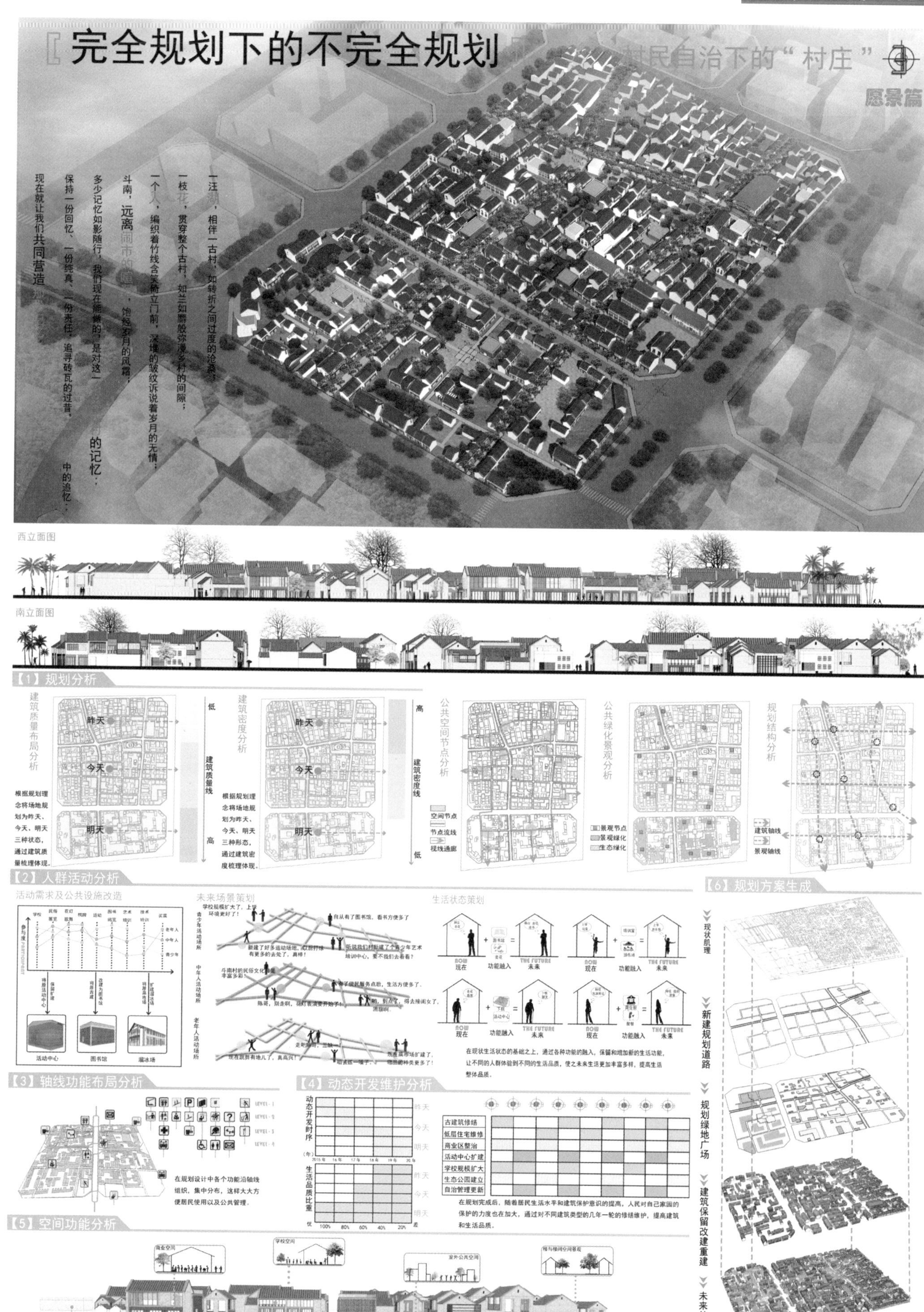
完全规划下的不完全规划
村民自治下的"村庄"
愿景篇
一注溪，相伴一古村，如转折之间过度的沧桑；
一枝花，贯穿整个古村，如兰如麝般弥漫乡村的间隙；
一个人，编织着竹线含笑赖立门前，深埋的皱纹诉说着岁月的无情；
斗南，远离闹市的喧嚣，饱经岁月的风霜；
多少记忆如影随行，我们现在能做的，是对这一的记忆；
保持一份回忆、一份纯真、一份责任，追寻砖瓦的过昔，中的追忆；
现在就让我们共同营造
西立面图
南立面图
【1】规划分析
建筑质量布局分析
建筑密度分析
公共空间节点分析
公共绿化景观分析
规划结构分析
昨天
今天
明天
根据规划理念将场地规划为昨天、今天、明天三种状态，通过建筑质量梳理体现。
根据规划理念将场地规划为昨天、今天、明天三种形态，通过建筑密度梳理体现。
【2】人群活动分析
活动需求及公共设施改造
未来场景策划
生活状态策划
活动中心
图书馆
滑冰场
在现状生活状态的基础之上，通过各种功能的融入，保留和增加新的生活功能，让不同的人群体验到不同的生活品质，使之未来生活更加丰富多样，提高生活整体品质。
【3】轴线功能布局分析
在规划设计中各个功能沿轴线组织，集中分布，这样大大方便居民使用以及公共管理。
【4】动态开发维护分析
动态开发时序
生活品质比重
古建筑修缮
低层住宅维修
商业区整治
活动中心扩建
学校规模扩大
生态公园建立
自治管理更新
在规划完成后，随着居民生活水平和建筑保护意识的提高，人民对自己家园的保护的力度也在加大，通过对不同建筑类型的几年一轮的修缮维护，提高建筑和生活品质。
【5】空间功能分析
商业空间
学校空间
室外公共空间
院与院间空间衔接
【6】规划方案生成
现状肌理
新建规划道路
规划绿地广场
建筑保留改建重建
未来效果

调查分析奖

**张强**

—

此次规划位于昆明郊区的斗南村，规划用地的性质为介于城市用地和村庄用地之间的用地（通常被称为城中村）。在此次规划方案形成之前，小组对斗南村的前世今生进行深入细致的梳理，在此过程中我们在思考“斗南的过去如何再生”、“斗南的现状如何梳理”、“斗南未来如何描绘”。

在三个问题的导引下，规划立足于“一个村落的传统”的基调，注重村落的历史文化的再生，现状机理的梳理改造，未来发展的长远思考，打造一个基于城市与乡村之间的“绿肺”。对村落现存历史建筑的修缮保护是为了焕发斗南的历史文化，为村落注入新的血液。对今天建筑的梳理维护，逆转无序的发展势头，注入新的功能，塑造新面貌，为明天的美好打下基础。对于明天的发展，引入“在大的规划框架下，引导村民自我建造、自我更新”的理念，重现敬老爱幼的古风，激发诚信为本的商业气息，描绘斗南未来幸福的蓝图，也为以后城中村的更新改造做出大胆的探索思考。

斗南村的更新的改造只是万千改造的一个个例，它可能只能存在于图纸上，或者只是一个理想，但我们也要努力地去思考去探索，只有不断地思考与探索才能找到完美答卷。

**马敏**

—

初次参加这个竞赛，从一开始的茫然无措，到后来我们各执己见的争论，再到后来我们为了方案共同努力。一筹莫展的时候我们便一遍一遍跑现场，现状场地的每个角角落落都被我们摸了个遍，与生活在这里的人们交流，感受他们的生活状态，感受他们生活的点点滴滴。各执己见的时候我们会想更多的想法思路去尽量说服对方，然后我们在各自的意见中最终确定了我们的方案并一起为了方案去努力。一路走来漫长却又短暂，漫长的是那些无所适从，不知所措的日子，短暂的是一回首这次合作就已经悄然结束，回望这一路的点点滴滴，那些在设计过程中开心的、失意的、兴奋的、迷惘的场景仍然历历在目，抹不掉的始终是我们这一路走来，跌倒后的爬起，失落后的成长，经历过就有了自己的感悟。经过无数次想要放弃的念头的侵蚀，值得庆幸的是我们坚持到了最后，一切的不如意到最后都崩溃瓦解，而我们成功了。

**马晓雯**

–

这是我们第一次参加规划设计竞赛，带着小小的兴奋我们去了位于呈贡区的斗南进行调研。拍照、标注、记录，小伙伴们分工合作，有条不紊地进行各项工作。在规划理念讨论阶段，我们陷入了僵局，每个人都对题目有自己的理解。立意的不同，使得我们对最终理念的确定争辩不断。但是，也正因为有着不同的想法，在一次次思想的激烈碰撞中，我们求同存异，博采众长，最后达成统一意见以“完全规划下的不完全规划——村民自治下的‘村庄’”作为我们的主题理念。不完全规划指土地使用权不变，调动广大村民的力量，按照规划引导自主进行建造、翻新。我们希望在巨大的城市化浪潮之下，斗南村依然能够被传承和保留，不被吞噬，也希望通过我们的绵薄之力，能让斗南村获得一个生态、和谐、清新的生活环境，能够实现“望得见山、看得见水、记得住乡愁”的理想。

**范文博**

–

去年暑假期间，我们小组在马雯辉老师和杨曦老师的带领下，经过不懈的努力，获得了“西部之光”大学生暑期规划竞赛调查分析奖，在接到通知那一瞬间，感觉所有的付出都有了回报，可现在看来，却不会再为了获奖而过分欣喜，更多的是我们通过这一次竞赛，对类似斗南村的城中村有了较为全面的认识。

城中村一直被称作城市的毒瘤，肮脏的生存空间，流动性极强的人口构成，残缺的公共服务以及高犯罪率的社会现状使人们谈之色变。综合生存环境差导致房租低廉，吸引来一大批外来务工人员，而杂乱的人口构成也使综合生存环境变得更差，周而复始的循环，似乎唯一的出路就是在推土机的轰鸣声中得到解决，真的是这样吗?

村庄与城市，一直都是并列存在的集聚形式，只不过，在城市发展的隆隆声中，村庄也开始颤栗，村庄在我的脑海中应该是被虫鸣稻香所包围的吧，村庄代表了一种空间结构，更代表了一种生活模式——慢生活。匆匆前行的城市，是否也需要一些村庄来中和？我们讲的发展，让我们不敢放慢脚步，然而人生不过百年，这样推着自己往前走，很累，所以，我们要斗南村还做一个村庄，做一个在城市中供市民游乐放松的地方，做城市生活中呼吸透气的绿肺。

佳作奖

胡晓海

张立恒

白洁

王强

内蒙古工业大学

# 新俄罗斯方块·混乱中的秩序

## ——自组织下的城市边缘区斗南村更新改造设计

指导教师 | **胡晓海　张立恒　白洁　王强**　参赛学生 | **刘龙　胡静文　曹志博　唐雅雯　贾伟**

本次方案从地块的区域背景及地域特色展开分析，探究自组织肌理形成过程：依托基地现状分析，梳理自组织公共空间形态，找出自组织爆发点的核心区域，并提取自组织空间形态，以开辟新的休闲绿化空间；再通过核心区域与新空间的融合，引导空间的自发生长，创造新的核心区域。把自组织思想作为方案设计的概念，实际上是从一个抽象的侧面来分析整个斗南村的社会网络性。引导并形成自组织空间的生长、繁衍，主要依靠的是斗南村村民本身的社会活力及文化属性。把自组织生存方式引入物质空间的再定义当中，就是希望这些有着社会属性的街道空间，成为自组织空间的核心爆发点，随着自组织空间形态的不断变换和完善，成为斗南村人民生活的包容体，延续村子的文化、特色、景观及民俗，以集中体现斗南村的精神与形象。方案设计以自组织思想为出发点，对斗南村宅基地情况进行梳理，找到宅基地空间形态发展的规律——混乱中的秩序，即五种主要的宅基地分布形态。通过对居民生产生活的分析，确定更新策略，将五种形态的宅基地形式作为一个弹性发展单元，根据居民的生活需求，改变其用途，以适合未来斗南村发展的需要，同时又通过刚性的自组织公共空间的有效控制及宅基地弹性空间的灵活变化，来寻求经济效益与社会人文关怀的平衡发展。

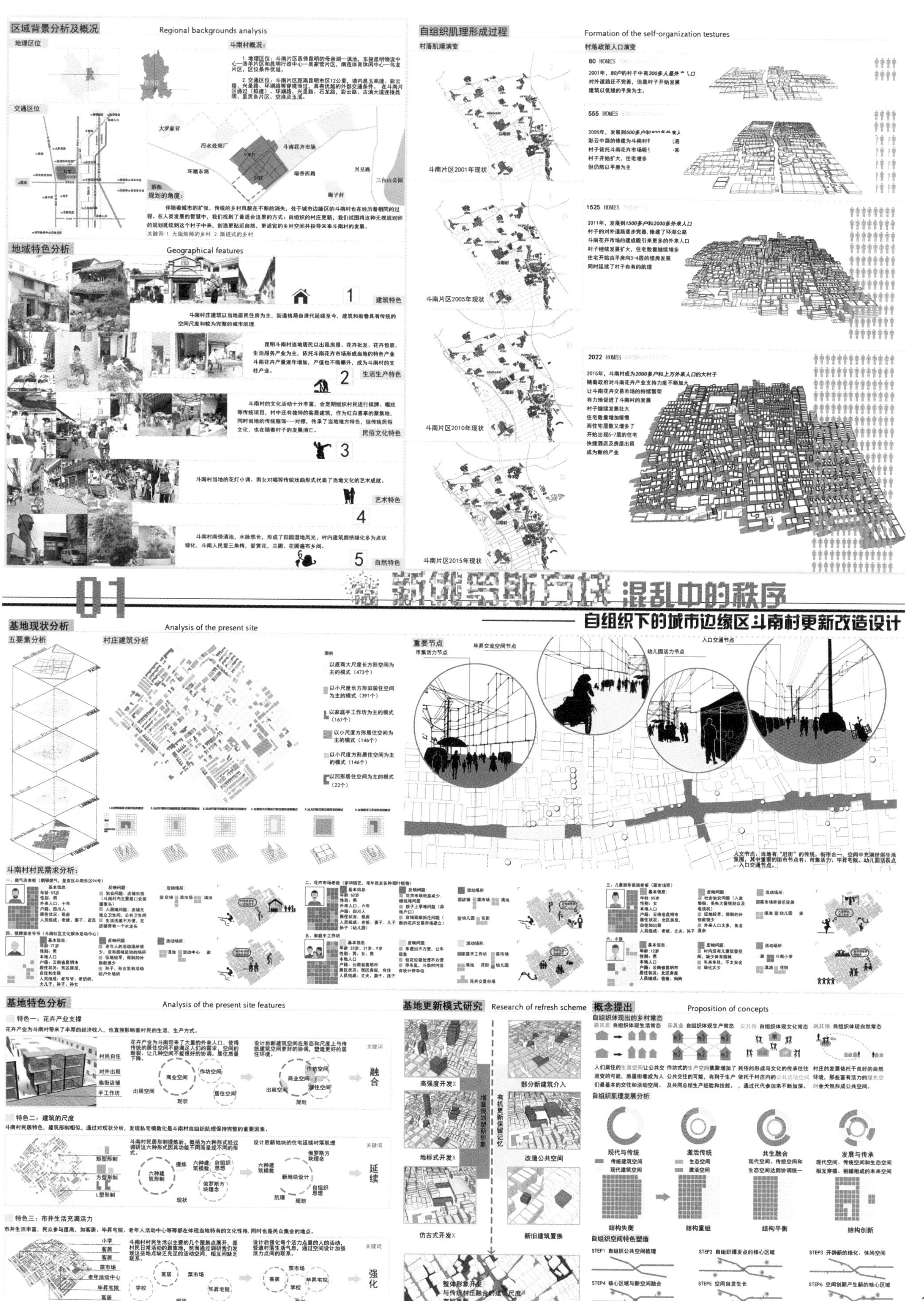
区域背景分析及概况 Regional backgrounds analysis
自组织肌理形成过程 Formation of the self-organization testures
地域特色分析 Geographical features
01 新俄罗斯方块 混乱中的秩序
自组织下的城市边缘区斗南村更新改造设计
基地现状分析 Analysis of the present site
斗南村村民需求分析
基地特色分析 Analysis of the present site features
基地更新模式研究 Research of refresh scheme
概念提出 Proposition of concepts

# 昨天·今天·明天：滇池东岸城市边缘滨水空间设计

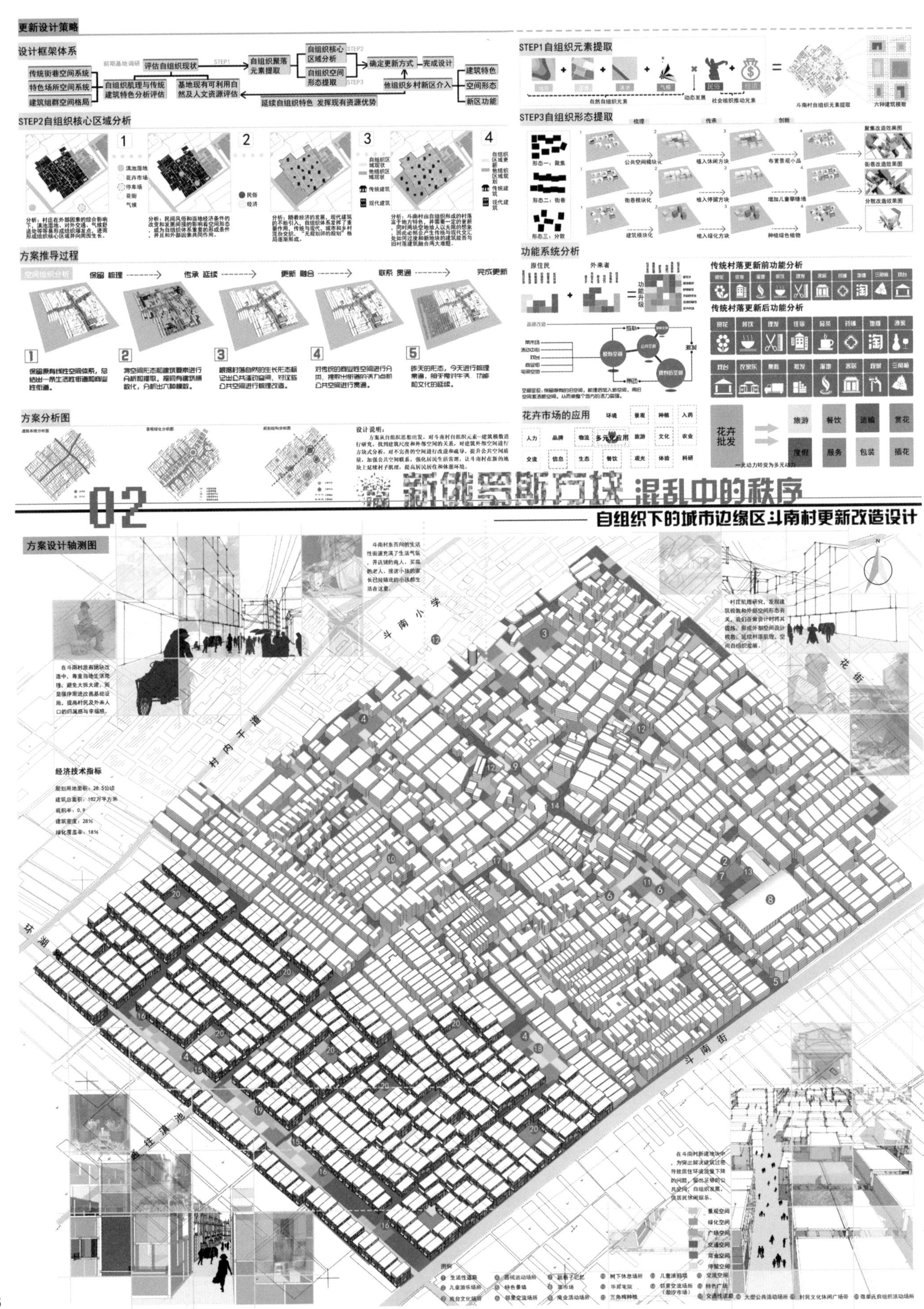


佳作奖

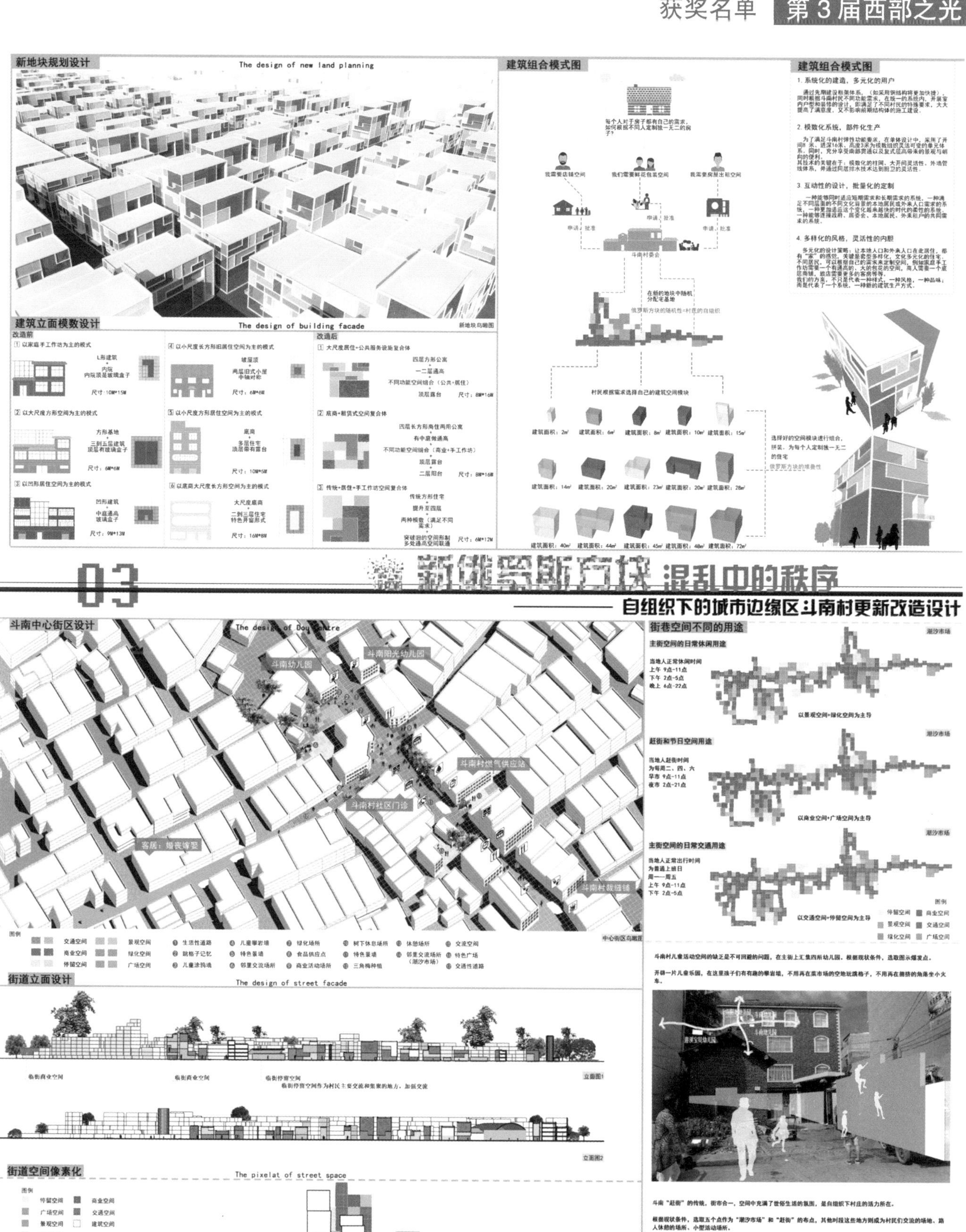
新地块规划设计
The design of new land planning
建筑立面模数设计
The design of building facade
建筑组合模式图
03 新俄罗斯方块 混乱中的秩序
自组织下的城市边缘区斗南村更新改造设计
斗南中心街区设计
街巷空间不同的用途
街道立面设计
The design of street facade
街道空间像素化
The pixelat of street space

**刘龙**

–

方案从自组织思想出发，通过对宅基地模数的研究，嫁接俄罗斯方块的形态，力求从混乱无序的城中村布局中找到潜在的秩序，并通过对这种秩序的解读，找到斗南村的发展动力机制，目的是通过保持斗南村村子的活力，来挖掘城中村存在的更深层次的意义，以此来保存斗南村的本土气息与人文精神。在空间上，本方案结合斗南村合宅基地的模数研究，实行网格实体化，在这种模数的网格肌理上研究其所形成的街道空间，以便于保护原有居住空间的人性化尺度，同时也保证了公共空间的建设，并与建筑相协调。通过梳理自组织村落生活的爆发点，找到自组织空间的组织形态，并以此来开辟新的休闲绿化空间，使街道更具有安全性及聚合性，形成新的聚合空间，引导空间的自我发展，创造新的聚合点，我们尝试在混乱的村中建立一种潜在的秩序，并在此基础上，明确一个主导性的发展目标，即最大程度保持斗南村原有的社会活力的同时，寻求经济环境的平衡发展。

**唐雅雯**

–

伴随着城市的扩张，传统的乡村风貌在不断地消失，处于城市边缘区的斗南村也在经历着相同的过程。用人类发展的智慧，我们找到了最适合这里的方式：自组织的村庄更新，我们试图将这种无视规划师的规划延续到这个村子中来，创造更贴近自然，更适宜的乡村空间并指导未来斗南村的发展。基地特色主要有以下几点：1.花卉产业的支撑：花卉产业为斗南村带来了丰厚的经济收入，也间接影响着斗南村民的生活，生产方式。2.宅基地形制：斗南村民居特色，建筑形制相似，通过现状调研，发现私宅模数化是斗南村自组织肌理保持完整的重要因素。3.市井生活充满活力：市井生活丰富，民众参与度高，如客居，毕昇宅院，老年人活动中心等都体现着当地特有的文化性格，同时也是民众聚会的地点。方案从自组织思想出发，对斗南村自组织元素——宅基地模数进行研究，找到建筑尺度和外部空间的关系，对建筑外部空间进行方块式分析，对不完善的空间进行改进和疏导，提升公共空间质量，加强公共空间联系，强化居民生活常理，让斗南村在新的地块上延续村子肌理，提高居民居住和休憩环境。

**胡静文**

–

在城市化浪潮中，位于滇池之滨的传统村落——斗南村，正遭受毁灭性的破坏。面对这一浪潮，传统村落何去何从？又该如何实现村落的可持续？能否实现“望得见山，看得见水，记得住乡愁”的理想？基于这一背景和期望，我们开展了本次斗南村更新改造规划设计。方案最初思路是基于现状调研，发现问题，如交通、公共空间、水资源管理利用等，并试图通过规划手段给予改善。但随着设计的不断深入进行，我们将其否定，试图在此次规划设计过程中运用“自组织”理论，即从最初站在一个规划者的视角转变为一个生活在这里的居民的视角来完成斗南村的更新改造设计。首先是基于对斗南村地理区位、村落肌理演变、人口演变、地域特色、基地特色以及调查问卷分析等基础上，对现状进行评估，提取自组织元素（社会元素、自然元素），然后分析自组织核心区域，提取自组织空间形态，确定村落更新方式，即现有地块的自组织延续和新地块他组织方式相结合。最后落实在建筑模数的梳理运用，自组织核心区的规划设计以及村落功能系统多元化发展上。在看似混乱中寻求斗南村的内在秩序。从而实现斗南村在城市化进程中对传统生活、功能、文化等的有选择性的延续与发展。

**贾伟**

—

城市是一个有机体，它的生长遵循某种潜在规律，无论是有规划师的城市还是没有规划师的城市，城市的发展都以人的生活意愿作为出发点。有规划师的城市是人民的集合意愿，而没有规划师的城市是集合的人民意愿。斗南村作为城市边缘的一个自然村落，它的生长肌理是集合村民意愿的结果。斗南村依托花卉产业形成了独特的生活方式；外来居民的进入创造了丰富的文化生活面貌；南靠天池的独特地理环境使斗南村具有了特殊的景观风貌和乡村生态的微循环。村民根据需要形成满足他们生产生活的房屋、空间、道路和特殊的产业形态。我们的通过研究斗南村这种自组织形式和村民的生活方式，发现斗南村建筑形制相似；围绕戏台、毕生宅院、农贸市场等形成的一系列公共空间；花卉产业构成斗南村交通运输方式、街道立面形式以及散布在村子里的各种花卉景观。通过研究斗南村和周边其他相似村落的形态风貌和肌理的生长方式，我们得出，延续斗南村的肌理是保持斗南村自组织形式的重要因素。 这种延续的方式让我们想到了俄罗斯方块的组织与“消融”，就像游戏中每次出现的方块都是随机的，斗南村的自组织也是一样，出现什么样的空间什么样的建筑形式都是随机的，它组合到我们的城市或者乡村中的时候会以它不同的空间和生活方式与原有的空间肌理对接。通过这种模式，我们重新梳理斗南村的空间，归纳出五种建筑形式，基于原有公共空间的现状进行激活和联通，并通过一条以交通为主和一条以生活为主的街道为骨架进行串联空间和延续肌理。

**曹志博**

—

乡村发展过程与俄罗斯方块游戏规则有着惊人的相似性：

1.斗南村不同功能的地块形态就像俄罗斯方块的基本单元，经过时间的积累形成不同的组团，街道，构成人们所生活的空间。2.在集聚的过程中，村子形成多种尺度与功能的组合体，正如，俄罗斯方块中混乱的形式中内在秩序，从而形成充满活力和生机的地区，反之功能单一，混乱无序的地区与街道将逐渐走向衰败，而这种衰败只有在新一轮功能单元重构的过程中获得新生。3.乡村功能单元体包含着大量历史、社会、文化、精神等大量信息，这是构成斗南村的生活有机系统，具有功能与空间的可复制性，可更新性以及有机可生成性，从而将大量的独立多维空间联系在一起。4.规划更多考虑的是与时间上的、空间上的斗南村发展方式的吻合与协调，目的是通过对宅基地空间模式的探索与研究来延续斗南村的生活活力，与村落更新的内在动力。

胡纹



重庆大学

# 湿地重构

## ——水循环的花卉农业生态系统推广

指导教师 | **胡纹**　参赛学生 | **赵春雨　刘晔天　杨滨源　段又升**

本次设计的选地为云南省昆明市呈贡新区，设计主题为“昨天·今天·明天”，需要针对滇池的水岸空间及城市空间所存在的问题提出相关解决办法，同时要结合斗南村地块的实际情况，提出切合滇池东岸合理发展的设计概念规划方式、发展策略。

在同学们的设计过程中找到了其中一个重要的线索——水的处理，滇池水的污染情况非常严重，其中主要来源于城市及花卉产业的污水缺乏处理且随意排放，斗南村紧邻滇池，其对于滇池水的污染有更为完整的体现。随着水环境的破坏，其生态环境逐渐恶化，特别是场地斗南村的水岸空间作为花卉产业的重要核心，其可持续发展问题得到解决可以为整个滇池流域的水环境优化提供参考。

水的处理方式主要是通过水的循环进行生态净化同时优化特色产业链，在水循环中主要需要考虑的水资源包括滇池水、周边居民的生活污水及花卉产业的农业污水。使来自滇池和来自花卉产业的污水通过水岸空间的湿地公园循环起来，使污水在湿地公园中得到净化。

在场地之外，针对整个花卉产业提出宏观上的产业发展与整合策划，提出花卉合作社的方式，整合资源，统一管理，既可以实现可持续发展也能实现花农增收，最终达到城市重要产业与滇池湿地、水体环境协调的良好发展关系。

# [1] 湿地重构 —— 水循环的花卉农业生态系统推广

THE REVITALIZATION OF WETLAND

THE PROMOTION OF WATER-CIRCULATION FLOWERS AGRICULTURAL ECOSYSTEM

## >1 场地印象——产业水平落后，生活亟需改善



## >2 场地问题——滇池生态环境与城市发展矛盾突出

### >>1 昆明城市发展



抗战期间，昆明成为抗战物资进出的集散中心和战时的国际贸易与经济文化中心。城市急剧膨胀。

1950年至1980年昆明城市发展较慢，城市发展形态仍为依托老城同心圆式的向外扩充。

1980年至2000年昆明城市迅速发展，昆明城市已初步形成现区、近郊区、远郊工业城镇三个层的结构布局。

### >>2 滇池环境恶化历程

| 明清时期 | 1960年 | 1970年 | 1980年 | 1990年 | 今天 |
| --- | --- | --- | --- | --- | --- |
| 水清鱼翔，景靓雁鸣 | 城垣万泊，渔歌唱晚 | 三春杨柳，九夏芙蓉 | 岸线硬化，望水兴叹 | 泯水之路，拯救滇池 | 生态立城，复水风貌 |
| 老昆明城旁滇池而建当时昆明水系发达，水网纵横交错，大小20多条河渠流经昆明，在城里随时可见清澈流水和鱼虾 | 清清的河水，绿绿的大树，还有青青的石桥。小孩在水里戏水，清清的河边常看见一些身着花衣裳的女人在洗衣 | 水乡泽国，村居湖畔，波光明媚，不紧不慢的悠闲生活，真正的一线滨水生活 | 人口增加和社会经济的不断发展，生产和生活污水排放量增加，滇池的自净能力减弱水质富营养速度加快，滇池水与人们日常生活渐行渐远，昆明山水格局遭破坏 | 河水污染严重，滇池水水质变劣五类，1999年全国最大的城市供水工程诞生“2258”工程 | 2005年6月，昆明市恢复水城风貌战略规划开展《滇池流域水环境综合治理工作》，未来如何从源头消除污染，应是核心 |

### >>3 水质恶化，物种多样性丧失



如今城市发展陷入以环境代价求经济发展的怪圈之中，城市规模越大，滇池水污染越严重。物种多样性逐步丧失，水体富营养化严重。

## >3 技术路线——生态城市与经济发展并行



## >4 实施策略——花卉农业生态系统

### 如何使用滇池水——湿地净化，灌溉作物

昆明是城市缺水，尤其是缺可使用的洁净水，紧邻城市的滇池水量巨大，却因为水质问题无法使用。1999年昆明便有了全国最大的城市供水工程“2258”工程。

滇池水质富营养化严重，但用来灌溉作物，这些营养物质便能变废为宝。

只需用人工湿地去除滇池水中的重金属物质即可。

### 农业污水亟需处理——污水沟末端打造人工湿地

场地旁边便有污水厂，但斗南村的生活污水却通过明沟未经处理直接排入滇池，污水厂处理能力有限，不能覆盖到农村生活污水及农业灌溉污水。

花卉种植业相较一般农业所需化肥及杀虫剂量更大，污染也更为严重。

滇池周边的沟渠和河流众多，农村生活污水和农业灌溉污水都通过沟渠直接排入滇池。

在各沟渠末端打造人工湿地可以从源头上解决滇池污染问题。

### 生态与花卉产业并行——水循环灌溉系统，湿地淤泥制生态肥料

生态湿地与花卉产业并行发展，湿地处理滇池水后用于花卉灌溉，产生的农业污水及村庄的生活污水又通过现有沟渠回到湿地净化，再排入滇池。

湿地、沟渠及附近污水厂产生的淤泥通过加工处理成为生态肥料，用于花卉种植。

**主要目标**

恢复生态环境

重塑人水关系

**次要目标**

花卉产业整合

生态种植致富



1.湿地净化农业污水及农村生活污水

2.湿地淤泥再利用生产生态肥料

3.滇池水灌溉花卉循环净化利用

4.花卉产业链整合开展合作社模式

5.生态栖息地再造物种多样性恢复



## >5 滇池东岸部分沟渠河流分布图



佳作奖

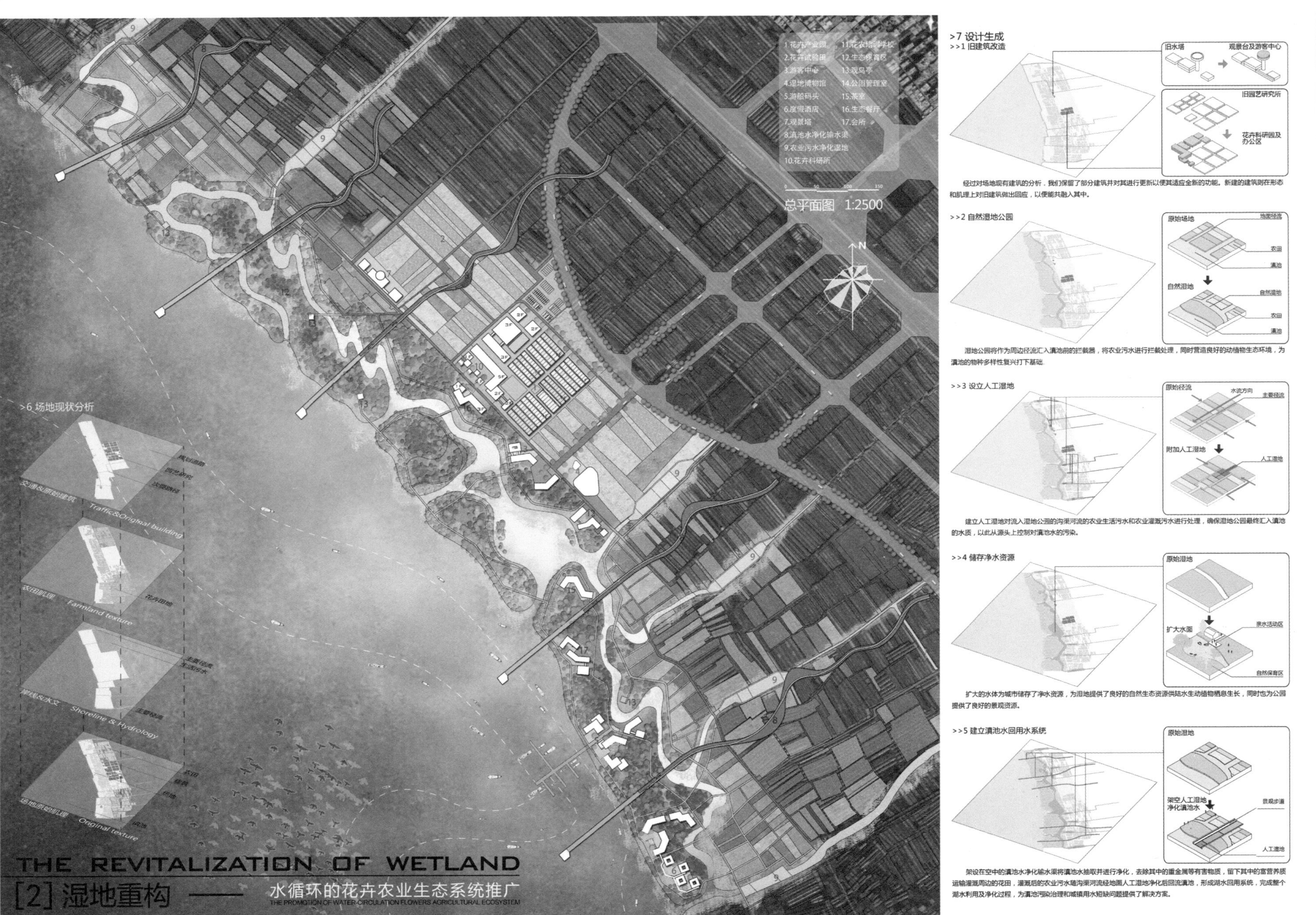


经过对场地现有建筑的分析，我们保留了部分建筑并对其进行更新以便其适应全新的功能。新建的建筑则在形态和肌理上对旧建筑做出回应，以便能共融入其中。

湿地公园将作为周边径流汇入滇池前的拦截器，将农业污水进行拦截处理，同时营造良好的动植物生态环境，为滇池的物种多样性复兴打下基础。

建立人工湿地对流入湿地公园的沟渠河流的农业生活污水和农业灌溉污水进行处理，确保湿地公园最终汇入滇池的水质，以此从源头上控制对滇池水的污染。

扩大的水体为城市储存了净水资源，为湿地提供了良好的自然生态资源供陆水生动植物栖息生长，同时也为公园提供了良好的景观资源。

架设在空中的滇池水净化输水渠将滇池水抽取并进行净化，去除其中的重金属等有害物质，留下其中的富营养质运输灌溉周边的花田，灌溉后的农业污水随沟渠河流经地面人工湿地净化后回流滇池，形成湖水回用系统，完成整个湖水利用及净化过程，为滇池污染治理和城镇用水短缺问题提供了解决方案。

## >9 基于人工湿地的水循环系统 The water-circulation based on artificial

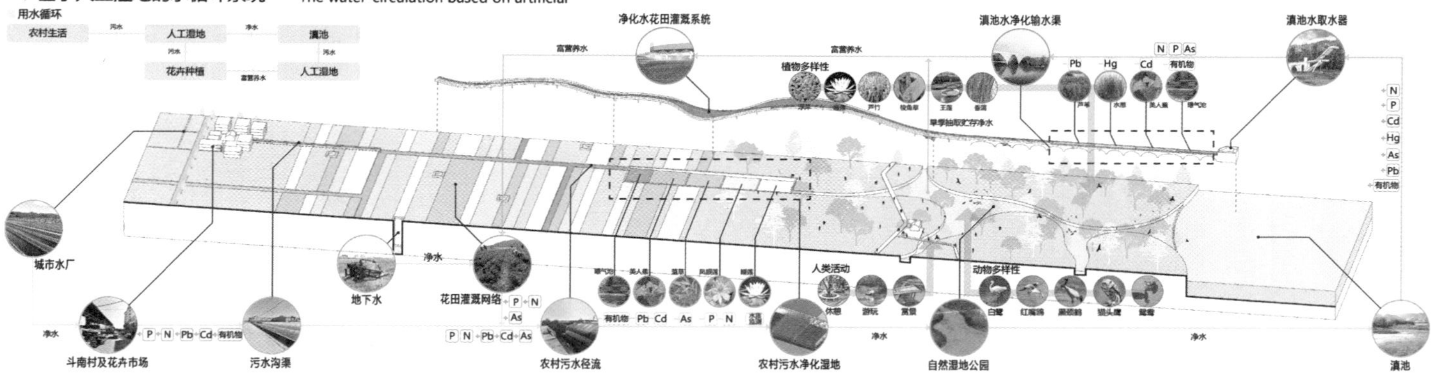

用水循环

农村生活 污水 人工湿地 净水 滇池

污水 净水

花卉种植 富营养水 人工湿地

净化水花田灌溉系统

滇池水净化输水渠

滇池水取水器

富营养水

植物多样性

旱季抽取贮存净水

N P As

Pb Hg Cd 有机物

N P Cd Hg As Pb 有机物

城市水厂

地下水

净水

花田灌溉网络 P N As

P N Pb Cd As

有机物 Pb Cd As P N

人类活动

动物多样性

斗南村及花卉市场

污水沟渠

农村污水径流

农村污水净化湿地

自然湿地公园

滇池

■ 滇池水回用线

我们通过取水器的将滇池水抽离并通过架设在空中的人工湿地系统对其进行净化，保留其中氮磷等肥料残留并去除其中的重金属等对花卉作物有害的物质，使其成为有益于花卉生长的"富营养水"并灌溉花田。

■ 农业污水处理线

我们利用人工湿地对未经处理直流滇池农村生活污水和农田浇灌溢流水进行拦截和植物净化，将净化之后的净水一部分作为景观资源、生态资源和旱季备用水源，一部分最终排入滇池对其进行净化。

自然湿地花期表

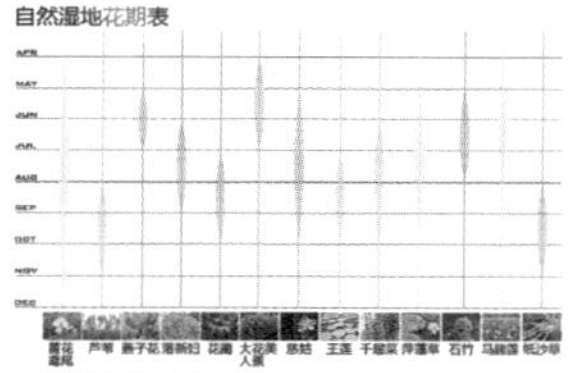

人工湿地污染净化表

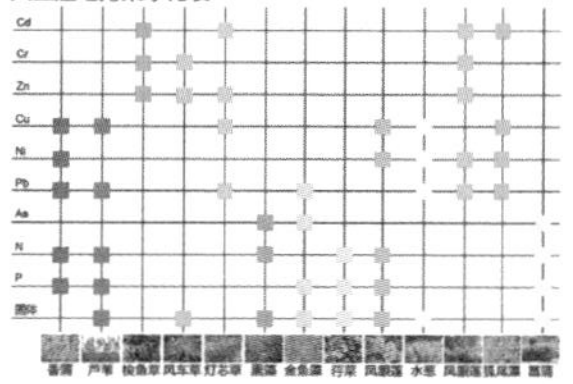

THE REVITALIZATION OF WETLAND 1 2 3

# 湿地重构

## 水循环的花卉农业生态系统

WATER-CIRCULATION FLOWERS AGRICULTURAL ECOSYSTEM

观鸟亭

观景塔

滇池水净化灌溉渠（净化段）

滇池水净化灌溉渠（取水点）

滇池水净化灌溉渠（输水段）

佳作奖

**赵春雨**

–

昆明之于外地人的印象应该首先是春城，而春城当然少不了繁花似锦。其次便是偌大的滇池。而实际走近滇池却发现池水幽绿气味腥臭，水体富营养化严重，而旁边的斗南花卉产业园则缺乏必要的基础设施，水土污染问题导致了花卉的品质和产量下降。

起初着手只单纯的从水的净化循环这样的常规湿地公园营造思路出发，而后对污水的来源及用途产生了思考，斗南村直接排放的生活污水和农业污水实际含有大量对花卉有益的营养物质，滇池水也因水质不达标不能直接浇灌花田，而通过湿地净化和输水水渠便能让污水回灌花田，同时解决昆明的洁净水缺乏问题。最后力求达到恢复生态环境、重塑人水关系和整合花卉产业、生态种植致富两个目标。对于净水流程我们进行了多次探讨，同时也查找了大量湿地公园的案例，最后大胆参用了高架输水渠，并在输水渠前段对滇池水进行湿地植物生态净化的方案。我们对输水渠的设计尤为精心，从取水口如何与观景台结合，净水段的植物选择和底部圆拱支撑结构的设计，及最后输水渠的曲线造型和活动平台营建，都做了反复的推敲和比对，也借鉴了大量的案例，力求这样一个农业输水设施具有景观观赏和游玩的价值，然而最后的图纸表达不甚到位，净水流程不够明晰生动，留下了些许遗憾。

**刘晔天**

–

滇池作为云南昆明的“母亲湖”，云南省的高原明珠，其重要性与象征性不言而喻，斗南村所位于的滇池东岸则是自古以来的滇中粮仓，昆明所吃的蔬菜粮食多出自这里。但随着城市化的快速发展，以及相关的城市病不断显现，原本优质的耕地、湿地、原居民社区、外来人口落脚地和地方文化等都遭到毁灭性打击。

本次设计的基地位于滇池东岸的斗南村片区，我们需要为呈贡新区、斗南村未来的发展提供一种思路，不仅需要考虑现在的问题，还需要为其后的可持续发展提供可能性，以斗南村地块为出发点，提出切合滇池东岸合理发展的设计概念规划方式、发展策略。

在设计的过程中，集中考虑滇池水以及城市建设过程中的水循环问题，并以此为切入点进行新的滨水空间的设计，希望达到同时缓解滇池水污染及城市水处理乏力的问题，为滇池水岸的城市建设提供可行的参考模式。

关于设计的思考主要为两点：

1.在设计中虽然需要找准着力点进行设计，但同时需要更宏观的考虑问题，本次设计有些局限于水的处理，而忽略了滨水城市空间的营造。

2.本次设计考虑了将湿地公园与城市特色产业相结合进行发展，为花卉产业提供了整合发展的思路，可以对城市未来的发展及相关产业的发展提供帮助。

**杨滨源**

—

云南昆明，花开四季，美誉“春城”。斗南花卉，更是东靠昆明，西倚滇池，承载着“带动全国，影响世界”的使命。随着斗南花卉市场种植品种的丰富，交易量的增加，销路的不断拓宽，滇池及其周边的环境越来越糟糕，这些都将影响斗南花卉的进一步提升发展。

在这次设计中，我们在胡老师的指导下，将生态技术与空间形态相结合，以解决城市产业经济发展需求与环境保护可持续发展之间的矛盾与关联。

具体设计上，将设计滇池湖边的滩涂生态涵养公园作为重点，打造一个生产、生活、生态一体化的生态循环系统。结合污水排放处理将人工湿地、生活步道、观景旅游作为一体，在治理改善生态环境的同时，促进生活水平的提升，助力产业的进一步发展。

设计完成的感触主要有两个方面：1.经济发展与环境保护不是绝对对立的，经济发展加强人们对环境保护的重视，良好的环境能够保障经济的可持续发展。城市设计中，应尽量做到经济发展和环境的相协调。2.技术是空间形态其中一种重要依托，空间形态是技术实施的手段及表现形式。技术能保证设计的科学性，但也不能唯科学论。

**段又升**

—

本次设计场地位于云南省昆明市呈贡新区，紧邻滇池和斗南村。设计主要目的是继续发展场地特色产业——花卉产业使之形成产业集群，同时需要解决场地现在严重的环境与产业的冲突，形成可持续发展的建设模式，同时要能在整个滇池流域推广。

在该目的的指导下，提出具体的设计目标：1.形成可持续发展的完整花卉产业链；2.改善场地环境质量与当地人生活质量。

依据场地现实状况，采用三个主要实施策略：1.通过净水植物的选种，净化滇池水及农业污水；2.利用净化后的富营养水灌溉花田，同时收集湿地淤泥生产生态肥料，提供相关产业支持；3.花卉产业链整合开展合作社模式，整合销售公司、花农、生产基地，减少中介环节，达到效率效益最大化。

在最终的方案中，通过相关发展策略的设计最终形成以湿地公园为主要形态的水岸空间，其中依据不同水生植物的吸收特性，选择吸收有害的重金属离子，利用富含氮、磷的营养水灌溉花田，节省肥料，同时通过湿地公园的淤泥代谢产生生态肥料，既能废物利用同时可以结合进花卉产业链中，节省花农开销。

所以，该生态湿地公园承载了花卉产业，生态修复，居民休闲多种功能，可以很好的缓解原来紧张的人地水关系。

李晖



云南大学

# 铜态·生态·活态

## ——基于叙事理论下的斗南滨水空间设计

指导教师丨**李晖**　参赛学生丨**熊雨　陈晓曦　高敏**

“五百里滇池，奔来眼底，披襟岸帻，喜茫茫空阔无边。看：东骧神骏，西翥灵仪，北走蜿蜒，南翔缟素。高人韵士何妨选胜登临……”由乾隆年间名士孙髯翁所作的大观楼长联概述了滇池烟波浩渺的空间环境，是昔日滇池的真实写照。滇池为西南第一大湖，具有较高的生物多样性；也承载了始于青铜文化时期，经过“水耕火耨”直至进入古滇池地区社会发展的辉煌时期，公元前三世纪建立了“滇国”，之后历经汉、晋、南北朝、隋、唐、宋、元、明、清各代的建设、发展，孕育了特有的古滇文化和昆明这座城市，寄托了昆明人的情感世界。

然而，伴随着滇池流域城镇化的迅速发展，滇池不停地接纳各类废水和污水，缺乏充足的洁净水对湖泊水体进行置换。另外，在自然演化过程中，滇池湖面缩小，湖盆变浅，内源污染物堆积，还有人为加大湖水排泄量和降低周边森林覆盖率，更加速了老龄化进程。

昆明地位特殊，产业集中，作为云南省唯一的特大型城市，滇池污染亟待解决、产业发展面临挑战、生态环境急需修复……

本次“西部之光”设计题目“昨天·今天·明天：滇池东岸城市边缘滨水空间设计”贴近实际，学生们需要切实从滇池及周边区域所面临的客观问题出发，深入细致地了解它辉煌的过去和今天的困境，为未来的滇池东岸滨水空间如何能焕发出真正的时代魅力设计美丽的蓝图，同时也为滇池之滨的区域谋求一条更加合理的可持续发展之路。

# 铜·生·活 ——基于叙事理论下的斗南滨水空间设计

## BASE ANALYSIS——基地概况

### 区位环境分析

云南—昆明　云南—呈贡　呈贡—斗南

基地位于斗南片区北部，紧邻斗南花卉市场，面临滇池。东接洛羊片区和吴家营片区，南连乌龙片区，北邻官渡区，有着明显的区位优势。

### 基地周边分析

冰心默庐　古城魁阁　三台寺　文庙

古滇路　昆玉高速　基地　彩云中路　环湖路　兴呈路

三台山　基地　滇池　基地—山体景观廊　滇池—基地景观廊

### 基地功能定位

根据呈贡城市总体设计，从用地布局及功能分区考虑，形成八个分区，分别为：行政办公区（市政府）、核心商贸区、雨花大学园区、大渔片区（滇池国家旅游度假区）、乌龙片区（国际体育训练基地）、斗南北片区（龙城花都）、斗南南片区（会展）、物流工业园区（大冲片区、洛羊片区）。

在这八大分区中，有三台山公园、捞鱼河湿地公园、洛龙公园、魁阁、银杏公园、薰衣草园、大渔公园，唯独没有以呈贡文化为背景的主题公园。

因此基地以立足于传承呈贡历史文脉，以花卉产业、农业总部经济、滨湖旅游、科普教育为核心，打造服务于斗南片区的滨水青铜文化体验主题公园。

### 现状景观资源利用分析

可恢复的资源：滇池水　可利用的资源：湿地、耕地　可更新的资源：种植大棚　需要考虑的因素：雨水、污水

### SWOT 分析

S（Strength）
1、基地地理区位优越，交通便利，临近花卉市场，关注度高。
2、西倚滇池，水资源充足，开发难度小。

W（Weakness）
1、地形平坦，增加竖向空间设计的难度。
2、景观多样性差，物种单一，生物量少，生态功能不完整。

O（Opportunity）
1、斗南片区内开放的可供休闲娱乐体验的绿地空间较少，达不到新片区市民的需求，基地有机会成为未来市民集中的区域。
2、生态环境是世界关注的焦点。

T（Threat）
1、如何做到凸显地域特色，做到与区域内其他类型公园形成互补。
2、做到体现人文的关怀，对各个类型的群体在景观空间中进行关怀。

## ANALYSIS OF THE CONCEPT——理念解析　01

### STEP1：为谁设计？

三大主要人群：流动人口、失地农民、斗南片区居民

挖泥土，捉蚯蚓，捞鱼，多么美好的童年回忆，现在都没有了。

虽然景观对我们是一种奢侈，但是我们依然会渴望，依然会追求。

### STEP2：需求是什么？

活动方式有限　心灵缺少关怀

### STEP3：技术路线？

4 Strategies

| 策略 | 要素 | 措施 | 感受 |
| --- | --- | --- | --- |
| 人文关怀 Humanistic concern | 青铜文化 | 地域文化和特色场所构建 | 幸福感 |
| | 科教体验 | 学习探索和感官体验 | |
| | 社交精神 | 增加人与人之间的交流 | |
| 激活水岸 Activate the bank | 活动性 | 健康多样的休闲娱乐活动 | 融入感 |
| | 科技性 | 利用新技术解决滇困问题 | |
| | 生产性 | 赋予空间生产性的功能 | 归属感 |
| 开放绿地 Opening park / 修复生态 Ecological remediation | 生境恢复 | 自然生境与栖息地的恢复 | |
| | 雨污处理 | 污水和雨水的回收再利用 | 和谐感 |
| | 资源调节 | 景观资源的可持续应用 | |

### STEP4：文化是什么？

云南青铜文化——滇池地区、洱海地区

始于"水耕火耨"，滇池西岸苏家村发掘出铜器：铜条、铜鱼钩、铜剑镞等。

采用退蜡法铸造，运用鎏金、镀空等进步技术。

滇池流域出现了灿烂夺目的晋宁石寨山文化，这是古滇池地区社会发展的辉煌时期：戈、矛、剑、凿、斧。

契机：呈贡天子庙墓葬青铜器出土（代表：昆明羊甬头）

战国时期：前475年-前221年（代表：战国五牛盖铜筒）

西汉时期：前206年-公元25年（代表：西汉持伞跪俑）

东汉时期：公元25年-220年（代表：滇王之印）

### STEP6："叙事"理论植入

（一）原始文明组团
1、原始人穴居文化
（1）溯源穴居
（2）昆明人生活场景浮雕
2、渔猎文化
（1）螺蛳景台
（2）隔岸观渔
3、忆青铜文化展览馆
（二）农耕文化组团
1、水耕火耨
（1）花田错
（2）耕作花间铜塑
（3）耕种体验区
2、青铜生产工具
（1）铜锄、铜斧展示台
（三）部落之争组团
1、战争文化
2、滇王国
（四）礼乐古韵组团
1、铜钟
2、铜鼓
3、铜葫芦笙

所谓"叙事"，就是讲故事，是一种人类本能的表达方式。通过叙事性设计，以各种方式将故事交织巧妙的蕴藏在景观规划中，使它与人的行为建立起密切的关系。

4X　Evolution　Symbiosis

设计应结合自然　设计应与时俱进　设计应承载文化

佳作奖

# 铜韵·生韵·活韵

## ——基于叙事理论下的斗南滨水空间设计 02

### CONCEPT GENERATION——方案生成

■ 基地叙事要素叠加图（历时性）

近代以后　清至唐　隋至汉　秦至商　商前　综合叠加

■ 基地叙事要素叠加图（共时性）

近代以后　市民生活　自然环境　历史文化

■ 方案演进分析

主要景观轴　次要景观轴　主要节点　次要节点

儿童休憩区　时尚运动区　综合休闲区　安静休息区　文化展示区

清至唐　清至唐　清至唐

农耕文化　原始文化　礼乐古韵　部落战争

原生乔木林　湿地净水　原生湿地　雨水生态系统

起（开端）—承（发展）—转（高潮）—合（尾声）

本空间以时间作为线索，以青铜器应用领域的演变来隐喻时间的发展。小说叙事方式又分为顺序、倒叙、插叙等，本空间采用了顺序的叙事方式。

起——原始文明时期

入口处的螺蛳景台象征着滇池远古时期的渔猎文化。溯源穴居和昆明原始人浮雕还原了历史场景，将游客引入历史的河源。

承——农耕文明时期的青铜器

商末以后青铜器开始出现，本空间通过铜锄、铜犁展示台表现，且有耕作花田等农业景观。

转——战争文化中的青铜器

秦时期的部落之争使青铜器在战争上发挥了作用，该空间通过战壕、庄蹻铜像、兵器小品等景观再现了当年激烈的战斗，再现了古滇国文化。

合——礼乐古韵

秦以后，礼乐得到重视，本空间利用编钟、铜鼓、铜葫芦笙等青铜乐器，分别设置编钟风吟广场、笙歌大道、鸣鼓台等景观，给人深刻的礼乐古韵体验。

该空间为市民生活活动的主要空间，写意空间在叙事方式上与诗词更加接近，主要为隐喻与象征的修辞和主题精神的演绎。

1. 词义传情——空间的隐喻与象征

空间中花田错、蝉花带充分渲染了乡村景观的氛围，其上又烘托出农耕文化。部落之争体验区和儿童游戏区、时尚运动区相结合，呈现出明快的动景观。

2. 句式跳跃——时空的蒙太奇

诗词语言的蒙太奇是通过画面的剪辑、编排来组织时空序列。

1）时间蒙太奇

跳跃式的时间体验给游客带来梦幻的感觉。如望月廊与钓鱼台、植物湿墙以及新型管道景观的结合。

1. 并列多视角场景展现

每个场景具有一定的独立性又可自成一体。如生态理想空间中人工湿塘系统，其由多个不同种类的人工湿地和稳定塘构成，稳定塘又分为多种类型，人工湿塘带又和雨水花园、景观管道、原生湿地构成微妙的并列、总分关系，形成一种多视角空间。

2. 曲折婉转的抒情表意

空间多运用隐喻和象征的手法。如将人工湿塘带中的稳定塘隐喻为铸造青铜时铸模的工艺，湿塘尾部的浮岛又宛如铸成的青铜型，整个人工湿塘带好似一个青铜器的铸造工艺流线。

■ 青铜主义文化空间——小说式叙事与表达

■ 活力再生写意空间——诗词式叙事与表达

■ 生态理想写真空间——散文式叙事与表达

青铜兵器小品　铜佣阵　庄蹻铜像　耕作花间　编钟风吟广场　铁血战壕　笙歌大道　溯源穴居　铜锄、铜犁展示台　鸣鼓台　忆青铜文化展览馆　昆明原始人浮雕　螺蛳景台

运动场　儿童游戏池　花田错　蝉花带　森林氧吧　迎门广场　秀台　望月廊　钓鱼台　听雨阁　忆青铜文化展览馆

浮岛着岛　种植试验田　雨水花园　云水栈　滤花池　流水槽　物锦带　水生植物种植池　水生花卉种植池

### PLAN TO DEEPEN——方案深化

■ 设计说明

本设计地块位于云南省昆明市呈贡县新区滇池东岸，紧邻滇池湖水，基地内现存有大面积的天然湿地，本案以“铜态 生态 活态”为设计理念，以“低碳 绿色 生态”为重要的发展目标，通过建立恢复基地内种子库、打通生态廊道、截污净流、雨水收集等一系列措施，保护与恢复滇池湖滨的生态环境。景观序列以云南青铜文化为重要支持，借助叙事空间理论展开。可以想象一下，当行走在场地内，场地作为叙事者，向你讲述了一段云南青铜文化，由远古时期到现代的耐人寻味的发展史诗，这将是多么奇妙的一场体验。在功能上，考虑到当地当地原住民的日常需求，设计有垂钓台、儿童活动区、花卉集中展示区等。

本案将文化、生态、人文关怀全面结合，创造出“青山绿水人近可亲 返璞归真野草之美”的城市滨水空间。

| | | | |
|---|---|---|---|
| ① | 入口广场 | ⑮ | 编钟风吟广场 |
| ② | 螺蛳景台 | ⑯ | 笙歌大道 |
| ③ | 隔岸观渔台 | ⑰ | 鸣鼓台 |
| ④ | “忆青铜”文化展览馆 | ⑱ | 浮生花鸟 |
| ⑤ | 昆明人生活场景雕塑 | ⑲ | 水生植被展示区 |
| ⑥ | 溯源穴居 | ⑳ | 河口生态恢复区 |
| ⑦ | 花田错 | ㉑ | 垂钓台 |
| ⑧ | 制作花房 | ㉒ | 观海塔 |
| ⑨ | 铜锄铜斧展示 | ㉓ | 雨水花园 |
| ⑩ | 金戈铜矛铜佣雕塑 | ㉔ | 种植试验田 |
| ⑪ | 铁血战场 | ㉕ | 兼性塘 |
| ⑫ | 庄蹻雕塑 | ㉖ | 曝气塘 |
| ⑬ | 森林氧吧 | ㉗ | 生物塘 |
| ⑭ | 沁氧台 | ㉘ | 停车场 |

雨水生态系统　人工湿塘净水系统　原生乔木林　原生湿地　民族活力修复　老人活力唤醒　中年活力唤醒　青年活力唤醒　儿童活力唤醒　礼乐古韵组团　部落之争组团　农耕文化组团　原始文明组团

20%　35%　65%　100%　5%　35%　45%　55%　100%

GENERAL PLAN

N

■ 空间节点展示

入口广场

青铜文化展示馆

螺蛳景台

编钟风吟广场

铁血战场

河口生态恢复区

儿童游憩区

森林氧吧

# 铜趣·生趣·汐趣

——基于叙事理论下的斗南滨水空间设计 03

ECOLOGICAL TECHNOLOGY STRATEGIES——生态策略

策略 1：丰富物种多样性

喜鹊 反嘴鹬 白头鹎 红嘴鸥 乌鸦 贝壳 螃蟹 河虾 蚂蚱 螺蛳

植物浮岛为鸟类提供迁徙生境

恢复滇池流域中原始鱼类及底泥生物

吸引浅滩淤泥中的无脊椎生物及昆虫

滩地及水生植物吸引鸟类、昆虫及两栖动物

云南盘鮈 滇池金线鲃 中华倒刺鲃 滇池螺蛳 蜻蜓 紫水鸡 蝴蝶 蜻蜓 泥鳅 青蛙

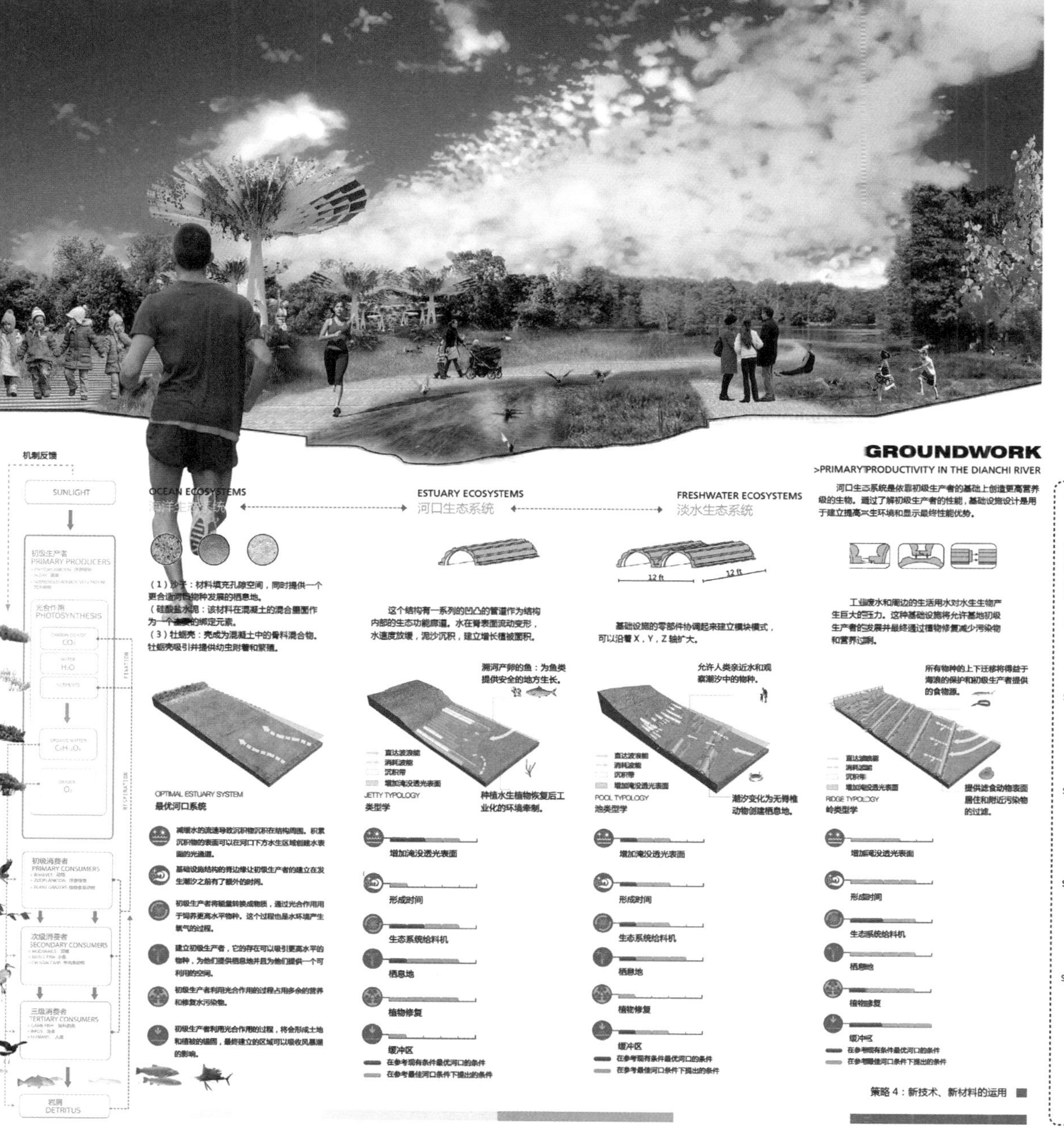


河口生态系统是依靠初级生产者的基础上创建更高营养级的生物。通过了解初级生产者的性能，基础设施设计是用于建立提高水生环境和显示最终性能优势。

（1）沙子：材料填充孔隙空间，同时提供一个更合适河口物种发展的栖息地。

（硅酸盐水泥：该材料在混凝土的混合量配作为一个基础的绑定元素。

（3）牡蛎壳：壳成为混凝土中的骨料混合物，牡蛎壳吸引并提供幼虫附着和繁殖。

这个结构有一系列的凹凸的管道作为结构内部的生态功能廊道。水在背表面流动变形，水速度放缓，泥沙沉积，建立增长植被面积。

基础设施的零部件协调起来建立模块模式，可以沿着 X，Y，Z 轴扩大。

工业废水和周边的生活用水对水生生物产生巨大的压力。这种基础设施将允许基地初级生产者的发展并最终通过植物修复减少污染物和营养过剩。

洄河产卵的鱼：为鱼类提供安全的地方生长。

种植水生植物恢复后工业化的环境牵制。

允许人类亲近水和观察潮汐中的物种。

潮汐变化为无脊椎动物创建栖息地。

所有物种的上下迁移将得益于海浪的保护和初级生产者提供的食物源。

提供滤食动物表面居住和附近污染物的过滤。

策略 4：新技术、新材料的运用

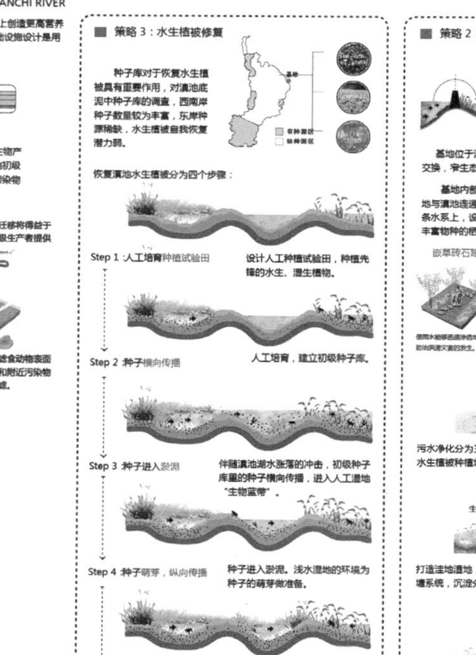

策略 3：水生植被修复

种子库对于恢复水生植被具有重要作用，对滇池底泥中种子库的调查，西南岸种子数量较为丰富，东岸种源稀缺，水生植被自我恢复潜力弱。

恢复滇池水生植被分为四个步骤：

Step 1：人工培育种植试验田

设计人工种植试验田，种植先锋的水生、湿生植物。

Step 2：种子横向传播

人工培育，建立初级种子库。

Step 3：种子进入淤泥

伴随滇池湖水涨落的冲击，初级种子库里的种子横向传播，进入人工湿地“生物宝带”。

Step 4：种子萌芽，纵向传播

种子进入淤泥，浅水湿地的环境为种子的萌芽做准备。

种子萌芽生长，逐步建立中级种子库，伴随湖水的冲击，种子逐渐纵向向近水区域传播，最终建立一个完整的种子库。

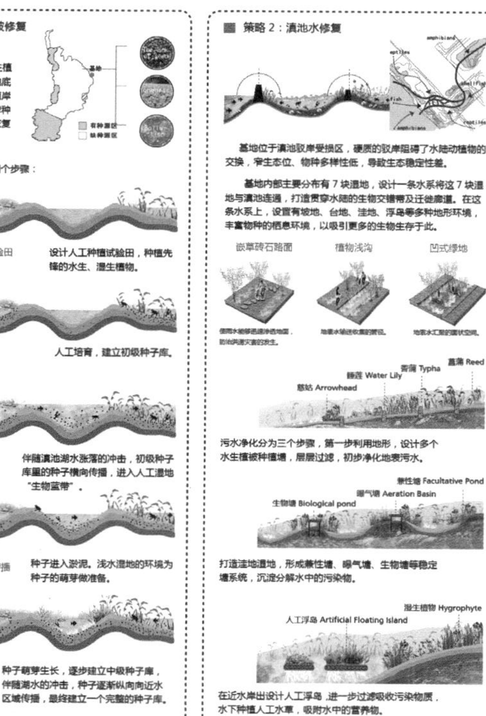

策略 2：滇池水修复

基地位于滇池驳岸受损区，硬质的驳岸阻碍了水陆动植物的交换，牵生态位、物种多样性低，导致生态稳定性差。

基地内部主要分布有 7 块湿地，设计一条水系将这 7 块湿地与滇池连通，打造贯穿水陆的生物交错带及迁徙廊道。在这条水系上，设置有坡地、台地、洼地、浮岛等多种地形环境，丰富物种的栖息环境，以吸引更多的生物生存于此。

嵌草碎石路面　植物浅沟　凹式绿地

慈姑 Arrowhead　睡莲 Water Lily　香蒲 Typha　芦苇 Reed

污水净化分为三个步骤，第一步利用地形，设计多个水生植被种植塘，层层过滤，初步净化地表污水。

生物塘 Biological pond　曝气塘 Aeration Basin　兼性塘 Facultative Pond

打造湿地塘地，形成兼性塘、曝气塘、生物塘等稳定塘系统，沉淀分解水中的污染物。

人工浮岛 Artificial Floating Island　湿生植物 Hygrophyte

在近水岸出设计人工浮岛，进一步过滤吸收污染物质，水下种植人工水草，吸附水中的营养物。

佳作奖

熊雨

—

本次设计基地位于云南昆明滇池东岸湿地，在方案初期，本组成员对滇池东岸湿地现状、周边产业等多个方面进行实地调研，对湿地恢复、保护及利用、当地原居住民文化等内容开展了详尽的资料收集后，提出了本次设计方案的主题："铜态·生态·活态"—基于叙事理论下的滇池东岸湿地景观规划设计。以湿地修复为规划的总纲，以再现古滇国青铜文化为规划脉络，用叙事理论的设计说法，将生态修复与文化内涵在本次方案中交织熔融。方案中，本组通过联通湿地、软化硬质驳岸、打造湿地净水系统等生态设计，达到恢复湿地种子库、提高注入滇池的水体水质，并为各类生物提供多样化的生境，进而提高整个片区的物种丰富度。人们在规划地内，既能从自然中学习到湿地修复、湿地演变、湿地经济价值等多方面的知识，受到保护生态环境的科普教育，又能从景观空间中，领略到滇青铜文化的历史底蕴。

陈晓曦

—

"铜态·生态·活态"这一主题旨在以滇池青铜文化作为依托，运用生态技术手法，最终实现场地活力修复。本设计注重对城市文化、城市记忆的注入，公园是城市中最具活力的场所，是打造城市名片、体现城市内涵的重要场地，只有充分结合城市文化内涵，才能打造出城市特色，激发城市居民的感情以及吸引外来游客的驻足。在本次规划设计中，我们充分挖掘了滇池悠久的青铜文化，从青铜器的形态、类型、制作流程到青铜器各朝代的演变，无一不进行仔细推敲，并在设计中充分融入这些文化要素。文化的表达具有各种各样的形式，本次规划引入城市叙事原理，将青铜文化抽象为一个个文化符号，以时间作为线索，并通过游线的设置将节点加以串联，最终实现空间上的起承转合，诉说出一段富有时空逻辑的青铜文化故事……文化内涵是设计的精髓，文化内涵使设计更加深刻！

**高敏**

–

方案核心出发点是如何在积极保护滇池生态环境前提下发挥滇池最大的生态效益和服务效益。在设计初期，我们采用了时间和空间交互的方式挖掘了滇池的独特的历史文化，利用叙事空间理论对基地景观功能进行合理的空间排布，故事由繁入简，如清风拂面，游人行于其中恍如岁月倒流，乐而不疲。至于生态方面，我们根据滇池的范围，划区域进行了滇池水质分析，针对不同区域面临的生态问题采取区划治理，这样的滇池生态保护才能做到有理、有据。

任云英

付凯

佳作奖

西安建筑科技大学

# 自我唤醒的生活轨迹

## ——以空间干预的方式进行自我更新改造

指导教师丨**任云英　付凯**　参赛学生丨**吴晓晨　白帅帅　毕怡　武凡　李琢玉**

**现状与矛盾** 呈贡斗南村毗邻滇池，现状用地斗南村紧邻斗南花卉市场，占地约630亩，居民2022户，6016人。有优美的田园湖岸风光和悠久的人文历史景观，是未来“大昆明”的主城—呈贡新城空间结构的重要组成部分，是中国花卉第一品牌，带动了以昆明为中心的花卉运销、物流、包装、保险及相关产业的发展。作为新城建设新的增长点，原有村落格局与产业发展的矛盾凸显，对外交通升级改造与传统道路格局的矛盾等纷呈，稳定的业态关系在新的空间格局中如何适应发展的问题凸显，斗南在融入新城建设与自我更新发展的矛盾中如何定位是其可持续发展的重要前提。

**机遇与挑战** 全国的花卉市场，导致其业态的复杂性，内部产业分化，投资和参与主体众多，已经形成了特定的业态、商态、文态、生态和形态格局。村庄外来从业者、投资者已经形成了稳态关系。因此，挑战一方面是提升的产业发展的品牌竞争力和不断延展产业链条，另一方面，是在新的城市空间格局中，如何实现产业升级和保留斗南村的特色。

**对策与路径** 面对斗南村的复杂性，以包容、多元、合作、共生为原则，实现对于历史保护和传承，并创新“互联网+”模式促动下的产业升级和进一步多元化发展；立足低碳、绿色、可持续发展的理念，引入RBD模式，将基地打造成为一个“时尚休闲商业旅游社区”街区；打造一个集居住与产业为一体的融合性街区；花卉文化展示区+花卉生活体验区。为花卉市场提供配套服务；打造一个休闲娱乐、创意文化、旅游展示慢生活街区。

**立意与设计** 主题立意：让新的精神与娱乐来守望滇池边的记忆，并在新的空间上重新被唤醒。规划设计：在保护原有肌理的基础上，引入存量规划的概念，采取拆除少量建筑，对部分建筑进行保护与改造、对公共活动空间的整合与利用、居住单元改造与有机更新、旧厂房的再利用等方式，建构空间有序、全龄健康社区和多元化产业创意提升、塑造富有活力的自我唤醒的生活轨迹。

佳作奖

# 自我唤醒的生活轨迹

以空间干预的方式进行自我更新改造

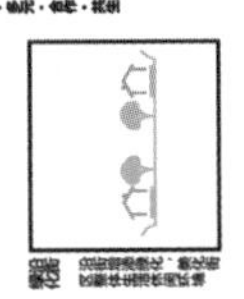
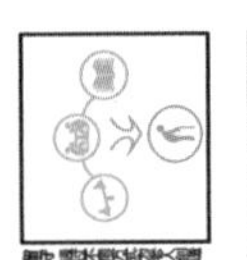
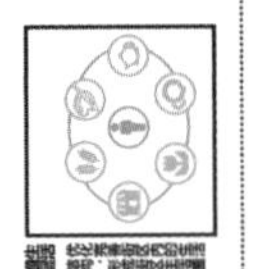
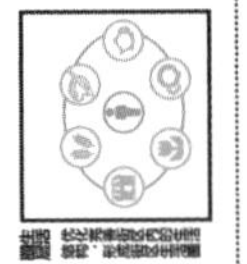

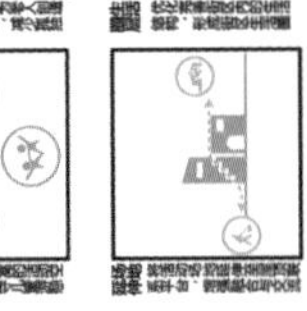
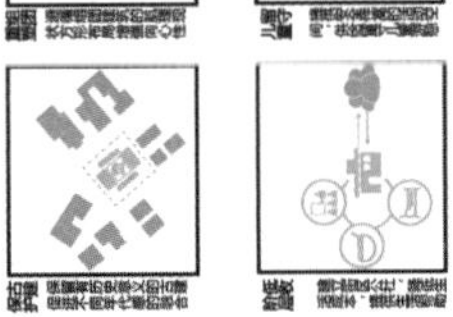
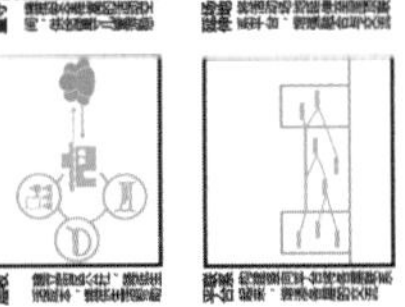
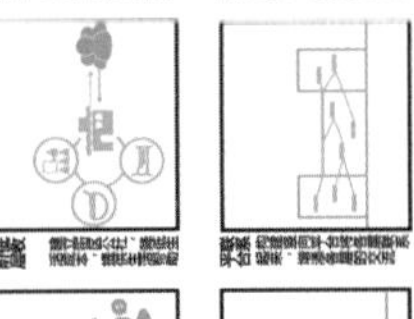

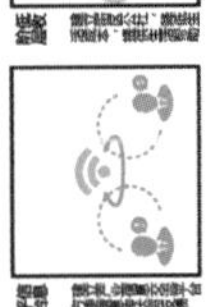
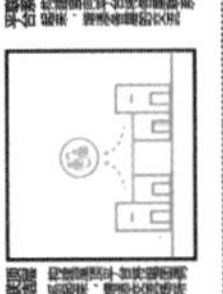

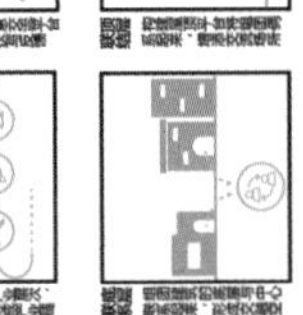
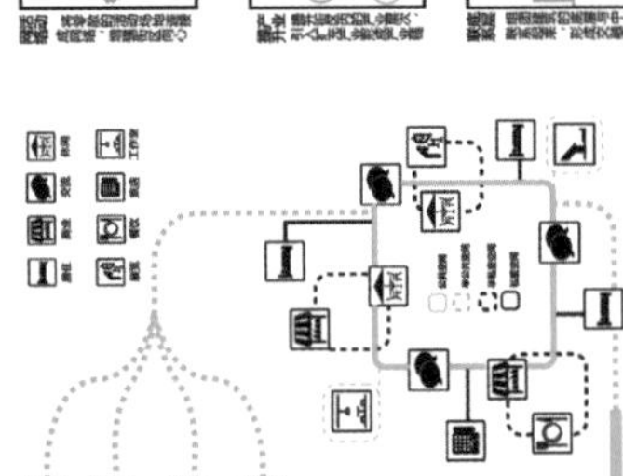
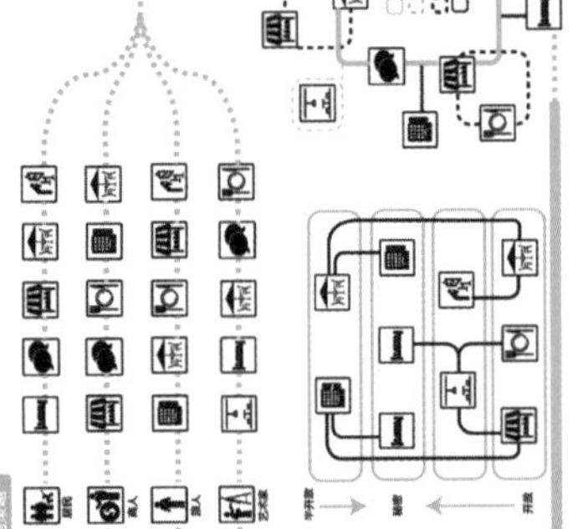

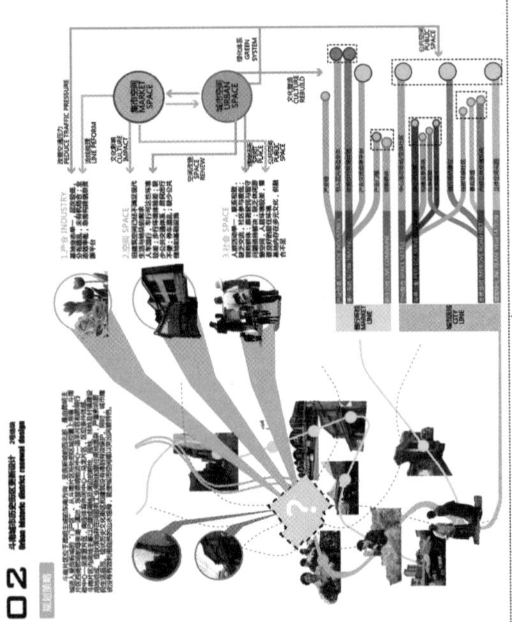
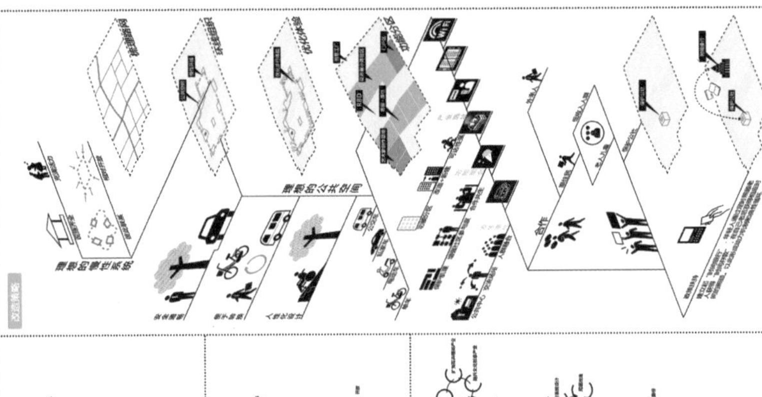
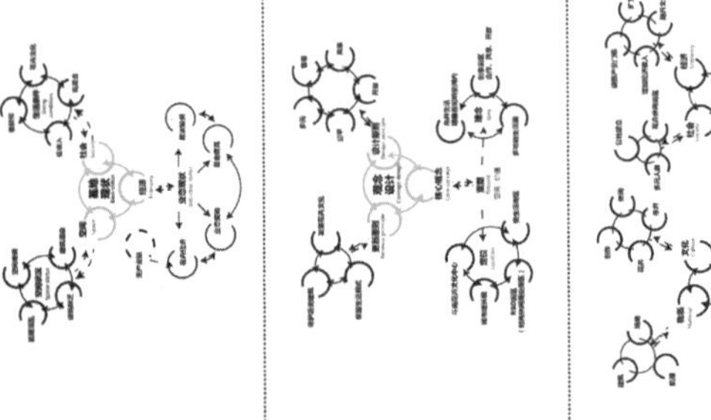

佳作奖

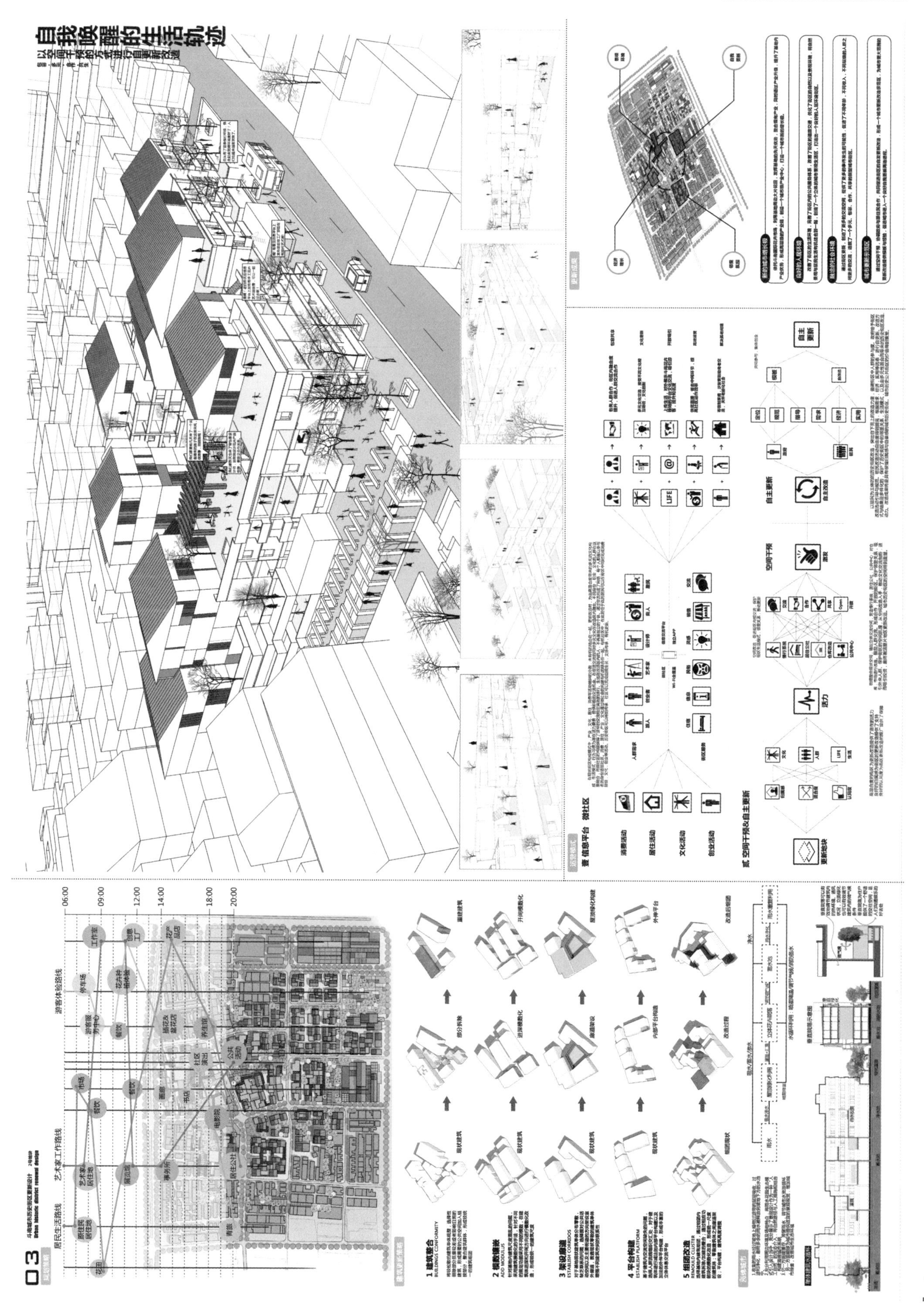


佳作奖

吴晓晨

—

人的需求分为生理与心理需求，生理需求包括衣、食、住、行等方面，而心理需求包含人与人的交流；他人对自身的认同，对物质实体的认同（地点、建筑、街巷等）；对亲人朋友的归属感，对某个特殊地点的归属感，对某件事的归属感等。

人的需求导致人的活动，许多人的活动汇集在一起形成人群的活动频率，呈现出一条条生活路径。而在生活路径上承载着人群的交流活动，居住活动，生产活动。在生活路径上发生的事件，特殊的场所等产生着个人记忆，许多的个人记忆汇集成集体记忆，上升为一种具有强烈认同，归属，自豪感的精神活动，我们称之为精神的家园。而集体记忆又不断影响着个人记忆，最终又作用于人群的各项活动。

生活路径是个人记忆与集体记忆的承载体，也是各种活动发生的承载体。所以从生活轨迹出发，唤醒斗南村的生活轨迹，并以此为基础对激活斗南村进行自更新活动。

在空间干预下的自更新机制中，交流活动，居住活动，生产活动，消费活动，有机地结合在一起，不同身份、职业、文化的人群高度融合在一起。每个人不再是单独的个体，以参与者的身份存在在改造的区中，形成高度的认同感、归属感、自豪感，历史街区的空间得到传承，价值得到重塑。

毕怡

—

2015年参加了“西部之光”暑期大学生竞赛，在近三个月的时间里我和我的队友都受益匪浅。

基地位于昆明斗南，在前期我代表小组赴基地进行了详实的调研工作。本次竞赛共有3个选地，我们最终选在条件较为丰富但复杂的城中村地块。在城中村的调研主要从建筑、街道等空间层面及人群活动、宗教信仰等人文层面进行。在斗南的几天我们感受到了花卉市场带给斗南人极大的机遇，但同时也发现了在较高经济收益的表象下人与人之间关系的冷漠。在系统和全面的分析后，我们决定将交流作为本次城市设计的出发点，以空间干预的方法唤醒生活在此的人们更为充实和亲密的生活轨迹。

方案设计阶段，我们决定对基地内的建筑采用保留和改造为主的态度，延续空间肌理，再增加必要的活动场所。在空间上建立起横向和纵向多层次的沟通平台，用立体的解决策略应对城中村内地少人多的矛盾，同时通过对重要或有历史价值的建筑进行特别改造和串联，在基地内行成以花卉为特色的旅游环线，配合环线进行慢行系统的布置，再结合斗南花卉市场邻滇池生态片区，最终形成一个丰富的RBD片区。

通过本次竞赛我不仅在专业方面得到了提升，同时也锻炼了团队协作能力。最后感谢在此次竞赛中对我支持鼓励的同学和老师还有家人们。

**白帅帅**

—

作为一名建筑学的学生，这次竞赛是我第一次接触城市设计课题，也是第一次和规划专业以及高年级同学合作做设计。在此之前，一直着手于规模较小的建筑设计，更加注重建筑物或者建筑组团的细部的处理。对于城市设计的内容，步骤和方法等都不甚了解。通过竞赛，我觉得成长很多，学到了很多。对于规划的初步认识，对于规划同学的理解，以及对之后城市设计的课程作业等，都有很大的启发和引导，这让我欣慰又开心。

三个月的相处合作中，不同年级不同性格以及各自不同想法的激烈碰撞讨论，产生了很多很好的想法，团队的协作，合理分工一起努力，指导老师的认真负责，共同促成了此次竞赛成果好的成果。同时也学习到其他同学对于设计的巧妙和独特的想法。希望以后有很多机会参与跨专业年级的合作。

**武凡**

—

当时作为一名大三的学生，第一次参加规划类的竞赛，第一次跨专业和不同专业的同学去合作竞赛；同时也是第一次跨年级和比自己高年级的学长学姐共同合作，一次竞赛给了自己很大的收获。在我们的小组合作中，可以很明显地感受到年级不同，学长学姐的思维方式与我们现在就不尽相同，而建筑学同学的考虑点与规划同学的考虑点又不尽相同。在这次整个过程中，不同的思维方式让我们对于问题的解决手法有更加的多元丰富，多方位的思考，多方向的手段下我们的成果也显得更加合理。同时也更加强烈地感觉到，规划并不只是一个学科，更多的我觉得规划是一个协调工作，规划师更多的是作为一个协调者，一个协调各方利益的协调者，一个协调各个不同专业共同解决问题的协调者。

**李琢玉**

—

通过这次的竞赛，更加理解了规划工作者在团队作业中合作的重要性。这算是大学期间第一个从头到尾的合作作业，竞赛的时间很紧，每个人都需要在这个有限的时间内发挥出自己最大的力量。而且作为一个团队，难以避免期间会有部分的思维的交火，这个时候在团队最终定下来的时候无论是否是按照自己的想法来进行，要绝对服从，每一份子都不能在这个过程中掉链子。而且，团队合作最重要的一点不能计较，因为这是我们共同的成果，每个人在思考、表达的时候需要的时间都不相同，我们为的是同一个目的，那么，在中间有人需要帮忙的时候就要全力帮忙，不能只是完成自己的部分就可以高枕无忧，团队作业，更多的是考验我们整个团队之间的合作、共进退，大家在为共同目的努力的时候也互相帮忙，这样才会让我们整个团队连成一体，更好地为我们共同的目标而努力。

朱伟

四川农业大学

# 回归线

指导教师 | **朱伟**　参赛学生 | **赖奕锟　江美莹　付萍　孙立　侯雪娇**

设计地块位于昆明市呈贡新区斗南村。为一处典型的城中村，基地中建筑布局较为杂乱，建筑风格迥异，街巷空间相对狭窄压抑，交通混乱，卫生条件恶劣，传统文化内涵较薄弱。本次设计的重点在于开敞空间的打造以及对传统院落居住环境的改造，把生活、生产、旅游融为一体。提取当地特有的“一颗印”布局形式，通过对原有建筑的整合和新建建筑地融入，拓宽原有街巷空间，打造特色商业街区，营造兼具私密和半私密的线性院落空间，通过较少的院落铺装和丰富的四季景观，提供更加强烈的归属感。更多的绿化和公共空间相互联系，并向街巷内部延伸，使整个基地增添新的活力。云南当地特有的“一颗印”建筑风格，所形成的“回”形布局形式，使斗南村更具文化特色，在既满足当地居民对于私密性的要求，又可以有效利用土地资源，为公共休闲腾出更多的开敞空间，从而加强居民之间的联系。将原有的行列式布局和散点布局改造为围合或半围合的布局形式。更多地考虑街巷空间的线性结构，使其兼具框景和对景效果。通过对居住条件的改善和公共空间的渗透，加之引入旅游后给当地居民带来更加稳定客观的收入，营造更加强烈的归属感。

回归线 云南省昆明市滇池东岸滨水 设计
Line of regression· Kunming
背景分析
随着昆明城重心南移，地处昆明与呈贡间的滇池东岸平原一夜之间跨入城市化前沿。广福路、昆洛路、环湖路等主干道陆续修建，道路周围的土地成为了政府和开发商口中的肥肉，而斗南村正好处于暴风口的中心，城市化进程打破着传统农村风貌，拆迁等和城市发展沾边的词，一时间冲击着村民的大脑。就是在这一片，曾经是昆明人"菜篮子"的地方，受到现代城市的冲击，地处与昆明与呈贡新区的中心位置，本该是拥有极好的地理优势，然而现在被困于城中村脏乱差的问题中无法自拔
区域分析：
①斗南地块基础公服匮乏，缺少市政设施、绿化、排污处理等。
②占据全国80%的花卉市场，并且远销南亚、东南亚各国，具有广阔的市场前景。
③覆盖其周围的城市快速交通、地铁1号线的及众多的城市干道支路，提供方便快捷的交通，物流发展极具优势。
④呈贡新区作为昆明新中心，势必成为新的旅游中心，三大湖——"滇池、抚仙湖、阳宗海"形成黄金三角，致力打造成片集中的旅游圣地。
区域分析
特色建筑
村内居委会的建筑风格为典型的一颗印形式，具有保护价值
人口情况
当地居民与外来人口混住，外来人口所占比例较大，人口流动性强。
经济收入
1. 以家庭为小单位形成花卉加工小作坊，将加工后的花卉销售至外地。
2. 沿主要街道发展较为低等的商业和餐饮业
文化生活
要素分析
土地资源
规划地块地势平坦，以居住用地为主，西南端有一块空地
日常活动
1. 许多老年人聚集在居委会内喝茶、闲聊、玩牌
2. 小孩嬉戏声徜徉在胡同小巷
3. 到滇池钓鱼、烧烤
A. 缺少公共活动空间
B. 卫生环境较差
C. 加盖楼层、搭建棚户现象普遍
D. 场地内景观、绿化少
E. 道路多，无辨识性
F. 路面狭窄不平整，人车混行
G. 建筑距离D与高度H之比较小
H. 消防隐患严重
现状分析
交通：主要道路为人车混行，普遍狭窄且不平整。道路呈东西向、南北向，交通可达性较强，但辨识度不高
停车：各类交通工具多数普遍停放，地块内无专门设立的停车场，停车面积严重不足
建筑高度：主要为低层、多层建筑，东北方向多层建筑层较多
建筑年代：房屋大部分为近十年内修建，极少数为清民时期古建筑。建筑结构不尽科学、装饰不够美观。
建筑功能：地块性质以居住、手工业加工为主，拥有少量商业、公建
交通流线分析
建筑高度分析
建筑功能分析
建筑质量分析
人行车行分析
无人机航拍图
当年的民居院落没能完整保留，剩下的只是年久失修的传统建筑。城市发展的利益刺激新建筑被肆意翻新和加层。不断繁荣的城市文化使得当地民俗民间活动吸引力降低，昔日宝贵的文化资源也渐渐消失 。因此在场地中体现历史文脉，打造规划布局合理、充满活力的滇池东岸乡村成为设计的重要目标。
SWOT分析
优势 S(trengths)
1. 斗南片区老街区街道格局自清代延续至今，建筑和街巷具有传统的空间尺度和相对完整的城市肌理。
2. 快速通道、公交、地铁设置方便对外交通联系。
3. 斗南花卉在全国占有重要的地位，国际市场前景十分乐观。
机遇 O(pportunities)
1. 政府对斗南花卉产业支持力度大，目标将斗南花卉市场建设成为亚洲最大、世界著名的国际性花卉市场。
2. 轨道1号线、4号线、环湖路的建设和国际花卉产业园、东南亚风情街等项目的入驻斗南，开放度更大.
劣势 W(eaknesses)
1. 传统建筑年久失修，未成片保留较完整的民居院落，历史遗存价值未充分体现。
3. 新建民居基本未在风貌、形态、格局、材料上继承传统建筑特色。整体建筑风貌亟待重塑。
4. 地块建筑密度高、缺乏市政设施和公共服务设施，不能满足对提高居住质量、适应现代化生活的需要。
挑战 T(hreats)
1. 如何妥善处理地块内机动车行驶与行人步行之间的关系
2. 随着城市文化的不断繁荣，当地民俗民间活动吸引力降低，整体人文氛围需要提振。
场地鸟瞰图
公共服务设施建筑
历史文化保护建筑
One1


佳作奖

# 回归线 云南省昆明市滇池东岸滨水空间设计

Line of regression · Kunming

## 设计说明

设计地块位于昆明市呈贡新区斗南村，为一处典型的城中村。基地中建筑布局较为杂乱，建筑风格迥异，街巷空间相对狭窄压抑，卫生条件恶劣。本次设计的重点在于开敞空间的打造。提取当地特有的“一颗印”布局形式，通过对原有建筑的整合和新建建筑的融入，拓宽原有街巷空间，打造特色商业街区，营造兼具私密和半私密的线性院落空间，通过较少的院落铺装和丰富的四季景观，提供更加强烈的归属感。更多的绿化和公共空间相互联系，并向街巷内部延伸，使整个基地增添新的活力。

院落整改

强调线性空间，优化建筑布局，扩大公共活动范围，增强联系性。提取“一颗印“的回形结构，将单调的行列式布局和自由的散点布局改为围合或者半围合院落形式，体现其层次性和整体性，利用室内外空间的模糊性和融合性以及院落的封闭性和开敞性，既满足私密性的要求，又达到功能上整体性的目的。

改造前：

D/H值在0.3～1之间，街巷空间较为狭窄，容易产生封闭近迫感

改造后：

D/H值在1左右，街巷空间满足居民需求的同时，空间尺度也比较亲切

A 入口广场

B 老年活动中心

C 毕昇宅院（居委会）

D 斗南幼儿园

E 斗南小学

F 特色建筑

G 古建筑

H 斗南花道馆

I 斗南花园

P 停车场

总平图

## 经济行为分析

| 规划设计前主要的经济行为 | 规划设计后主要的经济行为 |
|---|---|
| 沿主要街道布置快餐店小餐馆等，没有特色，环境不好 | 经营特色餐馆，优化环境；增设情调餐厅、咖啡馆、花卉美食店 |
| 个体经营便利店、小超市，分散分布，没有规模较大的商业点 | 增设花卉主题酒吧 |
| 以家庭为单位进行花卉包装，再配送至集中收购点销往省内或外地 | 经营以花为主题的纪念品店，服务旅游人群；经营精品花店，加工花卉，销往外地；花卉规模种植，发展旅游业 |
| 将花卉包装后，在本地直接贩卖 | 服务旅游人群 |

行为活动示意图

丰富街道功能

经济技术指标

| 指标项目 | 改造前 | 改造后 |
|---|---|---|
| 居住用地 | 24.29ha | 20.38ha |
| 商业用地 | 1.02ha | 3.41ha |
| 文化娱乐用地 | 0.25ha | 2.53ha |
| 教育设施用地 | 0.51ha | 1.10ha |
| 市政设施用地 | 0.63ha | 1.03ha |
| 绿地 | 1.74ha | 6.74ha |
| 容积率 | 2.08 | 1.92 |
| 建筑密度 | 60.00% | 56.05% |

道路系统分析

结构功能分析

开敞空间分析

绿地系统分析

Two2

佳作奖

回归线
云南省昆明市滇池东岸滨水空间设计
Line of regression · Kunming
斗南花道馆
古建筑
广场设计
街巷空间
水景打造
花卉装饰
方案表现
Three3

赖奕锟

—

“回归线”根本设计目的是通过对居住条件的改善和公共空间的渗透，加之引入旅游后给当地居民带来更加稳定客观的收入，营造更加强烈的归属感。

对于我们的方案“回归线”，可以先从字面意思来理解。“回”根据云南特有“一颗印”围合院落形式对斗南村进行院落改造，以围合、半围合的建筑组合，在平面空间上打造出“回”字形体，同时在视觉以及精神层次得意文化丰富。“归”根据现场调研，发现斗南村棚户区很多，且建筑质量和形态参差不齐，多为3～6层板式建筑；另一方面，当地人口分布以外来务工人员为主，多服务于斗南鲜花事业，恶劣的生存环境，加上背井离乡之苦，归属感对于原居住民来说可谓需求甚大，因此我们考虑打造部分“一颗印”，原有多层风格统一化，保留建筑底商，拓宽街巷道路等。“线”，顾名思义，在于对街巷空间的打造，为公共休闲腾出更多的开敞空间，从而加强居民之间的联系，将原有的行列式布局和散点布局改造为围合或半围合的布局形式，更多地考虑街巷空间的线性结构，使其兼具框景和对景效果。

我们团队在以上方案构思的基础上不断细化内容，优化设计方案，最终还是完成了自己的作品。同时，为我们团队全体成员皆大二学生获此殊荣感到荣幸，作品还存在很多不足，还有相当大的进步空间。城市还在进步，作为规划者的我们，也在进步。

付萍

—

斗南村位于昆明市呈贡新区，为一处典型的城中村，其中建筑布局较为杂乱，建筑风格迥异，街巷空间相对狭窄压抑，卫生条件恶劣。通过对基地现状的分析及多次讨论，我们提出了本次规划设计的主题“回归线”，重点在于开敞空间的打造，提取当地特有的“一颗印”建筑布局形式，通过对原有建筑的整合和新建筑的融入，拓宽原有街巷空间，打造特色商业区，营造具有私密性和半私密性的线性院落空间，提供更加强烈的归属感。更多的绿化和公共空间相互联系，并向街巷内部延伸，使整个基地增添新的活力。城中村本是一座城的伤，通过规划设计者和多方人士的配合打造，让其有特色，有人情味，它们也可以为一座城市锦上添花，在规划设计过程中我们更应该感同身受，符合常理的规划才是好的规划。能有机会参加第3届“西部之光”大学生暑期规划设计竞赛是很幸运的，一路走来曲曲折折，好在最后能圆满结束，并收获惊喜。

侯雪娇

—

关于主题的构想经历了两个大的阶段，前期的“望物生”，这是在没有对地块以任何认知前提就提出来的，到实地调研选择地块回来后，组员一起激烈的思想碰撞认为之前的主题不是很合适，结合地块的实际特征，当地的代表建筑（一颗印）以及我们的设计结构，最后一致通过的“回归线”。斗南村是昆明的城中村，人民生活富裕，但居住环境糟糕，村内缺乏公服设施。有钱了，生活质量却没有提高、精神享受也是匮乏，结合着这些点，我们想到不管是物质生活怎样的丰富，但最后我们都是要上升到精神世界，最终都是要回归我们的本心，所以这是回归线的含义之一。时间的巨轮不断碾压向前，我们能够记住的可以留下的有什么呢？“回”字极具归属感的一个词，期望通过我们的规划设计把当地文化记忆留存，呼唤更多的年轻人守住自己的家乡，回去建设家园，减少城中村的存在，毕竟自己的家才是落叶归根的地方，这是第二层含义。通过对建筑的疏解、道路的完善，一切的设计手法都是围绕着回归线主题展开的，道路作为村庄发展的命脉，是构成村庄的“生命线”，村庄的经济活动都在道路两旁展开，建筑、道路、公共活动空间作为我们的重点设计部分，我们提取其中的精髓，形成这样的方案。

江美莹

—

以创造更加和谐舒适的公共空间和半公共空间为目的，在尽可能保留原有街巷的前提下，我们小组选择了拆除部分建筑以降低基地内的建筑密度，同时，再引入原本匮乏的绿化和景观，提升了绿地率；又以一条横跨地块的街道为主要打造对象，配合新配置的各项公共服务设施，搭配各等级的点状、线状且相互串联的绿地开放空间，营造了一个有活力多元、适宜交往、富有生活气息的商居混合空间。遗憾的是，由于我们小组成员五个人的完成设计时间有限和本身的设计经验不足，本设计方案在建筑立面上的设计十分欠缺，各种铺装的尺度失真、清晰度明显不够，这些一定程度上影响了方案效果。

孙立

—

经过漫长而又充实的一个暑假，在小组成员的共同努力下，我们完成了名为“回归线”的西部之光参赛作品设计，在整个设计过程中充满了奇妙的体验与经历，也通过方案设计反思了很多规划的现实问题。从最开始的云南之行，顶着炎炎夏日，在斗南村里穿来穿去，手中的相机闪个不停，再到回到学校整理调研资料，整天待在机房内埋头搞设计，一坐就是一天，虽然过程很艰辛，但是结果却是充满了惊喜与激动。从一开始拿到设计要求，就开始思考关于城中村改造的种种问题，如何最大化保护居民原始生活氛围的前提下，为他们提供更加多样化、现代化和便捷的生活方式，并且营造独特而有氛围的生活环境，成为摆在我们面前的最大问题。实际上，城中村改造反映出的问题远比我们想象的更为复杂，人的因素成为改造过程中最大的难题，一个好的规划不仅要让方案变得更加好看，更加进步，更需要人的参与，一个传承了几十年甚至几百年的产业文化不能因为城市的片面扩张而消失殆尽，留给后人的应该既有先进的生产生活方式，也能让他们追溯最根本最原始的东西。城中村不是一个简单的“拆”字就能解决的，处理好人与环境的关系才是最重要的，或许不久的将来，有着原始气息的传统社区会成为城市中一道靓丽的风景线。

孙弘

赵蕾

程海帆

昆明理工大学建筑工程学院

# 水陌纵横

## ——滇池环湖生态带净水及节水科普主题公园设计

指导教师 | **孙弘　赵蕾　程海帆**　参赛学生 | **彭川倪　黄熙　欧坤源**

“昨天·今天·明天：滇池东岸城市边缘滨水空间设计”。从城市漫长的发展史来看，昨天代表着过去，是已经发生的过往，有好的也有坏的；今天代表着当下，改变正在发生，各种不同的想法交织，是一种正在进行时；明天则代表了未来，是一种希望，也是一种责任。昨天、今天、明天缝合在一起就组成了一条时间轴，时间对于我们是一种不可逆的存在，它就像生命的流失不可触碰。既然逝去的时间无法追回，那我们就应该把握现在。

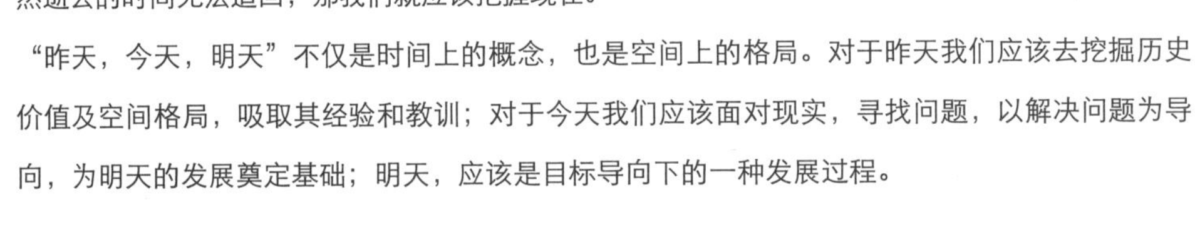

“昨天，今天，明天”不仅是时间上的概念，也是空间上的格局。对于昨天我们应该去挖掘历史价值及空间格局，吸取其经验和教训；对于今天我们应该面对现实，寻找问题，以解决问题为导向，为明天的发展奠定基础；明天，应该是目标导向下的一种发展过程。

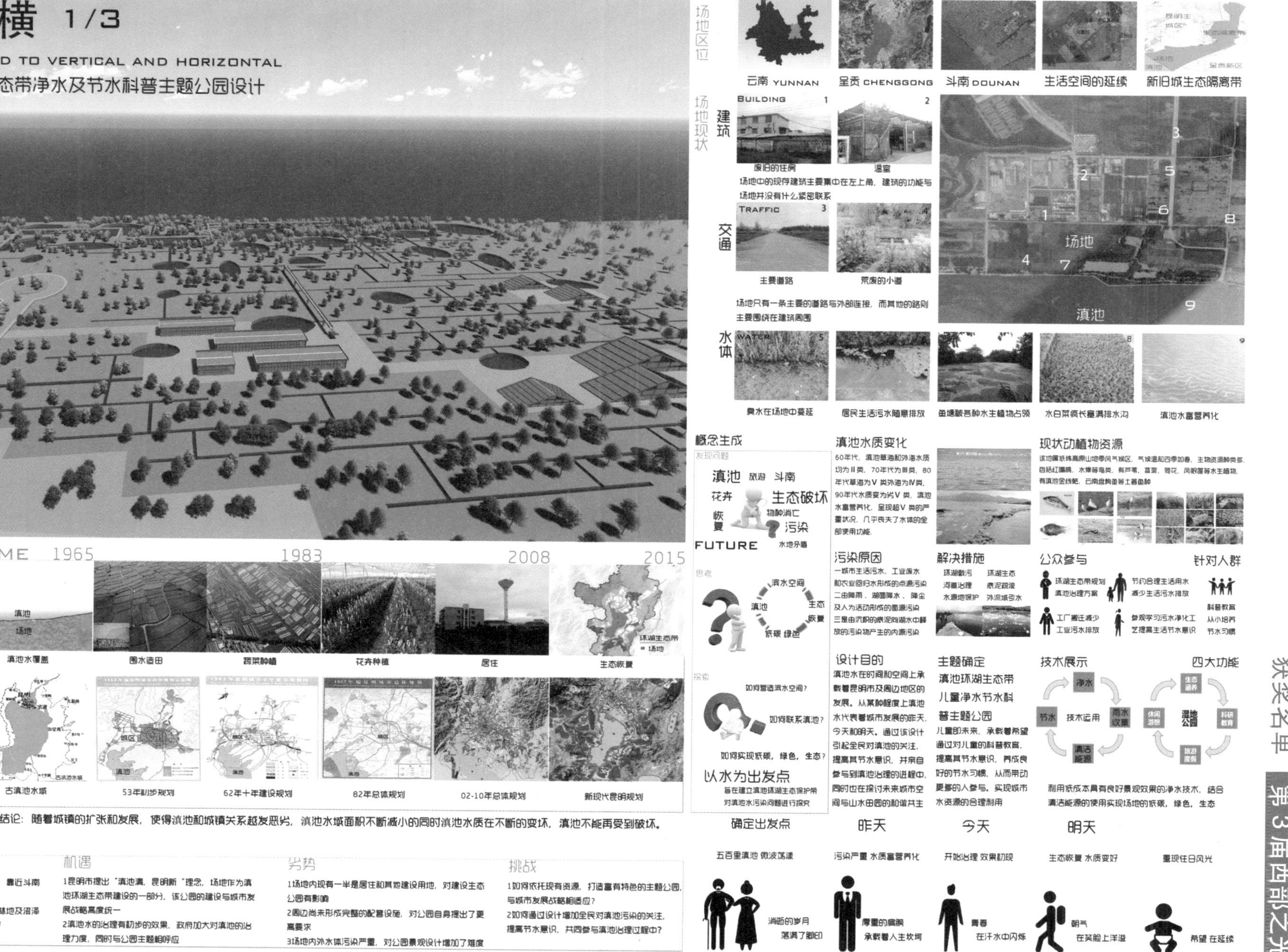
水陌纵横 1/3
WATER DEVOTED TO VERTICAL AND HORIZONTAL
——滇池环湖生态带净水及节水科普主题公园设计
场地区位
云南 YUNNAN
呈贡 CHENGGONG
斗南 DOUNAN
生活空间的延续
新旧城生态隔离带
场地现状
建筑
BUILDING
废旧的住房
温室
场地中的现存建筑主要集中在左上角，建筑的功能与场地并没有什么紧密联系
交通
TRAFFIC
主要道路
荒废的小道
场地只有一条主要的道路与外部连接，而其他的路则主要围绕在建筑周围
场地
滇池
水体
WATER
臭水在场地中蔓延
居民生活污水随意排放
鱼塘被各种水生植物占领
水白菜疯长覆满排水沟
滇池水富营养化
设计说明
城市以一种迅猛的方式扩张着领地，滇池时刻受到它的吞噬，农田和湿地遭到破坏逐渐退化，其身体上饱受摧残，如今连外衣都将被剥夺。沉默了太久，为了捍卫尊严，它将奋起反抗……我们以滇池水为出发点，以恢复环湖生态带为目标，以“低碳、绿色、生态”的角度创造富有吸引力、有特色和魅力的城市滨水空间。寓教于乐，通过教育孩子，让孩子去感染大人，进一步的让每个人都自发的保护滇池，爱护水环境。
TIME 1965 1983 2008 2015
场地历史变迁
滇池水覆盖
围水造田
蔬菜种植
花卉种植
居住
生态恢复
昆明与滇池水域关系
古滇池水域
53年初步规划
62年十年建设规划
82年总体规划
02-10年总体规划
新现代昆明规划
结论：随着城镇的扩张和发展，使得滇池和城镇关系越发恶劣，滇池水域面积不断减小的同时滇池水质在不断的变坏，滇池不能再受到破坏。
概念生成
发现问题
滇池 旅游 斗南
花卉 主态破坏
物种消亡
污染
恢复
水体分散
FUTURE
思考
滨水空间
滇池
生态
恢复
低碳 绿色
探索
如何营造滨水空间？
如何联系滇池？
如何实现低碳、绿色、生态？
以水为出发点
旨在建立滇池环湖生态保护带
对滇池水污染问题进行探究
确定出发点
滇池水质变化
60年代，滇池草海和外海水质均为Ⅱ类，70年代为Ⅲ类，80年代草海为Ⅴ类外海为Ⅳ类，90年代水质变为劣Ⅴ类，滇池水富营养化，呈现超Ⅴ类的严重状况，几乎丧失了水体的全部使用功能。
现状动植物资源
污染原因
一城市生活污水、工业废水和农业面源污水形成的点源污染
二由降雨、湖面降水、降尘及人为活动形成的面源污染
三是由沉积的底泥向湖水中释放的污染物产生的内源污染
解决措施
环湖截污 环湖生态
河道治理 底泥疏浚
水源地保护 外流域引水
公众参与
针对人群
环湖生态带规划
滇池治理方案
工厂搬迁减少
工业污水排放
节约合理生活用水
减少生活污水排放
参观学习污水净化工艺提高生活节水意识
科普教育
从小培养
节水习惯
设计目的
滇池水在时间和空间上承载着昆明市及周边地区的发展。从某种程度上滇池水代表着城市发展的昨天、今天和明天。通过该设计引起全民对滇池的关注，提高其节水意识，并积极参与到滇池治理的进程中，同时也在探讨未来城市空间与山水田园的和谐共生
主题确定
滇池环湖生态带
儿童净水节水科普主题公园
儿童即未来，承载着希望，通过对儿童的科普教育，提高其节水意识，养成良好的节水习惯，从而带动更多的人参与，实现城市水资源的合理利用
技术展示
净水
节水
技术运用
雨水收集
清洁能源
四大功能
生态涵养
科研教育
休闲游憩
湿地公园
旅游观光
利用低成本具有良好景观效果的净水技术，结合清洁能源的使用实现场地的低碳、绿色、生态
昨天
今天
明天
五百里滇池 微波荡漾
污染严重 水质富营养化
开始治理 效果初现
主态恢复 水质变好
重现往日风光
消逝的岁月
落满了额印
厚重的肩膀
承载着人主坎坷
青春
在汗水中闪烁
朝气
在笑脸上洋溢
希望 在延续
SWOT 分析
优势
1场地位于昆明和呈贡新区的生态隔离带，靠近斗南具有良好的地理、经济文化优势
2与滇池相接，背山面水，场地内有大片林地及沼泽地，外有大量的农田，自然生态环境较好
3该地具有浓厚的花卉文化
机遇
1昆明市提出“滇池清，昆明新”理念，场地作为滇池环湖生态带建设的一部分，该公园的建设与城市发展战略高度统一
2滇池水的治理有初步的效果，政府加大对滇池的治理力度，同时与公园主题相呼应
劣势
1场地内现有一半是居住和其他建设用地，对建设生态公园有影响
2周边尚未形成完整的配套设施，对公园自身提出了更高要求
3场地内外水体污染严重，对公园景观设计增加了难度
挑战
1如何依托现有资源，打造富有特色的主题公园，与城市发展战略相适应？
2如何通过设计增加全民对滇池污染的关注，提高节水意识，共同参与滇池治理过程中？

# 水陌纵横 2/3

WATER DEVOTED TO VERTICAL AND HORIZONTAL

## ——滇池环湖生态带净水及节水科普主题公园设计

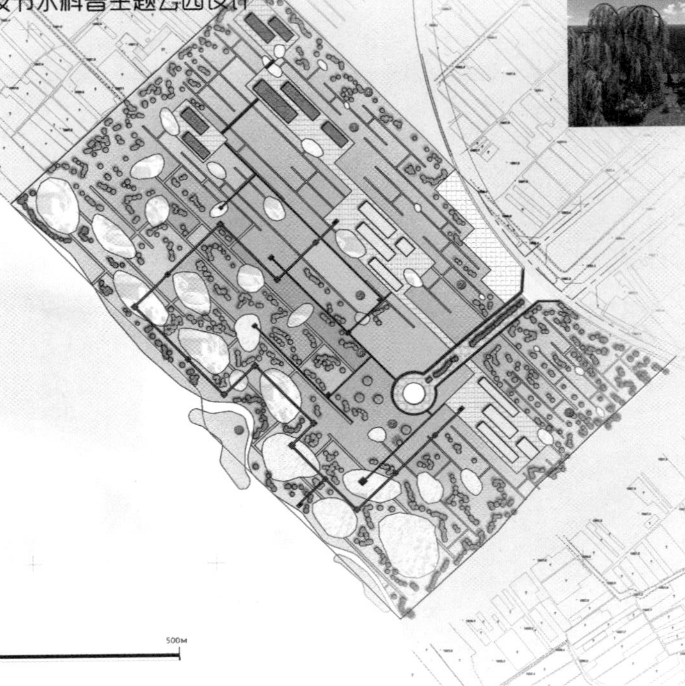

最靠近滇池的地方种植根系发达的，可以保证软化过的河岸不会造成水土流失

露营附近种植较矮的灌木，这样不会阻隔人们的视线，也不会有过多的蚊虫

局部种植樱花，用来增加美观和趣味性

场地中心种植不同的花卉，形成一个景观中心

场地最外围为高大的乔木，用来阻绝场地外的干扰

靠近酒店附近的是有香味、无毒的植物，例如桂花

场地入口附近种植吸引人的植物，让人一看就想进入参观，例如薰衣草

展馆附近种植净水植物，用来净化收集来的污的生活污水

总平面1:2500

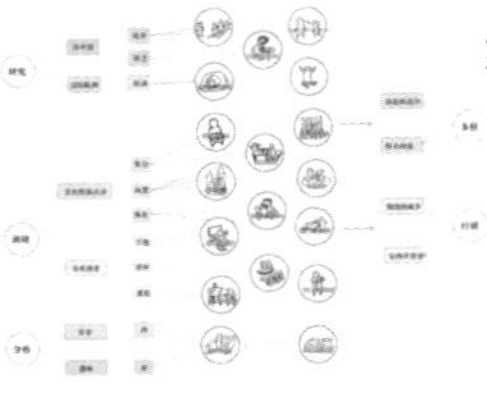

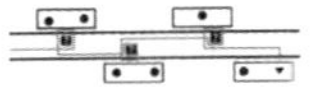

0M 100M 200M 500M

人寻找座位的过程

●有人的座位

▾最终选择的座位

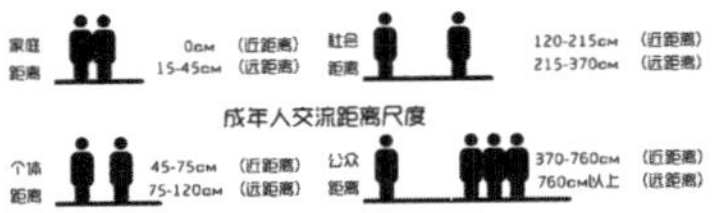

成年人交流距离尺度

家庭距离 0CM（近距离） 15-45CM（远距离）

社会距离 120-215CM（近距离） 215-370CM（远距离）

个体距离 45-75CM（近距离） 75-120CM（远距离）

公众距离 370-760CM（近距离） 760CM以上（远距离）

儿童在公园中的行为

自然地形的乐趣

高大树木的乐趣

季节变换的乐趣

基本净水流程

沉淀池 → 厌氧池 → 兼氧池 → 生态浮岛

海绵城市

建设海绵城市，即构建低影响开发雨水系统，主要是指通过“渗、滞、蓄、净、用、排”多种技术途径，实现城市良性水文循环，提高对径流雨水的渗透、调蓄、净化、利用和排放能力，维持或恢复城市的“海绵”功能。

雨水收集回用

雨水管道 → 截污管道 → 雨水弃流过滤装置 → 雨水自动过滤装置 → 雨水蓄水模块 → 消毒处理 → 用水节点

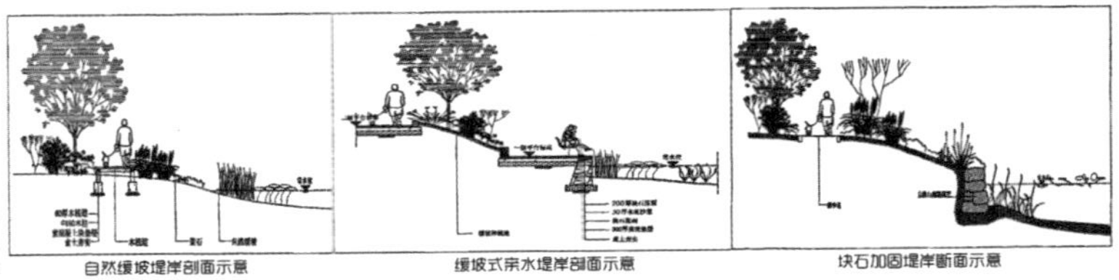

自然缓坡堤岸剖面示意

缓坡式亲水堤岸剖面示意

块石加固堤岸断面示意

场地内人与水的关系

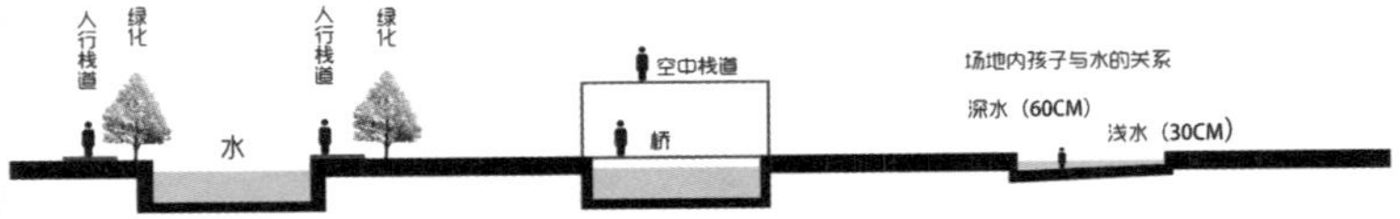

人行栈道 绿化 水 人行栈道 绿化 空中栈道 桥

场地内孩子与水的关系

深水（60CM） 浅水（30CM）

肌理来源

TEXTURE SOURCE

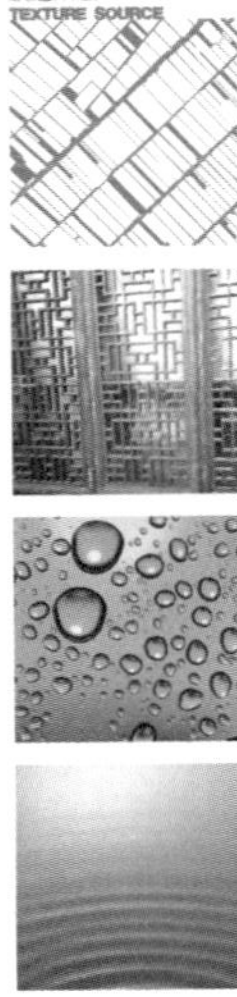

场地周边原来是农田，现在还留有农田的肌理，形成了纵横交错的特殊景象。为了保持原有肌理，可以模仿原有肌理来做场地分割。

昆明是一座历史悠久的城市，而斗南更是以前古滇王国的大门历史文化底蕴深厚，古代的花棱窗就是历史文化的一种体现。

水在我们的设计中是非常重要的部分，因为要在场地中表现水的净化，就会有许多的水池，水滴的的形状，给了我们很好的提示。

当一滴水或是一颗石头落水中，就会激起波浪，一圈一圈的扩散出去逐渐变的黯淡，利用这个水池可以逐渐扩散到场地深处。

生成过程

GENERATION PROCESS

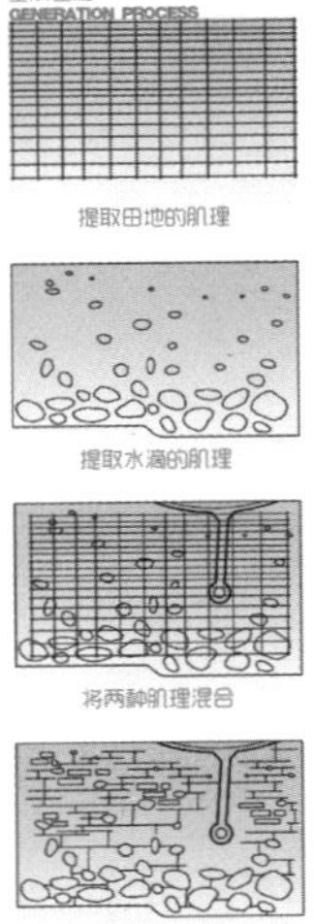

提取田地的肌理

提取水滴的肌理

将两种肌理混合

利用花棱窗和水纹整合

功能分析

FUNCTIONAL ANALYSIS

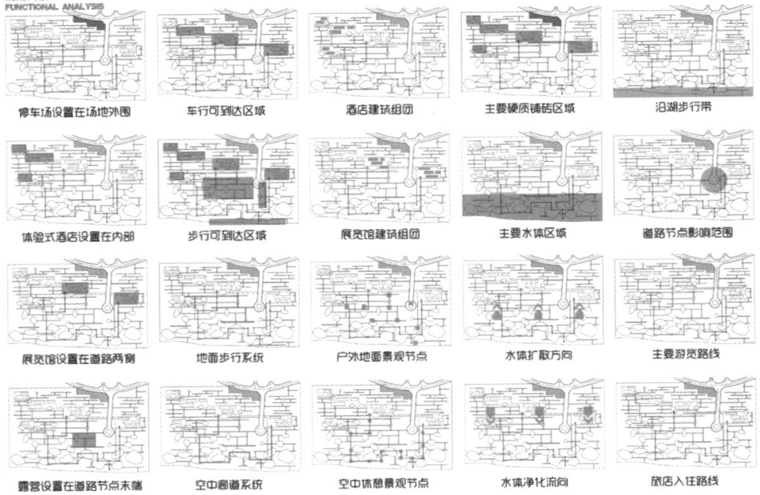

停车场设置在场地外围

车行可到达区域

酒店建筑组团

主要硬质铺砖区域

沿湖步行带

体验式酒店设置在内部

步行可到达区域

展览馆建筑组团

主要水体区域

道路节点影响范围

展览馆设置在道路两侧

地面步行系统

户外地面景观节点

水体扩散方向

主要游览路线

露营设置在道路节点末端

空中廊道系统

空中休憩景观节点

水体净化流向

旅店入住路线

水陌纵横 3/3
WATER DEVOTED TO VERTICAL AND HORIZONTAL
——滇池环湖生态带净水及节水科普主题公园设计

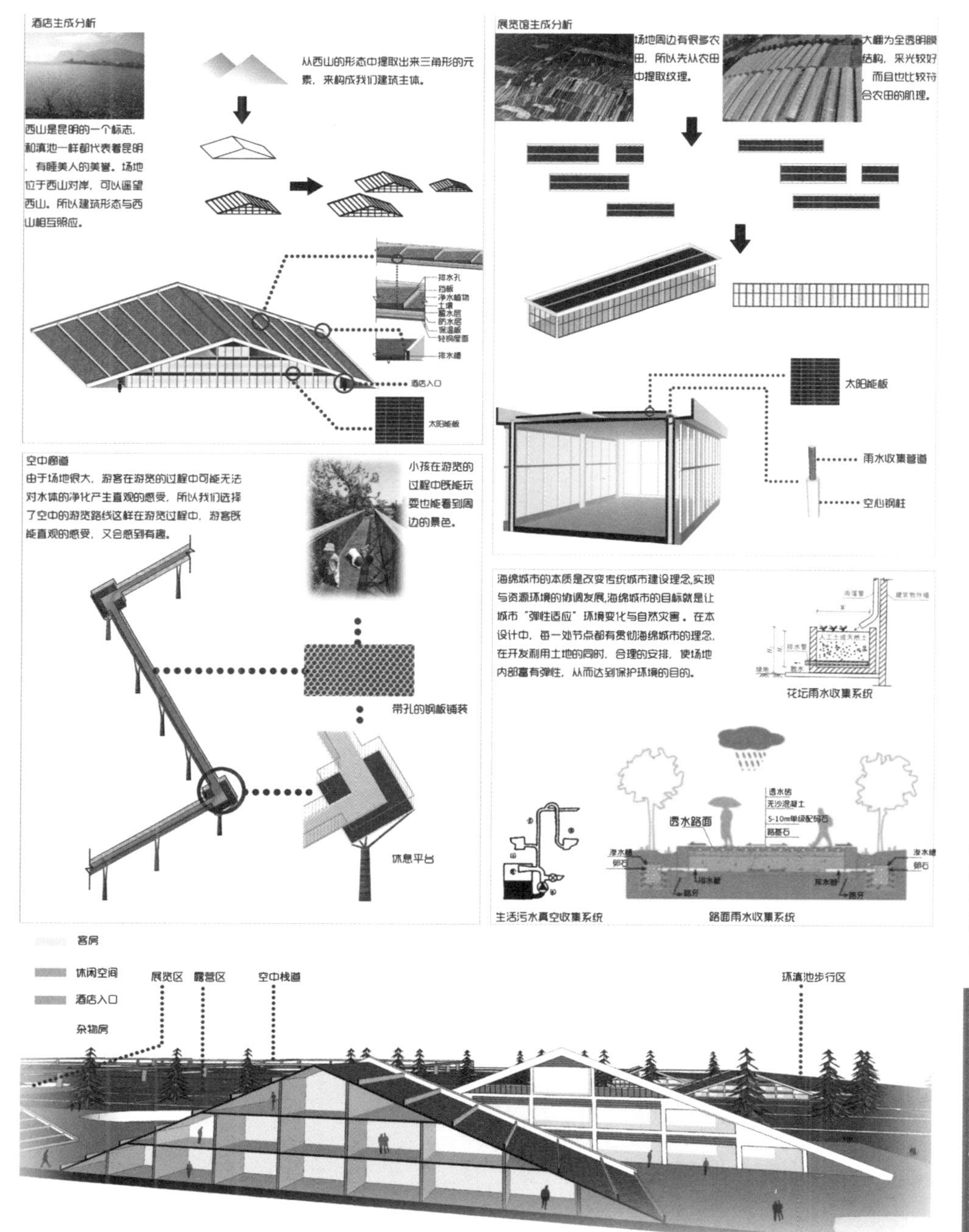
酒店主成分析
西山是昆明的一个标志，和滇池一样都代表着昆明，有睡美人的美誉。场地位于西山对岸，可以遥望西山。所以建筑形态与西山相互照应。
从西山的形态中提取出来三角形的元素，来构成我们建筑主体。
排水孔
酒店入口
太阳能板
展览馆主成分析
场地周边有很多农田，所以先从农田中提取纹理。
大棚为全透明膜结构，采光较好，而且也比较符合农田的肌理。
太阳能板
雨水收集管道
空心钢柱
空中廊道
由于场地很大，游客在游览的过程中可能无法对水体的净化产生直观的感受，所以我们选择了空中的游览路线这样在游览过程中，游客既能直观的感受，又会感到有趣。
小孩在游览的过程中既能玩耍也能看到周边的景色。
带孔的钢板铺装
休息平台
海绵城市的本质是改变传统城市建设理念,实现与资源环境的协调发展,海绵城市的目标就是让城市"弹性适应"环境变化与自然灾害。在本设计中，每一处节点都有贯彻海绵城市的理念。在开发利用土地的同时，合理的安排，使场地内部富有弹性，从而达到保护环境的目的。
花坛雨水收集系统
透水路面
透水砖
无沙混凝土
5-10cm单级配碎石
路基石
渗水槽
卵石
排水管
路牙
生活污水真空收集系统
路面雨水收集系统
客房
休闲空间
酒店入口
杂物房
展览区
露营区
空中栈道
环滇池步行区

**彭川倪**

—

本方案主要解决当代社会矛盾——城市扩张与自然环境之间的关系。虽然政府长期在宣传和倡导保护自然的重要性，但是由于宣传内容不够深入以及居民本身意识上的淡薄，导致投入巨大，收获甚微。

为此，从提高居民本身素质的角度入手，通过建立一个平台，来使居民切身体会自然资源的重要以及亲身体验如何保护自然资源，并且将自己体会言传身教给下一代，来进行对自然的保护。所以，决定建立一个科普类的主题公园。

该方案将公园的设想与现状地形进行融合，提取了田地、花棱窗、水滴的特征，分别将这些元素与净水、循环等理念融合起来，形成能表现出理念的肌理和形态，并将想法寄托于这些特点上，从规划形态上解决和凸显主题。

整个方案里面，水作为一个最主要的元素贯穿于整个场地，通过水在场地中的流动以及变化，来体现出对待资源的态度的转变，最终被净化后的水流入滇池，起到了对滇池保护的作用。

**黄熙**

—

滇池是昆明的“母亲湖”，我们本应善待她，可是随着经济的发展，她却一直在默默地付出，终于我们意识到滇池生态的破坏已经到无可附加的地步，可是滇池很难回到曾经孙髯笔下的那个“五百里滇池”。滇池的变故深深地触动了我们，方案定下的主题就是保护滇池生态，而滇池的主要污染源就是未经处理的污水的乱排乱放，于是方案以水为源，开始了滇池生态治理的方案构想，我们先将场地附近村子的污水汇集到我们的场地上，先对污水进行初步的过滤、沉淀，之后就是有机物的分解，使水质逐渐恢复到可排放标准，设置了沉淀池、厌氧池、兼氧池以及生态浮岛。

方案附加了寓教于乐和互动体验的功能，在场地上增加了展馆和酒店，展馆主要展示水净化和水资源回收利用相关技术，而酒店主要是提供相关的技术体验服务，展馆和酒店都采用绿色低能耗设计，降低碳排放。方案目的并不是为了盈利，设有露营体验区，主要是为了让大家和场地有亲密的接触。

场地的整体设计运用“海绵城市”的原理构建低影响开发雨水系统，通过“渗、滞、蓄、净、用、排”多种技术，实现良性水文循环提高对径流雨水的渗透、调蓄、净化和排放能力，使得场地具有“海绵”功能。

**欧坤源**

—

水是生命之源，是支撑一个城市发展的要素，水不仅可以生活用，而且可以调节气候、观赏游览等。陌：小路、步行道，作为场地的生态步行道交错在场地中，是水主题的时间、空间的承载。纵横：以步行道为基础，承载着水文化的空间和时间价值。

基于场地调研，发现城市、村庄大量污水未经处理直接排入滇池。以滇池水污染为问题出发点，探寻其昨天形成原因及现在形成过程，结合场地实际情况，提出设计目标为节水、净水、用水的滇池湿地水主题公园。

在方案中引入了场地原有的田埂肌理和融入地方传统文化，塑造了水文化博物馆，散点布置的特色体验旅舍，应用了雨水收集，处理，再使用的技术。净水的过程合理组织穿插在整个场地中，包括各种净水技术的运用与展示。整个过程形成地面的游览观光路线，同时还塑造了空中观光栈道，远眺城市和滇池，在其中散点布置节水、用水的措施及技巧。对于湿地景观，发挥斗南花卉优势，进行花卉观赏种植，引进湿地水生植物、动物等进行特色营造。同时各路线和栈道形成了慢行步行系统，为城市居民、游客创造怡人、合理的运动观光场所，也为滇池环湖带创造滨水特色景观节点。设计承载了昨天的价值，解决现存问题，创造未来美好的滨水湿地环境。

杨祖贵

四川大学

# “软着陆”

## ——基于动态规划理念的大城市边缘村庄规划设计

指导教师丨**杨祖贵**　参赛学生丨**周鹏　罗莹晶　贺振华　袁喆依　王杰楠**

同学们接到题目后，都表现得比较积极，查阅了大量的资料，也进行了一定的研究。在实地调研过程中我也随着同学们一起对村民与社区领导进行了一定的访谈与交流，同学们所确定的设计方向跟用地实际情况比较契合。希望同学们在未来的学习和工作中能够再接再厉，再创辉煌。

# [软着陆]

## "SOFT LANDING" 1
## 基于动态规划理念的大城市边缘区村庄规划设计

### [1]命运的轮回

——陕西西安木塔寨村演化回顾

在隋唐长安城西南方向，有一个名叫木塔寨的村子。1400年来，她就静静地依偎在长安城边。直到有一天，城市化悄悄接近了这个村庄……

刚开始，农田开始被侵占，村庄周围修起了马路

后来，农田全部被征用，村民也不再从事农业劳动，村庄到处在加盖，居住环境开始恶化

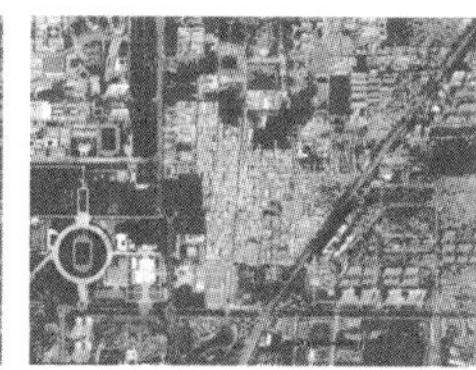
再后来，村子周边的农田全都变成了高楼大厦。村子，愈发拥挤、混乱，同时也有了一个新名字——城中村

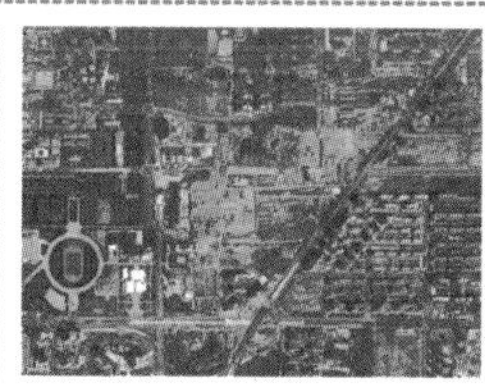
木塔寨村是幸运的。一本名叫《XX城中村整治规划》的文件，改变了村子的命运

传统村-城边村-城中村-城市，类似的角色转换如命运般缠绕着木塔寨村的孢弟胞妹们。然而，一个名为斗南村的孩子却想改变自己的命运……

——云南昆明斗南村规划前言

## 场地现状分析

### [2]用地现状分析

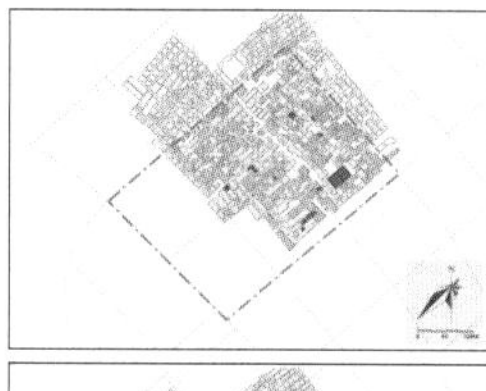


**建筑质量**

基地内建筑按照质量从好到坏，依次分为三类：一类质量建筑、二类质量建筑、三类质量建筑。

基地内的建筑质量为一类二类的偏多，三类质量建筑较少。但由实地调研得知，基地内的一类质量建筑多为新修建的违规加层建筑，二类质量建筑多为保存较好的老建筑，三类质量建筑多为老旧破损严重建筑。



**建筑风貌**

基地内建筑按照风貌按照从优到差，分为三类：一类风貌建筑、二类风貌建筑、三类风貌建筑。

基地内的建筑风貌二类三类的偏多，一类风貌建筑较少。由实地调研得知，基地内只有仅存的几个风貌较好的建筑，其余均为典型的城中村建筑。

**建筑层数**

基地内建筑层数多为1-6层，仅有少量的大于等于7层的建筑，且存在大量违规加层的建筑，少数为沿街的宾馆。总体来看，街道尺度较小，防火间距严重不足，大部分建筑D:H≤1，部分六层七层建筑间街道宽度甚至小于3m。

**现状道路**

基地内现状道路基本呈现枝状，两条主要街道十字交叉，贯穿整个基地。基地周围有三条对外道路，增强了基地与斗南花卉市场和滇池的联系。但基地内的巷道较为狭窄，不能满足防火间距的要求。

基地内多数小巷道尺寸过窄，且两侧建筑交错布置，电线穿插在街道上空，排水设施多为明沟，设在道路两侧，气味较大，部分街道还存在积水问题。



**服务设施**

基地内服务设施严重不足，只有毕升宅院一个活动中心，内部环境良好，但较为拥挤。基地内只有一处开敞空间，位于市场旁边，布置有少量娱乐设施，但环境较差，且受市场嘈杂环境影响较大。教育设施基本满足村民要求，但面积、质量、活动场所等不达标，医疗卫生站较少。

### [3]基地区位分析

基地位于云南省昆明市呈贡新区斗南村内，东临斗南花卉交易市场，距昆明斗南花卉产业园区一期——花花世界1000m，西距滇池800m，规划用地面积28.5公顷。基地交通区位良好，且紧邻花卉产业园区，具有发展花卉加工产业的优势。

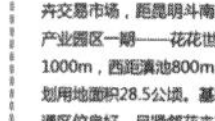

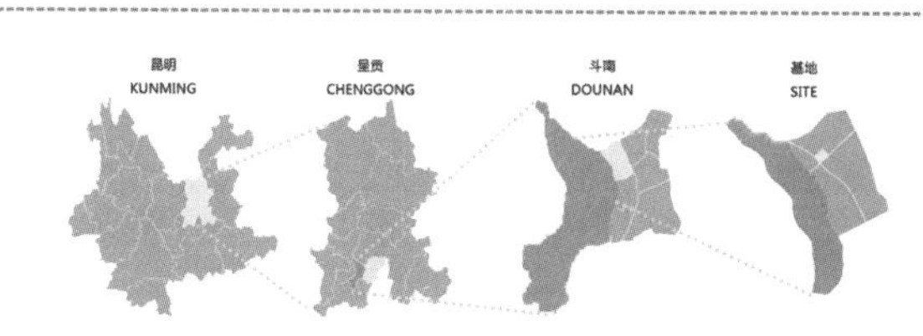


### [4]基地周边分析

**斗南花卉市场**紧邻基地，现已发展成为"中国乃至亚洲最大的鲜花交易市场"，是著名的花都。

**斗南村**毗邻滇池，气候温暖湿润，地势平坦，土地肥沃，物产丰富，环境优美，历史灿烂，人文荟萃，有优美的田园湖岸风光和悠久的人文历史景观。

**呈贡湿地公园**选址于滇池北岸呈贡新城斗南片区，有滇池边最美的柳林。公园现已种植各种乔木、灌木、水生植物等约220万株（丛），铺植观赏草坪约14000平方米。

**滇池**在昆明市西南，是云南省最大的淡水湖，有高原明珠之称。

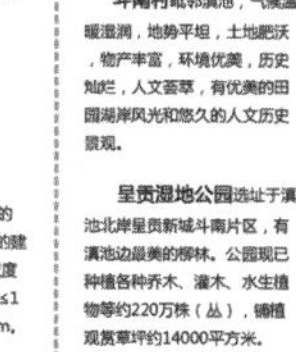

### [5]基地历史分析

过去的15年，在斗南村漫长的历史中仅仅只是一瞬，但却给这个村庄带来了翻天覆地的变化。农田或被城市征用，或被划入滇池生态保护用地，村民也不再务农。

斗南村的未来会是什么样子？2013年修编的《呈贡·斗南片区控制性详细规划》似乎为这片土地描绘了一个美好的未来。

未来是美好的，实现未来的道路却是曲折的。斗南村会不会走向变成城中村的老路？一张规划图真的可以概括这么一片充满矛盾而又有活力的土地么？

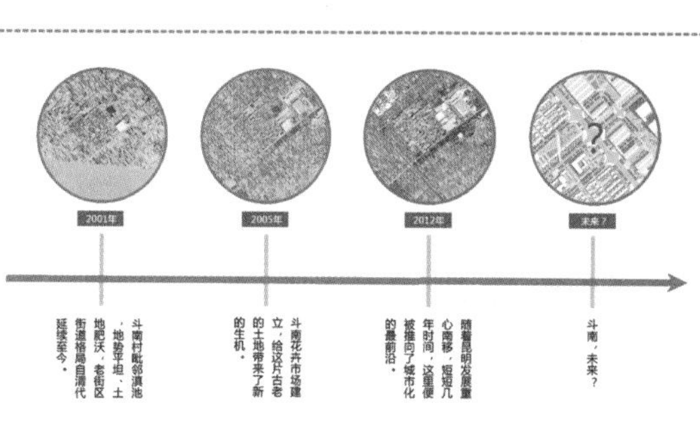


## 发展策略分析

### [6]需求分析

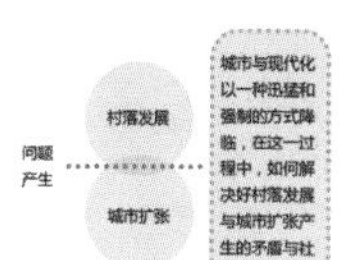


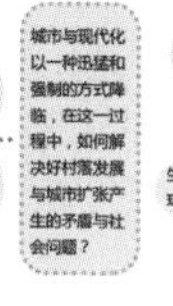


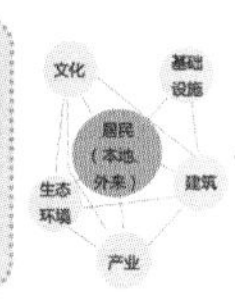


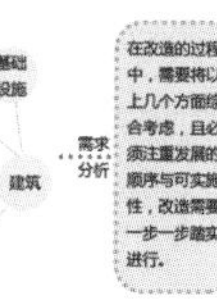


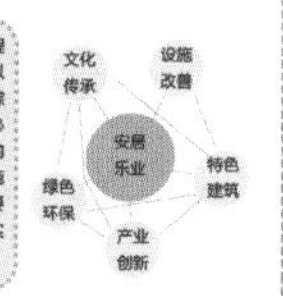


### [7]SWOT分析

基地紧邻环湖路、瑞香西路两大主干道，交通区位良好。现状用地70%以上为居住，配套设施较少，建筑质量及建筑风貌较差。在上位规划中确定基地用地性质主要为六类：R2、B1、A2、A33、G1、G2。规划中各类用地比例较为合适，而现状各类用地比例不协调，难以满足居民基本生活需求。

基地现状道路

基地现状用地性质

基地上位规划用地性质

### [8]关键问题—解决对策分析

| | | | | | |
|---|---|---|---|---|---|
| 关键问题总结 | 问题一：如何解决好村落自身发展与城市扩展之间的关系？ | 问题二：如何解决基地基础设施、服务设施严重不足，防火间距严重不符的现状？ | 问题三：以建筑加层来应对拆迁，严重影响斗南村建筑风貌，从建筑风貌、质量方面如何改造？ | 问题四：斗南村中绿化景观及居民休息娱乐活动的场所严重不足，如何解决？ | 问题五：如何解决居民现有的花卉粗加工的生活方式与未来花卉产业发展的关系？ |
| 解决对策 | 对策一：从自身特点出发结合周边扩张进程分三步改造，走出"一夜高楼平地起"的漩涡。 | 对策二：整体规划，系统布局，从用地性质开始进行重新规划，并分步骤实施改造。 | 对策三：在云南传统民居的基础上进行变形，逐步替换现有质量差、风貌差的建筑。 | 对策四：整体规划绿地结构，设置公共绿地与每户的专属绿地，使其满足基本生活需要。 | 对策五：保留其现有生活方式，同时增加新的花卉产业，使花卉文脉得以延续并不断更新。 |

### [9]发展目标

1 以花卉产业为主导，开发其上下游产业，将花卉文脉传承的同时，发展与花卉文化相配套的服务类产业。

2 改变城中村通过大规模"手术"将其推倒重建的传统开发模式，实现改造的"软着陆"。合理布局各类用地，提高村民生活水平的同时将基地打造成承载呈贡历史记忆与传统特色的区域。

### [10]发展策略

1 分时序规划，逐步改善城中村现状，从用地性质、建筑风貌、建筑类型、绿地景观等各个方面入手，系统化整体化改造斗南村。

2 分步改造产业，进行产业升级，发展花卉产业链，保留居民生活方式的同时提高其生活质量，使花卉文脉得以传承和发展。

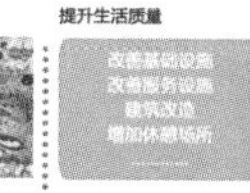

佳作奖

# [软着陆]

# "SOFT LANDING" 2

## 基于动态规划理念的大城市边缘区村庄规划设计

NOW · · · · · · FUTURE

## 设计理念：动态规划

我们往往重视规划最终方案实现时城市的各系统之间的比例是否协调，空间布局结构是否合理，但是却忽视了在实现这种状态过程中若干年内城市各系统之间的关系是否运行的协调、合理。

——《城市规划原理》第四版

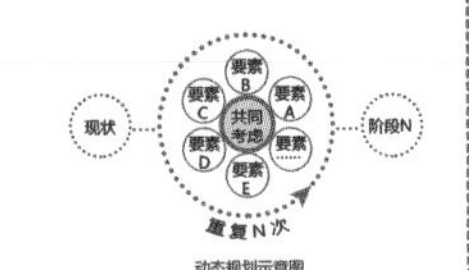

动态规划示意图

### [1]动态规划与斗南村

斗南村地处城乡交界，又深受花卉加工产业强烈带动，几股作用力相互交织，导致斗南村用地变化十分活跃，动态性极强。现有规划方式难以满足土地性质一步到位，忽略了斗南村土地的动态性，可能导致斗南村进入典型城中村的阶段。为了使村庄及周边同步融入城市，只有采取动态规划的方式。

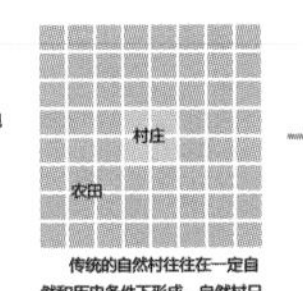

传统的自然村庄往往在一定自然和历史条件下形成。自然村只是基本的农村聚落，以农业生产为主。

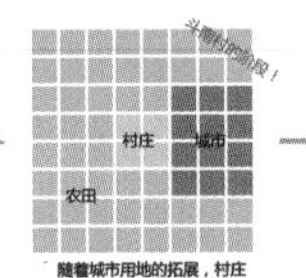

随着城市用地的拓展，村庄周边的农业用地开始被城市征用，农民的生活范围收缩到狭窄的村落内部。

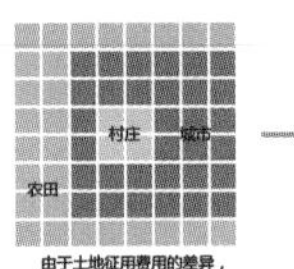

由于土地征用费用的差异，农用地率先变成了建成区。村落进入了拥挤、混乱且漫长的典型城中村阶段。

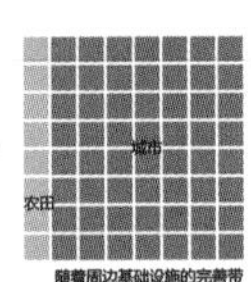

随着周边基础设施的完善带来地价的提升，或是随着某些建设项目的实施，城中村最终瓦解，融入现代城市。

### [2]终极蓝图到动态规划

如果说中国的城市规划是一种终极蓝图的规划，那对城市未来发展状态的总体规划就是具有某种理想性质的规划，蓝图规划在实施上往往不能完全符合现实的发展。如现在的规划实践，直接用20年后的场景来约束现在的建设，是否意味着现在已经跨越到20年后了呢？这之间是不是有很大的断裂呢？

动态规划并不是特立独行而无法实现的，从另一方面来说，中国的规划也从一定程度体现了动态规划的思想。如《城乡规划法》中的每5年一次的规划编制制度调整为申请、评估、修改制度，这更加强调规划总体的稳定性，是否也体现了动态规划的思想呢？

终极蓝图：现今——规划N年后蓝图——情况一、情况二、情况N——每五年一次——调整规划——N年后——完成N年后规划——上版规划完成时——进行下一个蓝图规划——重复上述过程——上版规划完成时——蓝图

动态规划：现今——规划下阶段方案——情况一、情况二、情况N——重复多次——调整规划——变化到基本稳定时期——第一阶段方案——情况一、情况二、情况N——重复多次——调整规划——下一个基本稳定时期——第二阶段方案——重复上述过程——未完待续——第N阶段方案

动态规划特点

1 动态规划内容具有生长性

蓝图规划其内容很少是从现在逐步发展、生长而成的，往往不能实现对城市发展过程全面的认知，从而造成了现在和未来之间的断裂。动态规划强调的不是结果，而是调节这之间几十年中各要素的投入以及他们之间的关系，最后形成一个想要的结果，通过这些行动，逐步实现最后的目的。

2 动态规划时间具有过程性

城市规划的目的就是要使城市在发展的各个阶段上，其整个系统运行保持良性运转，因此绝对不应该只是强调最终的理想状态，依靠一张总体规划就能完成工作，而是需要说明城市在发展过程中，每阶段内如何使城市良性运行，如何使城市发展过程中各阶段良好的衔接起来。

### [3]理念实施

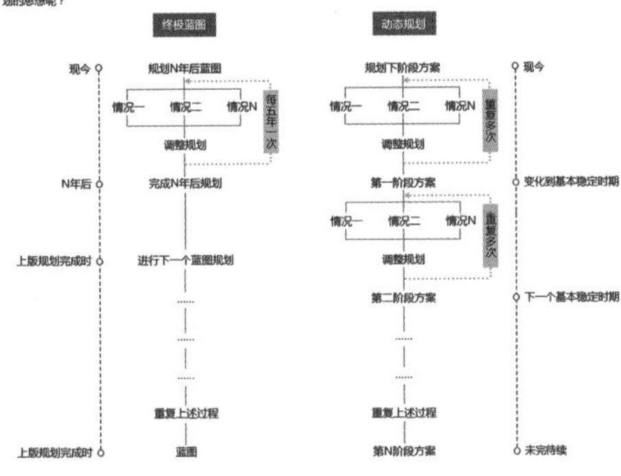


第一阶段方案调整内容：

主要拆掉一部分建筑质量、风貌较差的建筑，形成开敞空间，增加绿化，增设停车位，改善基础设施。

第二阶段方案调整内容：

增加公共建筑，整理路网，新建特色建筑，进一步改善基础设施，新建花卉加工产业园，开始产业转型发展。

第三阶段方案调整内容：

建筑改造基本完成，路网形成，绿化公共空间布置完成，基础设施基本完善，花卉产业转型完成。

## 功能流线分析

基地各个时期发展特点不同，其主要流线也不尽相同。从第一次规划到第三次规划，区域内主要流线分别为：

第一次规划：新型农村社区流线

第二次规划：产城一体流线

第三次规划：活力社区流线

新型农村社区流线

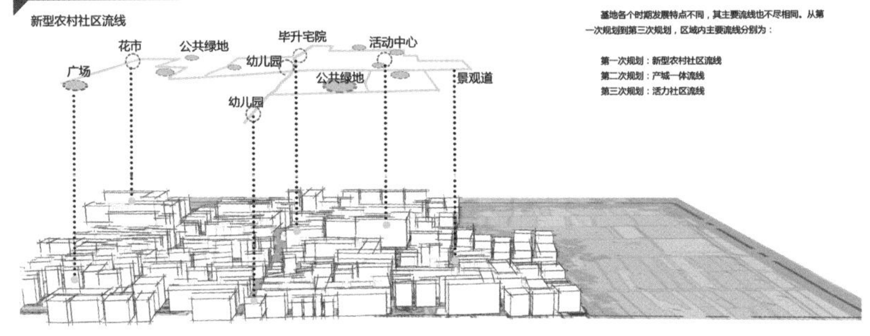


产城一体流线

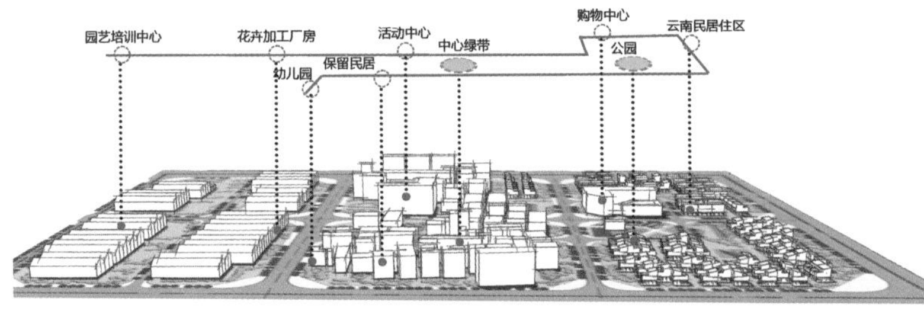


活力社区流线

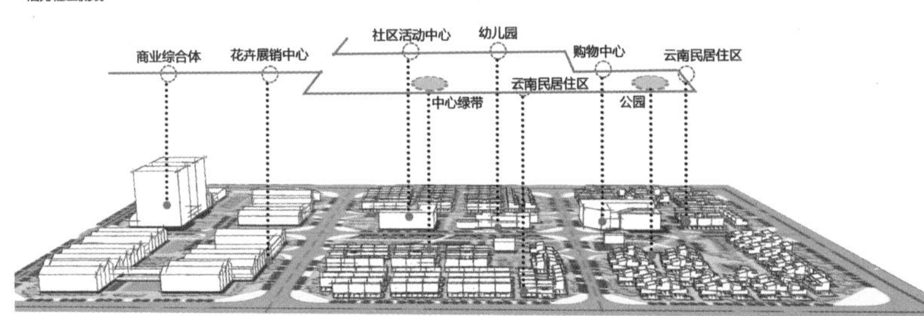


## 设计分析

### [4]建筑拆建分析

基地现状的建筑以一般多层民居为主，临街界面有少量的商业建筑和服务类建筑，村中散布几处缺乏维护的棚户区建筑。在我们的规划过程中，斗南村花卉加工相关产业经历一次由小规模家庭作坊式生产向集中加工生产的时期，又会建设一批加工厂房。

通过对基地内建筑进行评估和梳理，我们确定了全部拆除、分步拆除、改建等几种不同策略。

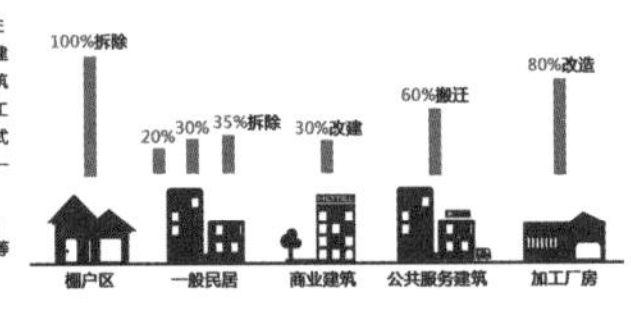


### [5]用地功能策略

基地处于城乡冲突最激烈的区域，用地性质构成复杂、变化频繁，不确定性高。因此，合理推测用地性质在未来一段时间内的演化成为我们思考的重点。

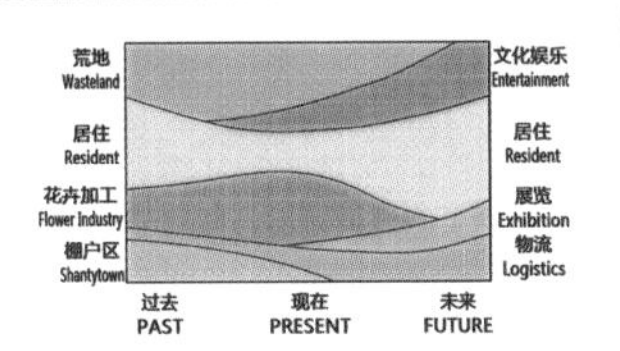


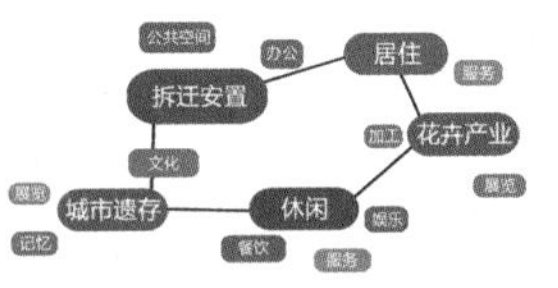


随着基地及周边的开发和基础设施的完善，基地内的荒地和棚户区将逐渐被城市征用，取而代之的是现代化的社区、文化娱乐等用地。基地内的花卉加工产业，在经历过一个大发展的时期过后，可能会因为某些条件外部的改变，不得不面临一次产业和用地"退二进三"的转型。

### [6]绿化环境改造分析

在实地调研斗南村时我们发现，村内绿化较少，且排水设施等基础设施的不完善对环境造成了较大的影响。在对绿化环境的改造中，我们结合现状并考虑未来发展，进行了以下几方面的改造。

绿化景观打造

原本的景观只能说是无系统的分散的绿地，且形式单一，毫无联系。

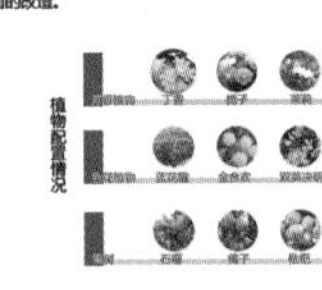


改造后的景观不仅在层次上更加丰富，同时成为居民公共活动的场所和媒介。

基础设施改善

| 现状 | 分析 | 改造 |
| --- | --- | --- |
|  | 斗南村的排水方式为合流制明沟排水，对环境产生较大影响，且由于其街道工程质量较差存在积水问题，部分街道还存在墙外排水管道过高，由此造成大量污水从高处飞溅。<br>针对其基础设施造成的环境问题，我们对其进行了排水管道的梳理和"海绵屋顶"的设计。 |  |

生态节能设计

1 地下通风采光

在景观绿化带的区域中设置通广井，增加地下设施的采光面积，减少非自然光的使用，以达到

2 空中花园的引入

空中花园的引入为整个社区环境增添了多样的景观色彩，同时还能为居民提供空中休闲空间。更重要的是，屋顶花园也具有较多节能优点：

1.降低区域内的热岛效应

2.缓解区域内的雨水压力，提高水资源利用率

3.提高建筑节能效果，净化空气，滞尘降噪

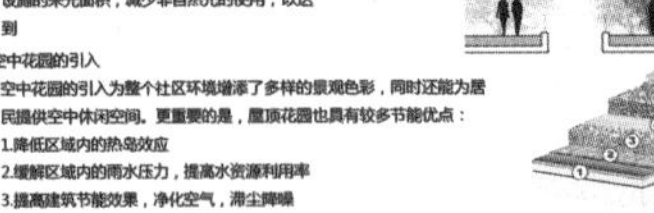

### [7]城中村优化样板设计

在规划初期，牵涉到大量棚户区建筑改造。改造过程中，除了将质量较差、建筑间距较窄的建筑拆除作为公共空间外，还可以将屋顶与底层空间充分利用。

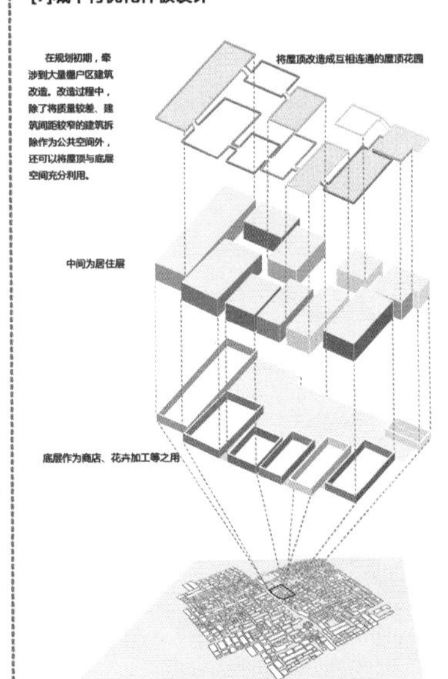


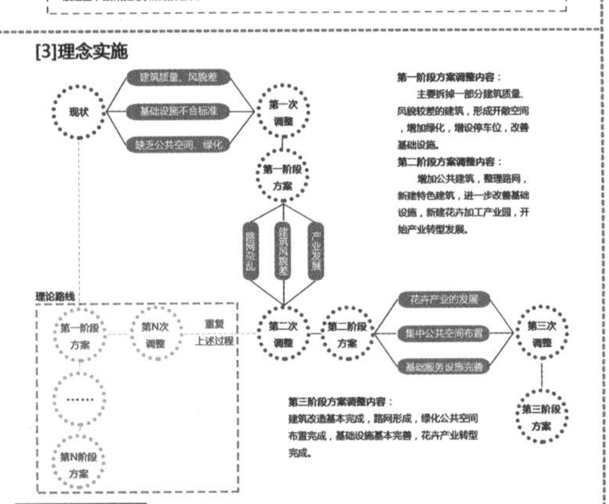

佳作奖

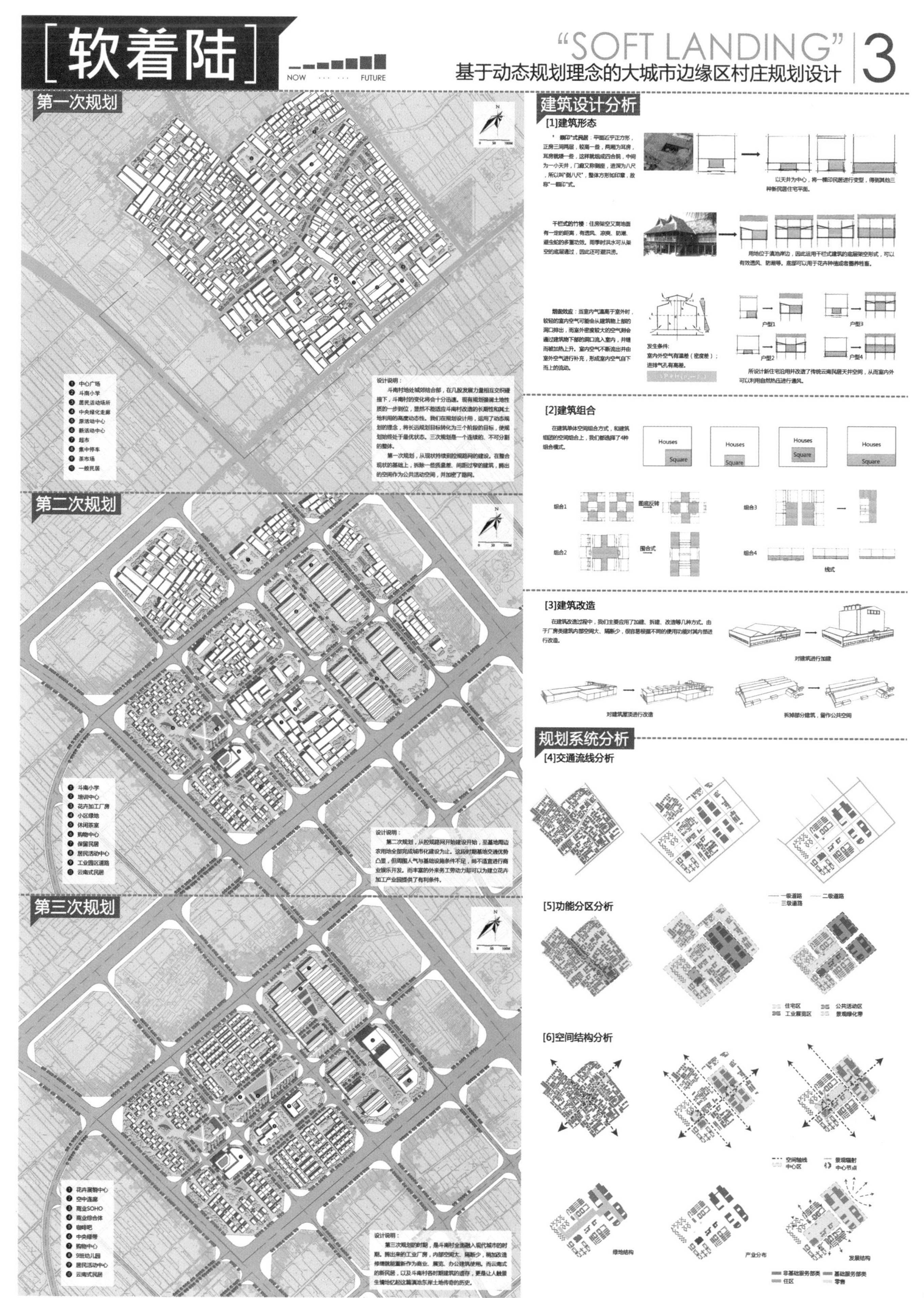

[软着陆]
NOW ··· ··· FUTURE
"SOFT LANDING" 3
基于动态规划理念的大城市边缘区村庄规划设计
第一次规划
❶ 中心广场
❷ 斗南小学
❸ 居民活动场所
❹ 中央绿化走廊
❺ 原活动中心
❻ 新活动中心
❼ 超市
❽ 集中停车
❾ 茶市场
❿ 一般民居
设计说明：
斗南村地处城郊结合部，在几股发展力量相互交织碰撞下，斗南村的变化将会十分迅速。现有规划缺乏土地性质的一步到位，显然不能适应斗南村改造的长期性和其土地利用的高度动态性。我们在规划设计中，运用了动态规划的理念，将长远规划目标转化为三个阶段的目标，使规划始终处于最优状态。三次规划是一个连续的、不可分割的整体。
第一次规划，从现状持续到控规路网的建设。在整合现状的基础上，拆除一些质量差、间距过窄的建筑，腾出的空间作为公共活动空间，并加密了路网。
第二次规划
❶ 斗南小学
❷ 培训中心
❸ 花卉加工厂房
❹ 小区绿地
❺ 休闲茶室
❻ 购物中心
❼ 保留民居
❽ 居民活动中心
❾ 工业园区道路
❿ 云南式民居
设计说明：
第二次规划，从控规路网开始建设开始，至基地周边农用地全部完成城市化建设为止。这段时期基地交通优势凸显，但周围人气与基础设施条件不足，尚不适宜进行商业娱乐开发。而丰富的外来务工劳动力却可以为建立花卉加工产业园提供了有利条件。
第三次规划
❶ 花卉展销中心
❷ 空中连廊
❸ 商业SOHO
❹ 商业综合体
❺ 咖啡吧
❻ 中央绿带
❼ 购物中心
❽ 9班幼儿园
❾ 居民活动中心
❿ 云南式民居
设计说明：
第三次规划时期，是斗南村全面融入现代城市的时期。腾出来的工业厂房，内部空间大、隔断少，稍加改造修缮就能重新作为商业、展览、办公建筑使用。而云南式的新民居，以及斗南村各时期建筑的遗存，更是让人触景生情地忆起这篇滇池东岸土地传奇的历史。
建筑设计分析
[1]建筑形态
"一颗印"式民居：平面近乎正方形，正房三间两层，较高一些，两厢为耳房，耳房就矮一些，这样就组成四合院，中间为一小天井，门庭又称倒座，进深为八尺，所以叫"倒八尺"，整体方形如印章，故称"一颗印"式。
以天井为中心，将一颗印民居进行变形，得到其他三种新民居住宅平面。
干栏式的竹楼：住房架空又离地面有一定的距离，有透风、凉爽、防潮、避虫蛇的多重功效。雨季时洪水可以从架空的底层通过，因此还可避洪涝。
用地位于滇池岸边，因此运用干栏式建筑的底层架空形式，可以有效透风、防潮等。底部可以用于花卉种植或者圈养牲畜。
烟囱效应：当室内气温高于室外时，较轻的室内空气可能会从建筑物上部的洞口排出，而室外密度较大的空气则会通过建筑物下部的洞口流入室内，并继而被加热上升。室内空气不断流出并由室外空气进行补充，形成室内空气自下而上的流动。
发生条件：
室内外空气有温差（密度差）；
进排气孔有高差。
户型1
户型2
户型3
户型4
所设计新住宅沿用并改进了传统云南民居天井空间，从而室内外可以利用自然热压进行通风。
[2]建筑组合
在建筑单体空间组合方式，和建筑组团的空间组合上，我们都选择了4种组合模式。
Houses
Square
组合1
图底反转
组合2
围合式
组合3
组合4
线式
[3]建筑改造
在建筑改造过程中，我们主要应用了加建、拆建、改造等几种方式。由于厂房类建筑内部空间大、隔断少，很容易根据不同的使用功能对其内部进行改造。
对建筑进行加建
对建筑屋顶进行改造
拆掉部分建筑，留作公共空间
规划系统分析
[4]交通流线分析
一级道路
二级道路
三级道路
[5]功能分区分析
住宅区
公共活动区
工业展览区
景观绿化带
[6]空间结构分析
空间轴线
中心区
景观辐射
中心节点
绿地结构
产业分布
发展结构
非基础服务部类
基础服务部类
住区
零售


佳作奖

**周鹏**

—

收到这次竞赛的题目之后，我们小组并没有直接着手进行地块的分析和设计，而是先对地块所处的地域环境进行了一定的研究。在确定了这次竞赛的主题是城市边缘区的村庄改造这一个集合了地理区位与社会属性双重概念的设计议题之后，我们在网上查阅了以往专家学者所进行的研究成果。实际调研过程中，通过竞赛组委会所提供的相关资料和与当地一些村民与管理者的交谈的过程中，我们大致了解了斗南村的历史发展脉络，了解了斗南村从一个原始的自然村庄一步步成为城市边缘区的一个以花卉加工产业为主导的村落，也发现了斗南村在形成过程中所经历的痛楚，譬如，生活环境的恶化、建筑间距、密度与高度的不断攀升等。基于我们对斗南村的调查，我们认为斗南村在未来数十年内还会经历城市边缘区村落在城市化进程中通常都会经历的巨变，基于此我们最终确定采取分步改造的策略对斗南村进行动态规划设计，我们不是用一个最终的成果去限制与控制斗南村的发展，我们给出的是对斗南村整个发展历程的规划与设计。

整个设计过程我们收获良多，于我个人而言，第一次在一个大礼堂中见到如此多的同行，给我震撼感的同时也给我继续前行的动力。同时也十分感谢规划学会、规划专指委与云大的组织工作。

**罗莹晶**

—

斗南的城中村如同其他城市的城中村一样：拥挤、热闹、混杂，这片地方可能并不繁华却充满了市井活力。有关花的产业联络起了这个地方的历史和当地人生活的脉线，斗南犹如昆明城市里的一叶孤舟，承担了重要的作用却地处城市边缘且在城市化进程中被视为亟待整治的落后区域。当地人虽受制于基础设施不完善、管理条件落后等种种问题，但花市给这片地区带来了发展的希望。在“软着陆”的更新设计中，我们希望通过动态规划的理念一步步将斗南城中村融入城市片区中，通过将规划阶段划分为三个层次，让斗南的土地和土地上的人有机地加入城市化进程中而不是一步到位式的拆除新建。在设计中我们充分考虑了整合和优化当地的特色产业，使花市这条产业链能系统、高效地运作，并在花市的基础上开发部分观光旅游产业，让游客也能体验到当地独特的花市文化。

**贺振华**

—

因为有具体的基地限制，我们决定立足于滇池及周边环境来进行此次设计。

从大的方面，希望采用渐进的城镇改造，一步步深入，从而避免一蹴而就造成的各方面问题的不协调。

我主要针对房屋改造进行了详细的设计，从云南民居中的一颗印、干阑式、天井等元素出发，针对敌方民居特色，集合了多种民居样式，提高了场所的辨识度，传承和发扬了民居特色。

我们很幸运，最后拿了佳作奖，谢谢主办方对我们的认可与鼓励。最后希望“西部之光”设计竞赛能越办越红火。

**袁喆依**

—

在多学科交叉的合作及多方协同的工作中，考虑现实问题并提出解决方案，对“城中村”的未来做细致的梳理和规划，而不是一视同仁的划入增量规划中。三个阶段的“软着陆”对于问题的考量多了一些耐心、一些人文关怀，从中获得的或许是一些不同往常的生机和活力。

**王杰楠**

—

我们没有选择传统的设计方式，即“分析—设计—成果”，而是从地块变迁的角度，让它温柔地生长。软着陆的核心不是设计者强硬的参与，而是从地块自身情况出发，时时更新，时刻保持每一时段的最佳状态，我相信，任何成功的设计都不能脱离现状，而我们想做的，就是让设计与现状时刻相关，它不会一次成功，而是不断完善。

佳作奖

燕宁娜

刘娟

董茜

宁夏大学

# 时空交织三部曲

## ——弹性规划引导下的斗南更新改造设计

指导教师丨**燕宁娜　刘娟　董茜**　参赛学生丨**刘生雨　张胜男　李泽奇　成云鹏　杜亚男**

弹性规划的原则包括：实现多元化、鼓励模块化经济、鼓励创新、允许复合性、建立信息反馈机制、提供生态系统服务。在前期调研过程中，我们发现空间利用率低、缺少步行体系、街巷空间混乱、基础设施不完善、居住环境较差、花卉产业发达、人群出现分化等重要问题，根据这些问题和规划时间、结构、布局上的弹性，提出了分为步的规划形式。一步：营造特色公共空间，打造微笑步行，有机更新房屋，创造良好务工环境。二步：梳理街巷脉络肌理，打造花卉特色体验系统，营造绿色基础设施，构建生态廊道。三步：打造美好老年生活，保留美好民俗回忆，营造良好共融环境，发扬斗南特色花卉。最终我们要达到构建弹性系统的目标——弹性空间：多元空间；弹性步行：微笑步行；弹性街道：柔性街道；弹性基设：绿色基设；弹性居住：舒适居住；弹性产业：活力产业；以适应斗南村长期绿色发展的规划。

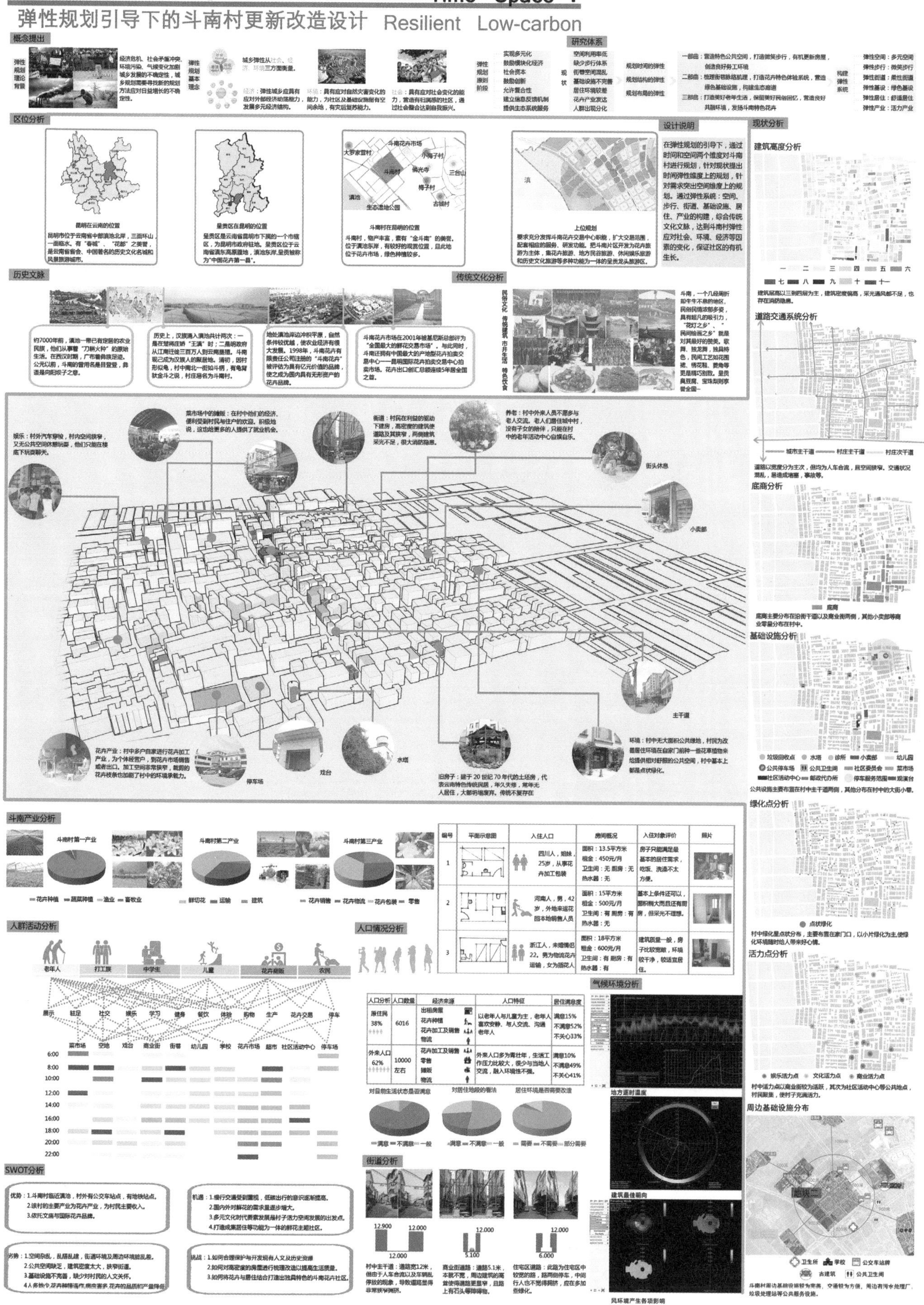
时空交织三部曲
Time Space 1
弹性规划引导下的斗南村更新改造设计 Resilient Low-carbon
概念提出
研究体系
区位分析
设计说明
现状分析
建筑高度分析
历史文脉
传统文化分析
道路交通系统分析
底商分析
基础设施分析
绿化点分析
斗南产业分析
斗南村第一产业
斗南村第二产业
斗南村第三产业
人群活动分析
人口情况分析
活力点分析
气候环境分析
周边基础设施分布
街道分析
SWOT分析

佳作奖

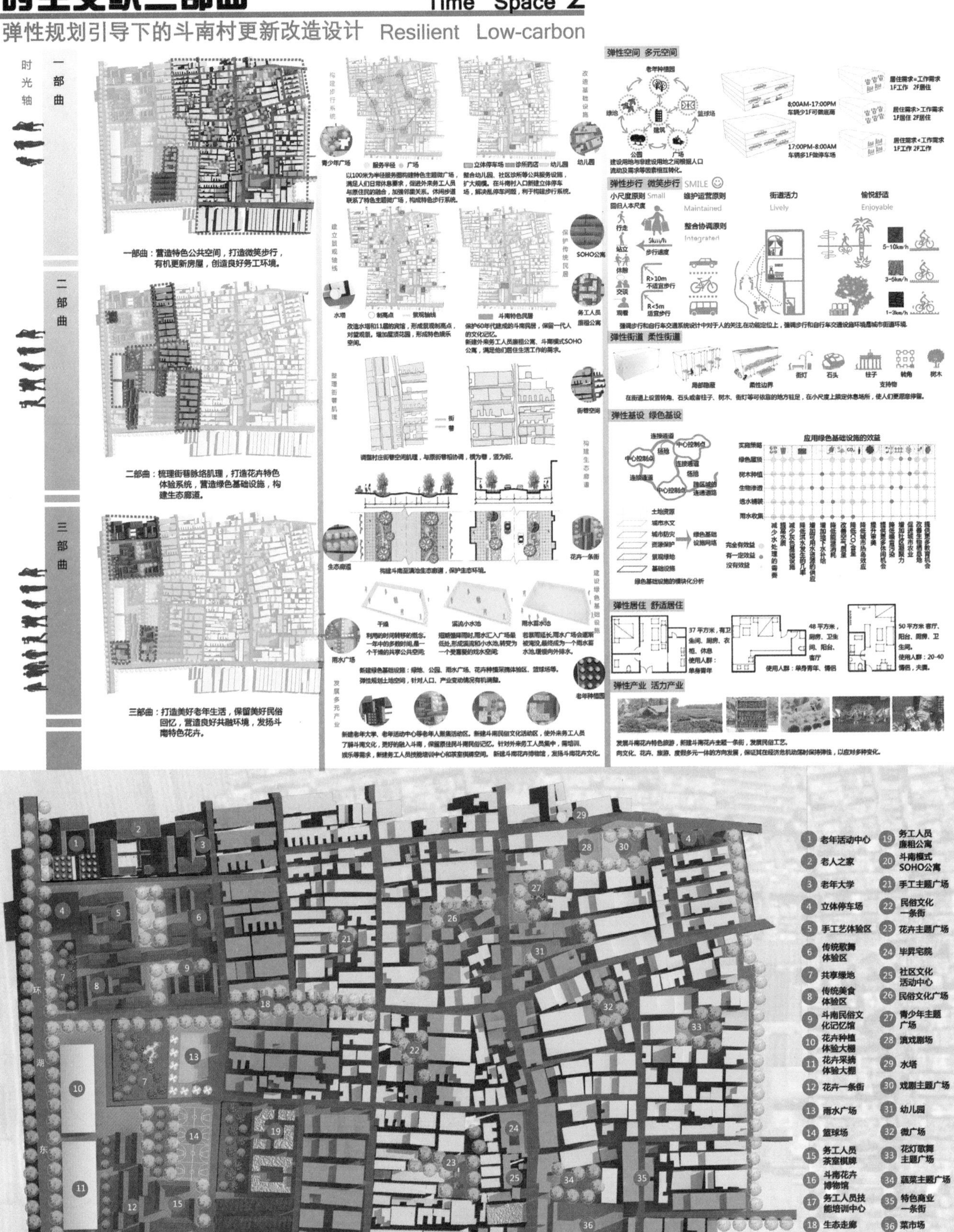

时空交织三部曲
Time Space 2
弹性规划引导下的斗南村更新改造设计 Resilient Low-carbon
时光轴
一部曲
二部曲
三部曲
一部曲：营造特色公共空间，打造微笑步行，有机更新房屋，创造良好务工环境。
二部曲：梳理街巷脉络肌理，打造花卉特色体验系统，营造绿色基础设施，构建生态廊道。
三部曲：打造美好老年生活，保留美好民俗回忆，营造良好共融环境，发扬斗南特色花卉。
弹性空间 多元空间
弹性步行 微笑步行
弹性街道 柔性街道
弹性基设 绿色基设
弹性居住 舒适居住
弹性产业 活力产业
1 老年活动中心
2 老人之家
3 老年大学
4 立体停车场
5 手工艺体验区
6 传统歌舞体验区
7 共享绿地
8 传统美食体验区
9 斗南民俗文化记忆馆
10 花卉种植体验大棚
11 花卉采摘体验大棚
12 花卉一条街
13 雨水广场
14 篮球场
15 务工人员茶室棋牌
16 斗南花卉博物馆
17 务工人员技能培训中心
18 生态走廊
19 务工人员廉租公寓
20 斗南模式SOHO公寓
21 手工主题广场
22 民俗文化一条街
23 花卉主题广场
24 毕昇宅院
25 社区文化活动中心
26 民俗文化广场
27 青少年主题广场
28 滇戏剧场
29 水塔
30 戏剧主题广场
31 幼儿园
32 微广场
33 花灯歌舞主题广场
34 蔬菜主题广场
35 特色商业一条街
36 菜市场
改造建筑
保留建筑
新建建筑
环湖东路
斗南街
N
总平面图 1:1500


佳作奖

时空交织三部曲
Time Space 3
弹性规划引导下的斗南村更新改造设计 Resilient Low-carbon
花香茶室
特色商业街
青少年活动主题广场
生态走廊
规划分析
功能分区
基础设施分析
规划结构分析
道路交通分析
视线分析
绿化景观分析
低碳措施
太阳能设置
风力发电
地表雨水收集系统
空气环境净化
地暖循环设置
垃圾回收再利用
压力发电装置
自行车道
雨水收集系统
人群活动

**刘生雨**

–

在弹性规划的引导下，通过时间和空间两个维度对斗南村进行规划，针对现状提出时间弹性维度上的规划，针对需求突出空间维度上的规划。通过弹性系统：空间、步行、街道、基础设施、居住、产业的构建，综合传统文化文脉，达到斗南村弹性应对社会、环境、经济等因素的变化，保证社区的有机生长。

**张胜男**

–

我们选的地块是斗南村这个地块，主题是以弹性规划为指导，来进行斗南村更新改造设计。来到斗南村这个地块我们看见本是昆明市菜篮子的滇池东岸平原发生着巨变。生活于此的人们将是这片土地上的最后一代农民，同时也将成为第一代新城城市居民。但一些千百年来延续的传统和信仰，依然在时代的夹缝中延续。如何为呈贡新城西缘设计舒适宜人的滨水城市空间，探索低碳生态与弹性规划为原则的指导下的传统村落更新保护，与未来新城发展的如何相互协调就成为我们此次设计的最主要矛盾。以斗南村的地块为出发点，提出切合滇池东岸合理发展的设计概念规划方式、发展策略，我们对斗南村进行实地调研，通过对村民调查采访，以及对房屋的新旧程度进行不同程度的划分，在设计的过程中将有历史年代记忆的老房子保留，保存人们唯一的记忆，将破旧不堪的住宅进行拆除，将年代稍近的建筑进行加固维修更新设计。此外，再加建一些住宅满足不断进入的外来人口的进入。在整个斗南村的南部进行片区的重新规划，利用花卉、旅游等产业规划设计来带动整个斗南村的生气与活力。

**李泽奇**

–

“西部之光”给了我一个机会，一个实地调研不同区域环境的机会，一个与不同高校师生交流学习的机会，一个与他人合作设计，激发思想火花的机会。一个在暑假期间努力奋斗的机会，一次更接近自己喜欢专业的机会。一个佳作奖，更是一种肯定，一步台阶。谢谢期间的所有同学、老师，给了我们这次机会。我们也会给自己一个机会，一个让自己更出色的机会！

**成云鹏**

–

“西部之光”竞赛从调研合作，到交流设计，到奋斗出图，最后收获老师评委的肯定，这种大学经历难以忘记，特别是与其他高校学生老师的交流，可以就同一个设计放眼全国，其中思想交流的火花很是让人激动，对我以后在建筑设计之路的坚持是一种鼓励！

**杜亚男**

–

作为一名大学生，“西部之光”大赛给予我知识的升华，以及规划概念的整合和再造。无论是前期调研，还是后期的比赛，设置组给予了大学生一种无形的知识力量。从同学、老师身上学到的东西也让我受益匪浅。谢谢“西部之光”让我更加喜欢上了规划设计，也明白了设计与规划对于一个城市的意义。在以后的生活和学习中，我也会把“西部之光”的精神融入进去，让自己变得更加优秀。

艾华

佳作奖

西华大学

# 邻水弄花·思斗望南

## ——斗南村有机生长与复合更新

指导教师｜**艾华　付劲英　康亚雄**　参赛学生｜**赵柏杨　张丽君　汪紫菱　黄思杰　佘凤绪**

昔日被誉为“高原明珠畔，果菜鱼米乡”的滇池东岸坝子，由于斗南村民从事的花卉产业逐渐兴盛，斗南花市一跃成为亚洲最大的鲜花交易市场之一。随着呈贡新城的开发建设，斗南村也因为经历了“花卉市场逐渐扩大，外来人口不断涌入，刺激村民纷纷以建筑翻新和加层的方式来应对”这样一种非正规生长过程，呈现出今天这种涵盖了城市和乡村，过去和现在的城中村复合风貌特征。

村民的住宅类型丰富，从土坯房到乡村小别墅，可谓一部现实版建筑年代发展史；村中现有宗族婚丧嫁娶，公共聚会活动的“客房”——请客的房子；村里的戏台虽然设施简陋，但在特定的节假日里仍有演出。这一切都在一遍遍提醒着我们，这个看似基础设施落后，空间环境杂乱的城中村，其实蕴含着无穷的生命力。

今天，毗邻滇池水，以侍弄花卉为生计的斗南村，需要的不仅仅是现状保护，更需要在保护基础上的对未来价值进行重塑。保护现有风貌，对现状具有传统特色和典型地域文化特征的建构筑物进行保护；更新空间场所，对基础设施，空间环境进行更新改造；丰富产业业态，增加花卉相关创意产业，休闲娱乐服务业。个人认同一种观点：“城市化的最高境界是乡村化。乡村成为城市人的喜爱，并具有城市的硬件设施。”明天的斗南依旧是滇池东岸边一个有意思的村子。

# 邻水弄花 思斗望南——斗南村有机生长与复合更新

## ■ 区位概况



## ■ SWOT分析

S：斗南毗邻滇池，气候温暖湿润，地势平坦，土地肥沃，物产丰富，环境优美。区位条件优越，交通便捷，打造了誉满全球的中国花卉第一品牌“斗南花卉”，以花卉特色产业带动了以昆明为中心的花卉运销、物流、包装、保险及与之配套的二、三产业的发展。

W：传统居住区建筑密度高、缺乏市政设施和公共服务设施、环境条件差，不能满足居民对提高居住质量、适应现代化生活的需求。传统建筑年久失修，没有成片保留、较为完整的居民院落，历史遗存价值严重衰退。此外，工业用地和居住用地混杂，严重影响居民生活品质。

O：呈贡区经济发展稳健，发展态势良好，同时昆明也在对滇池进行持续性整理和改造，斗南村将获得更多的区位优势，斗南国际花卉产业园区已列入国家级花卉市场建设项目，使得花卉产业将获得更好的发展。

T：虽然昆明正在进行环境治理，但其后环境的改善依旧不够理想。斗南村以花卉产业作为支柱型产业，昆明环境气候的逐渐恶化会对其造成长久的影响。

## ■ 理念构想



## ■ 现状解析

### 历史文化



### 道路街巷



### 建筑



### 公共空间



### 人居活动



佳作奖

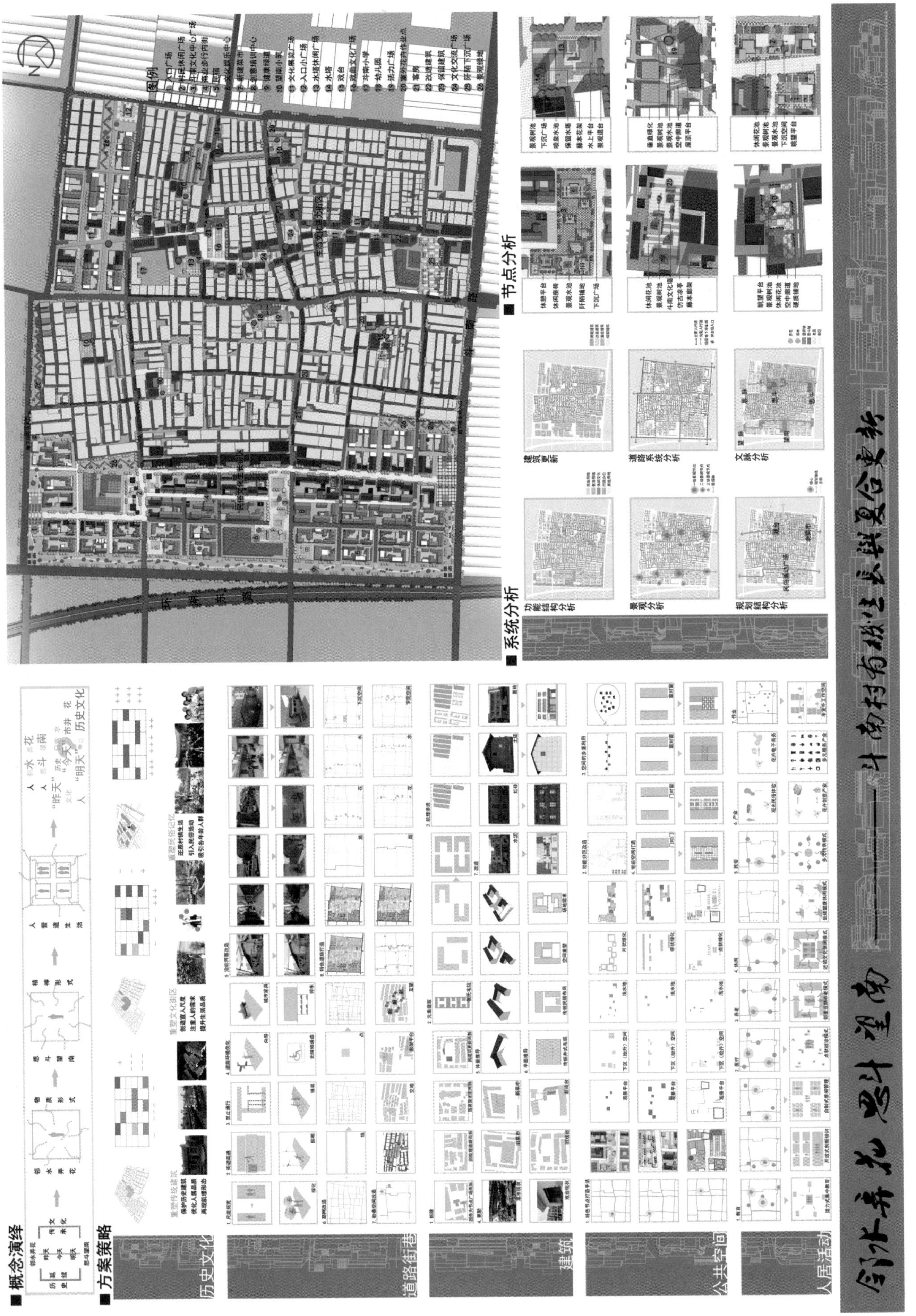

# 昨天·今天·明天：滇池东岸城市边缘滨水空间设计

# 邻水弄花 思斗望南——斗南村有机生长与复合更新

## ■ 概念演绎

邻水弄花 历史 延续 昨天 今天 明天 传承 文化 思斗望南

邻水弄花 → 物质形式 → 思斗望南 → 精神形式 → 人 营造 生活

人 水 花 人 斗 南 "昨天" 历史 "今天" 市井 "明天" 花 历史文化

## ■ 方案策略

### 历史文化

重塑传统建筑：保护历史建筑、优化人居品质、再现肌理形态

重塑文化街区：创造宜人尺度、注重人的需求、提升生活品质

重塑民俗记忆：还原村镇生活、引入民俗活动、吸引各年龄人群

### 道路街巷

1. 尺度梳理 2. 街道疏通 3. 禁止通行 4. 道路环境优化 5. 沿街界面改造 6. 路网改造 7. 街巷空间改造 8. 特色道路打造

### 建筑

1. 拆除 2. 元素提取 3. 肌理修缮 4. 更新 5. 体量推导 6. 平面推导 7. 改造

### 公共空间

1. 特色节点打造手法 2. 功能分区改造 3. 空间的多重利用 4. 宅前空间打造

### 人居活动

1. 教育 2. 医疗 3. 养老 4. 休闲 5. 民俗 6. 产业 7. 作业

## 图例

1 入口广场
2 村民休闲广场
3 斗南文化中心广场
4 商业步行内街
5 民宿
6 文化娱乐中心
7 新建菜市
8 创意培训中心
9 健康绿道
10 望南小筑
11 文化展览广场
12 入口小广场
13 水塔休闲广场
14 水塔
15 戏台
16 戏曲文化广场
17 斗南小学
18 幼儿园
19 活力广场
20 室外花卉作业点
21 客房
22 改造建筑
23 保留建筑
24 文化交流广场
25 阡陌下沉广场
26 景观绿地

环湖东路 斗南路 民俗文化生活街区 生态文化活力街区

## ■ 系统分析

功能结构分析 建筑更新 景观分析 道路系统分析 规划结构分析 文脉分析

## ■ 节点分析

休憩平台、休闲座椅、景观水池、阡陌铺地、下沉广场

景观树池、下沉广场、喷泉水池、保留水塔、藤本花架、水上平台、景观退台

休闲花池、景观树池、斗南文化墙、仿古凉亭、藤本廊架

垂直绿化、景观树池、景观水池、空中廊道、屋顶平台

眺望平台、景观树池、休闲花池、空中廊道、硬质铺地

休闲花池、景观树池、景观水池、下沉空间、眺望平台

佳作奖

节点一：望南小筑

节点二：幼儿园

节点三：水塔

节点四：戏台

节点五：民俗活动广场

节点六：菜市

节点七：新区入口广场

节点八：新区菜市

■ 生态低碳

**赵柏杨**

–

“西部之光”暑期竞赛是我第一次参加的大型规划竞赛，从这次的比赛之中，受益良多。这次“西部之光”竞赛的题目是“昨天·今天·明天：滇池东岸城市边缘滨水空间设计”，从拿到题目开始我就在思考，本次规划的主题应该是对斗南村片区往日历史，今日现状及存在的问题，未来发展方向的一种探索。如何用规划的手段去发现问题解决问题，因地制宜地提出我们的方案策略是我们这次的头等大事。

城市规划，我觉得比较重要的是实打实的以现状作为依据，但又不拘泥于现状。带着以人为本的核心思想去看待场地。前期调研之中，斗南村呈现一种“非正式的城中村”模式。如果以“贫民窟”去描述斗南，那么又与他已经趋于成熟的种花、贩花、“产”花产业模式带来的经济效益相悖。如果以城镇的标准去看待斗南，那么又与斗南人贫瘠的公共空间生活和基础建设条件相悖。因此我们在调研之后，认为一定以尊重和包容的思想去看待斗南人目前自己的生活方式和斗南情结，以丰富和改善斗南人公共空间生活为规划基础，以丰富斗南产业类型展望斗南未来的发展方向。

从这三个方面出发，我们提出“邻水弄花·思斗望南”主题。“邻水弄花”，其实是对斗南人目前生活状态的描绘；“思斗望南”，其实是我们想尊重斗南目前的生活状态以及斗南人自己的生活方式和故土情结。而我们要做的，其实就是用专业的规划方法去改善、丰富斗南人的精神和物质生活空间，用以人为本的思想去理解斗南。当然，落实到场地空间上的规划要素肯定会承载我们的思考。

佳作奖

**汪紫菱**

–

“西部之光”是我在大学接触的第一个真正意义上的规划设计，当时正处于迷茫时期，对于规划并没有太多的概念，带着许多疑问和激情参加进来。在整个过程中，我们是辛苦并快乐着的，收获最多的是在斗南的调研。感受真正的规划调研，真正的以人为本的规划研究方法。前期调研是最重要的，它将会引领你整个方案的思路，一切设计源于现状，你需要抓住现状问题的核心去展开你的规划，我认为这是一个很重要的过程。

昨天·今天·明天：滇池东岸城市边缘滨水空间设计，我们需要考虑传统村落空间保护更新如何与未来城市滨水休闲生活需求相互协调的关系、慢行交通组织与城市公共交通系统的衔接、当地传统文化保护与绿色生态节能技术的应用等。当调研进行到尾声时，我已经可以清晰地捕捉到斗南历史脉络，门牌号的起始点，主要街道的位置，这些都给我的设计带来依据。经过分析现状，我们整理出斗南整个发展的轴线，还原历史轴线亦或是根据人类活动打造轴线，让目前看起来杂乱的城中村的脉络逐渐清晰起来。而这些脉络作为一条线，又串着人们公共活动的主要场所，公共建筑与公共休闲场地成为此时关注的点。轴线的延伸伴随着新区土地的利用，建筑空间布局、土地性质、新区旧区衔接等问题都要考虑。还有很重要的一点是在现状调研时，很多零碎的自发性公共聚集被人们所需要，小的公共休闲空间受到了我们的重视，包括研究现状公共休闲空间的建筑围合形式。这些都是我们在做方案时的一些思考，当然还有很多方面我们还没有考虑到。

最后，我觉得很幸运可以和小伙伴一起完成这次的竞赛，真的是非常难忘的一次经历。

**张丽君**

“西部之光”是我参加的第一个规划类竞赛，一个多月的竞赛时间，酸甜苦辣各种滋味中，我收获了太多的难忘与成长。很幸运也很欣慰，我们小组的参赛组品“邻水弄花·思斗望南”荣获了该届“西部之光”竞赛的‘佳作奖’，这样的成果于小组而言，是鼓励亦是肯定，是对我们竞赛过程推导方式的肯定。人们常说“细节决定成败”，但在我看来，决定设计方案成败的应当是过程，而这个过程需要严格遵循某种客观的思维方式。比如，当我在独立完成某些设计方案时，我总会思考“我想要设计怎样的方案”，这是我潜意识中的主观思维决定的；但在做“西部之光”竞赛时，老师引导我们去思考“斗南村民需要怎样的设计方案”，这便是基于客观存在的现状而产生的客观思考。这种主观与客观的区别在于：主观可以没有过程，而客观必须有理性的推导、求证过程。这个过程有着关键的几个步骤：现状分析——案例研究——决策取舍——成果表达。首先现状是我们设计方案的依据，是最为客观的存在；其次案例研究对象不一定是一个完整的设计文本，可以是一张总图，一个节点，一种结构，或者一些表达方式，通过典型案例的分析研究，我们可以找出方案可能的突破口或亮点；然后在多方案比较分析后，对策略做出取舍，这要求有充分自我说服的理由；在成果表达上，架构的逻辑性尤为重要，它引导着别人顺着你的思路了解你的设计，最后图文并茂的排版讲究要么赏心悦目，要么吸引眼球。按照这种客观的思考方式，我们才能最大限度地保证方案的合理性，才能呈现出设计“应该有的样子”。

**黄思杰**

–

佳作奖

本届“西部之光”的题目为“昨天·今天·明天”。从题目上个人理解为这是一个回溯地方历史，正视当今现状，并展望未来的规划命题。如何串联三者，因地制宜地做出最适合所选地的规划设计是我们需要去思考的问题。

我们选取了斗南村这块区域，正是看中了斗南村在本次的题目上有很大的发挥空间。“邻水弄花，思斗望南”的题目包含了我们对斗南村的理解以及我们的规划思想。“邻水弄花”既是地理上的体现，也是产业的体现，更是斗南特色生活的体现。“思斗”是对现今斗南村生活现状的思考，亦是对斗南传统闲适和平生活的眷恋。“望南”正是眼望一番山水，展望未来的方向。从态度上，我们希望保留斗南现有的可能在城市眼光看来有颇多“问题”的生活。我们从各个方面提出策略，从基础设施上，空间上、文化、产业上等一系列的方向。旨在将“昨天”、“今天”、“明天”紧密地联系在一起，并共同作用于斗南的生长之中。保留这片土地应有的特色与生活，同时使其良性的生长，这是我们希望的规划方向。

最后，小小的邻水花村，有它悠久的历史；有它蓬勃的产业；有它承载的人群；有它独特的生活。这些的存在，使得我们可以去为它打造一个专属于它的明天。同时，这些也源于我们对规划这片土地时的潜心挖掘与了解，对土地投入的情感以及责任感。我认为，这也正是我们今后能够做出更加契合土地，更具有特色的规划而应有的素养吧。

**佘凤绪**

–

最近这十来年，中国的城市化进程已经到了一个崭新的地步，越来越多的乡镇朝着城市的方向前进。每个城市都千篇一律，相同的摩天大楼，相同的社区，相同的商业中心。所幸的是还有很多承载着中国悠久历史的小乡村，它们有些在这个大浪潮中得以幸存，还保持着原来的面貌，安静地伫立在那些大众不知晓的角落，静待日月沉浮。

斗南村是一种半结合体，是这个时代的挣扎的印记，它们的地理位置决定了它们不可能择一隅得以安静，它们被推着走，挣扎着逐渐扭曲变形。一栋栋农民修的自建房，一栋高过一栋，为了争得更多的政府可能的赔款，乱搭乱建。昔日的阡陌纵横，田园犬吠，现如今尽是狭窄的走道，与散落在地上被人践踏的花瓣。

而当我们走进斗南，了解了它的过往，体会了它的风俗人情，斗南作为一个鲜花盛开的地方，我们渐渐勾勒出来，他们应有的样貌。临水弄花，这应是他们平日生活的写照，思斗望南，应是人们心中对之前那个满载着文化历史气息的乡村的怀念与守望。让现状作为它的骨架，文化历史作为它的灵魂，新的产业以及新的功能成为它流淌着的新鲜血脉。旧的会在人们记忆中永存，而我们是让他新生，是滇池畔的一缕清香，是百花齐放的沃土一方。

这是一个用力过猛的社会，在我们享受奔跑所带来的愉悦之际，或许也应该停下脚步，回头望一望那些被抛在脑后的故乡。他们老了，脚步蹒跚，而我们这些从故乡走出来的孩子们，是否也应该停下来为它们守望，正如他们当时为我们所守望一样。

陈俊

佳作奖

昆明理工大学城市学院

# Yesterday Today Tomorrow Travel in the way of life

## ——历史乡镇可游、可居、可观的花街合院生活方式

指导教师 | **陈俊**　参赛学生 | **吴泽志　毛海芳　文霈霖**

“西部之光”规划设计竞赛为大家提供了一个开放交流的平台，作为一名建筑学专业的教师很高兴能够在这样的平台上跟城市规划专业的师生们学习交流，在此过程中，我们共同成长收获很多。我们团队的思考以实地调研分析为基础，围绕人居的行为展开，提出了“刻度研究”的控制，针对不同人群提出多样的空间体验，把公共空间的梳理和城市肌理的衔接作为重点，同学们对传统文化背景下的城中村展开了大量的调研和激烈的讨论，最终提出了以信息叠加和多维度的思路梳理街巷肌理，修整缺失的公共设施和空间，让这里成为多样性生活方式可以承载的场所和文化可以延续的街区，最终同学们抽取局部的街区深入设计，提出了具体的公共空间构思方案。

在一个多月的创作过程中，团队的协作产生的集体能量是大家最大的欣喜，作为老师我只是一个穿针引线的人，而同学们激烈的讨论和全心地投入是推动方案设计的原动力，这是一个畅快愉悦的配合过程，感谢这样的平台和机会，也期待我们以此为起点，在将来有更大的进步和收获。

# Yesterday · Today · Tomorrow

## ——历史乡镇可游、可居、可观花街合院生活方式

Travel in the way of life, living, ornamental

现状篇 01

### 区位分析

**中观区位——**
呈贡位于昆明北向发展主轴上，作为昆明市行政中心和滇中城市圈未来经济发展的核心区，市委、市政府对呈贡发展提出最新定位为建设“昆明区域性国际城市建设的先行区和示范区。

**微观区位——**
斗南片区属于昆明“一湖四片”中的东片区的西部。紧靠昆明的景观中心—滇池，正对西山风景区，在景观上有得天独厚的优势和开展旅游、商业服务、会展会议、休闲产业的优势。

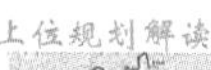

### 上位规划解读

**昆明城市总体规划**
呈贡作为城市新的增长点、综合性次中心区，处在昆明南北向发展主轴上，将成为昆明对外经济联系的主要方向，也将成为主城人口和功能疏解及新的产业聚集的主要地区。

**呈贡县城总体规划**
呈贡采用组团集合式的结构形态。以国际行政商务区为中心区，大学园区、物流中心和配套工业区、城市生活区、国际花卉交易和配套区为城市的四大组团，在滇池与滇池环湖公路之间，建设生态湿地，提高生态环境质量。

**呈贡新区城市设计规划**
规划用地以花卉交易、商业贸易及相关服务配套为主，打造具有国际水平的“亚洲花都”。通过斗南门户码头、花卉文化等主题打造，逐渐吸引国内外游客的聚集，成为新城最有吸引力的鲜花旅游之都。

### 周边条件分析

**周边公共服务设施**
基地周边现状缺少医院、学校和社区服务和活动设施 ，应在设计时加以考虑。

**周边旅游资源**
历史资源较为丰富，但缺少自然旅游观光资源，以后可将花卉和旅游资源相结合。

**周边道路交通**
斗南片区距离昆明市区12公里境内昆玉高速、彩云路、兴呈路、环湖路等穿境而过，具有优越的外部条件。

### 民俗特产

在呈贡的乡村，当地人还保持一些民俗工艺，有一些竹雕制品，一些栓角，一些花园糕，这些都是不可遗忘的文化传承，这样的工艺品带动了乡村经济的发展，是一种乡村符号。

### 民俗传统

传统文化，传统习俗，它反映的是人们的生活方式和状态，在呈贡这块土地上，当地人会聚集起来举行端午节，在人们获得丰收后，举行赶龙街，各式各样的小吃，工艺品，长街宴是当地最热闹的宴席，许多人沿街而坐品尝美食。

### 老城记忆

呈贡伴随着新城的建立，老城的光辉正慢慢地减弱，它遗留下来的，使人们对过去的一种怀念，在老城的更新，如何将呈贡老城的文化特色保留下来？老街老巷，孤帆远影渐渐消逝。

### 现状用地分析

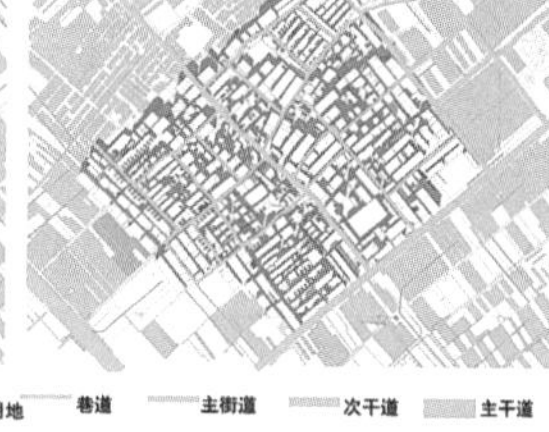

文物保护 商业用地 居住用地 农业用地 | 巷道 主街道 次干道 主干道 | 2-3层 4-5层 5层以上

现状用地性质　现状道路交通　现状建筑高度

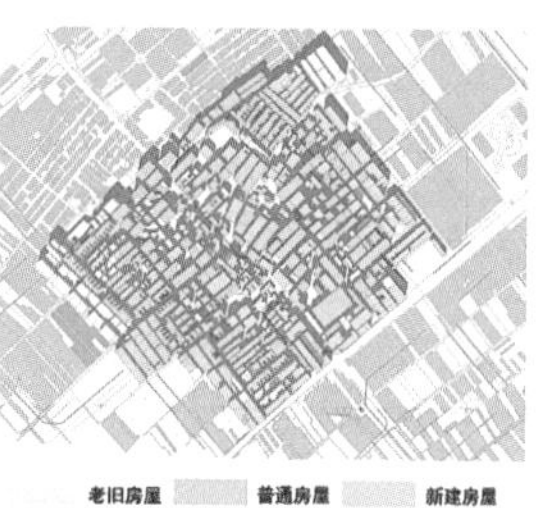

临时搭建 普通建筑 重要建筑 | 老旧房屋 普通房屋 新建房屋 | 当地人口 外来人口

现状建筑等级　现状建筑风貌　现状居住人口

### 人群活动分析——街区使用者

**本地居民**
街区现状居民以汉族为主，是土生土长的斗南村村民，是街区主要使用者和活动参与者。

**外来居民**
斗南花卉市场带动了大批与商品交易相配套的服务业人口聚集，同时吸引了大量非市场人员进村居住。

**游客**
花卉市场的兴起，吸引了大批商品买者进入市场，带动了花市的发展，形成了良好的商业气氛。

**街区人群活动分析**

| 活动 | 现状空间 | 空间需求 | 使用频率 |
|---|---|---|---|
| 居住 | 斗南村商铺房 | 干净安全的居住环境满足理想的居住条件 | 居住区 |
| 商业 | 临街花铺农贸市场 | 可改造和租赁的空间与生活区域互不干扰 | 临街花铺 农贸市场 |
| 工作 | 附近农田大棚花卉 | 原生态的田野风光当地居民主要收入来源 | 附近农田 大棚花卉 |

■居民白天主要在花市活动，晚上回居住区活动
■居民活动倒道分布，主要集中在花卉市场与农贸市场。
■街区居住密度较大，居民生活条件较差。
■街区公共空间较少，环境品质较差，影响了居民的公共交往活动。

### SWOT 分析

**S—优势**
1. 品牌优势。“斗南花卉”已经成为中国花卉第一品牌。
2. 项目优势。斗南片区是昆明市城乡规划委员会批准为6个可突破环湖路建设的项目之一。
3. 山水、人文优势。三台山与滇池隔城相望，有三台山、文庙、冰心默庐等历史文化遗迹。

**W—劣势**
1. 产业单一，发展支撑力欠缺。主要以花卉种植和交易为主，旅游服务第三产业严重不足。
2. 基础设施不成体系，配套功能不完善，缺乏公共绿地。
3. 建成区改造难度大，建筑质量多数较差，城市的更新需要拆迁，住房安置成为新城建设的重大困难。

**O—机遇**
1. 以鲜切花为龙头，是国家农业产业化的重点发展地区。
2. “绿色通道”政府保障昆明鲜切花运输。
3. 政治与商务礼仪场合、婚庆与居家年节装饰市场潜力巨大。
4. 年宵花市、花卉博览会、插画艺术大赛等活动对鲜切花的消费具有助推作用。

**T—挑战**
1. 受到东南亚市场以及西方国家市场的双重冲击。
2. 由于新品种研发技术创新不足，难以获得新品种带来的高额利润。
3. 物检疫技术与检查检验技术仪的落后，不能有效的控制外来种球的携带的病菌。
4. 云南尚未形成普片的鲜切花消费意识与观念。

### 街区现状问题分析

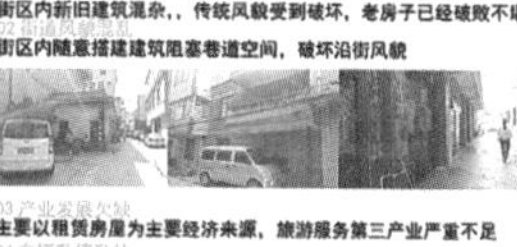

01 建筑风貌杂乱
街区内新旧建筑混杂，，传统风貌受到破坏，老房子已经破败不堪
02 街道风貌混乱
街区内随意搭建建筑阻塞巷道空间，破坏沿街风貌

03 产业发展欠缺
主要以租赁房屋为主要经济来源，旅游服务第三产业严重不足
04 车辆乱停乱放
花市临街商铺车辆乱停乱放，，造成主街交通拥堵

05 生态环境破坏
生态滨水受到破坏，街区街巷也缺乏沿街景观
06 公共活动空间缺乏
公共空间品质的降低无法吸聚居民活动

07 基础设施不够完善或丧失
基础设施丧失，导致生活环境得不到提高，居住人群不幸福
08 特有建筑保护与建立
基地内对古建进行保护，建立部分活动中心

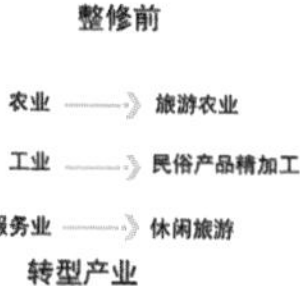

整修前　整修后

**街区风貌**

**转型产业**
农业 → 旅游农业
工业 → 民俗产品精加工
服务业 → 休闲旅游

**重振功能**
湖泊　恢复生态湿地，开发滨水空间，带动旅游发展
村落　利用当地特产，形成自给自足的小型村落经济模式

**产业功能**

**重构生态**

恢复湖泊生态环境，远离湿地，进行湿地保护，科学发展生态农业，保护当地鸟类鱼类

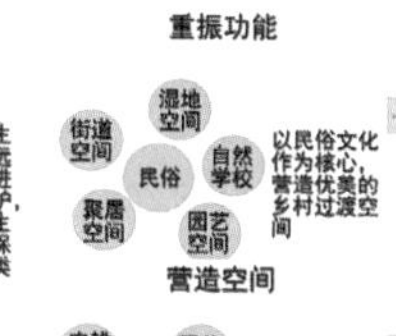

**营造空间**

以民俗文化作为核心，营造优美的乡村过渡空间

**景观空间**

**延续生活**

延续当地风俗，保护当地自然资源，，统筹城市发展

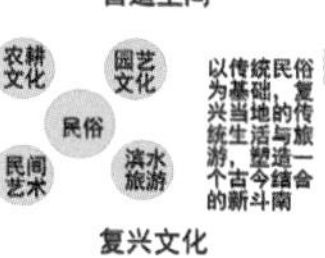

**复兴文化**

以传统民俗为基础，复兴当地的传统生活与旅游，塑造一个古今结合的新斗南

**文化生活**

# 昨天·今天·明天：滇池东岸城市边缘滨水空间设计

Yesterday · Today · Tomorrow　Travel in the way of life, living, ornamental

——历史乡镇可游、可居、可观花街合院生活方式

策略篇02

传统肌理提取

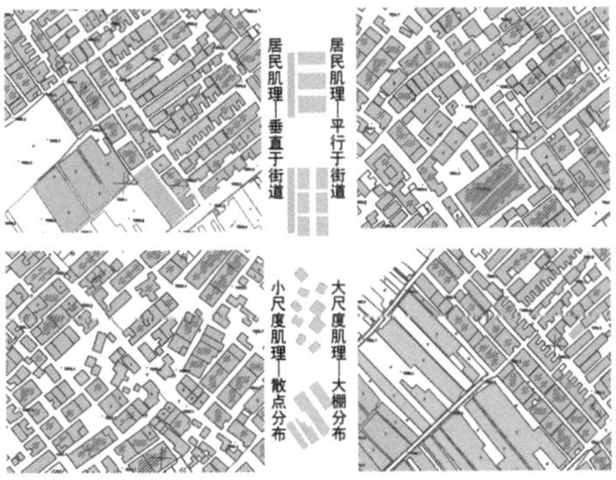

居民肌理—垂直于街道　居民肌理—平行于街道

小尺度肌理—散点分布　大尺度肌理—大栅分布

规划设计目标

本设计意在以传统生活模式的解读为轴线，引导传统生活向休闲生活的发展，并促进街区的复兴。

具体策略：

（1）刻度研究控制

（2）建筑模式生成

（3）制定湿地保护

（4）开发传统文化

（5）公共空间活力创造

（6）与企业联合建立自然保护基地

城市设计框架

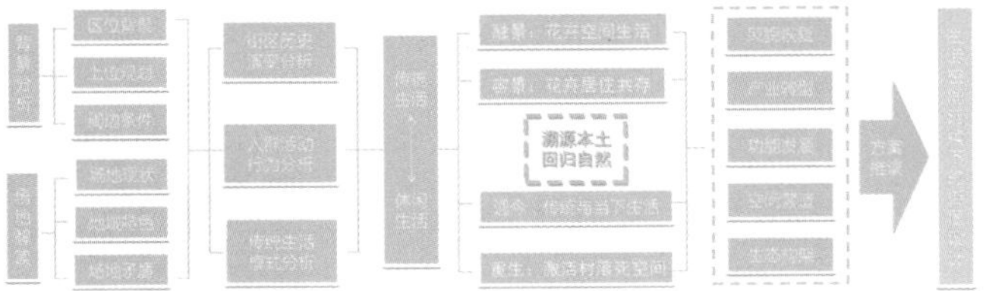

规划设计策略—建筑模式生成

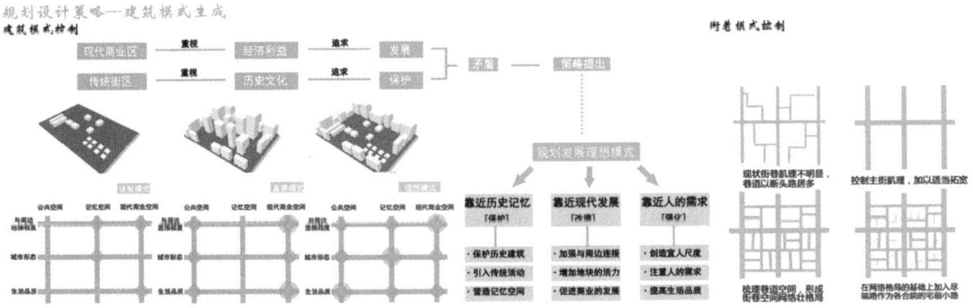

建筑模式控制

现代商业区　重视　经济利益　追求　发展

传统街区　重视　历史文化　追求　保护

矛盾 —— 策略提出

规划发展理想模式

靠近历史记忆［保护］　靠近现代发展［改造］　靠近人的需求［保护］

·保护历史建筑　·引入传统活动　·营造记忆空间

·加强与周边连接　·增加地块的活力　·促进商业的发展

·创造宜人尺度　·注重人的需求　·提高生活品质

街巷模式控制

规划设计策略—刻度研究控制

I. 时间刻度

II. 空间刻度

连续式　进院式　围合式　行列式　散步式

III. 建筑刻度

3m x 3m　5m x 5m　10m x10m　刻度叠加　肌理的延续与保留

IV. 街巷刻度

禁止　疏通　引导　保留　入口

增加功能　拓宽　打通　连廊　系统

限定　引导　过渡　渗透　隔断

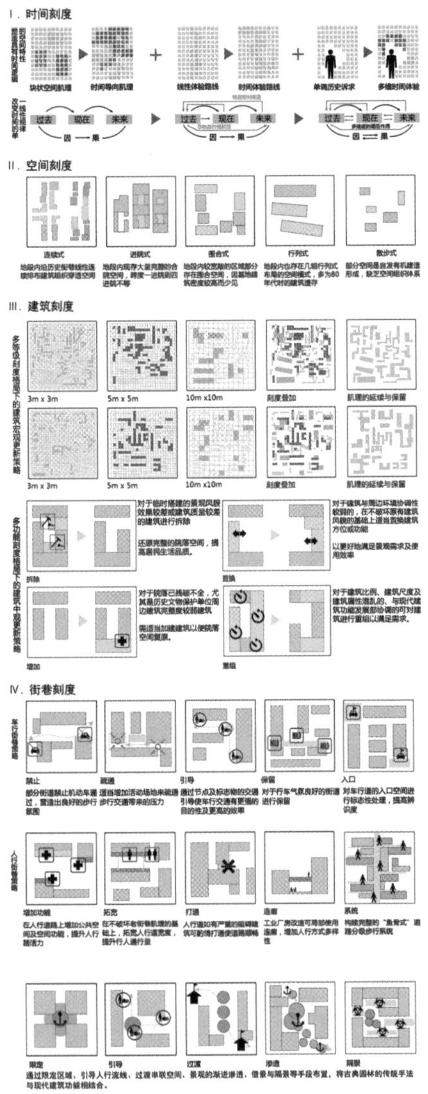

规划设计策略—制定湿地保护

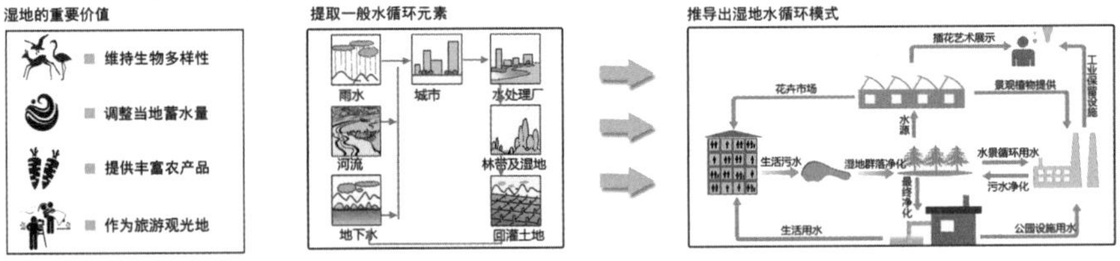

湿地的重要价值

维持生物多样性

调整当地蓄水量

提供丰富农产品

作为旅游观光地

提取一般水循环元素

雨水　城市　水处理厂　河流　林带及湿地　地下水　回灌土地

推导出湿地水循环模式

规划设计策略—开发传统文化资源

延续民俗文化特色

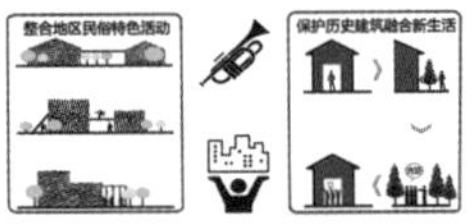

——延续当地民俗文化特色唢呐、小独龙舞、要角编制、竹编、刺绣等，其中花灯音乐创立了独一无二的“背宫”唱法，被个花灯团所采用，为省内七大支系之一。……

民俗文化新体验

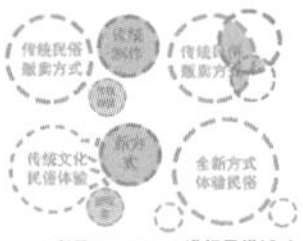

——利用传统文化方式进行民俗活动的规划和设计，将新旧民俗体验方式融合为一体，形成一个完整的整体……

民俗文化链条

刺绣　张天虚故居　花灯　祭礼　老篾匠　绣花鞋　雪中魁阁

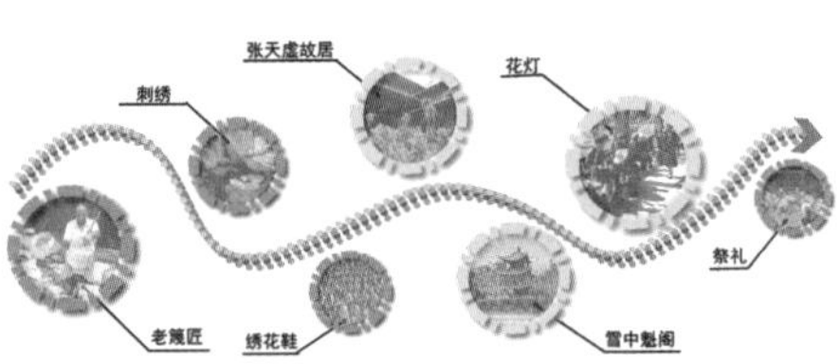

规划设计策略—公共空间活力营造

营造多元的特性空间

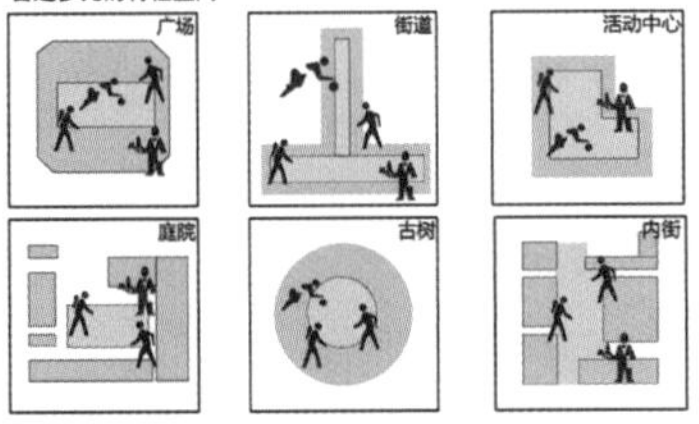

广场　街道　活动中心　庭院　古树　内街

利用街道生活空间串联各节点空间，形成生活空间网络结构

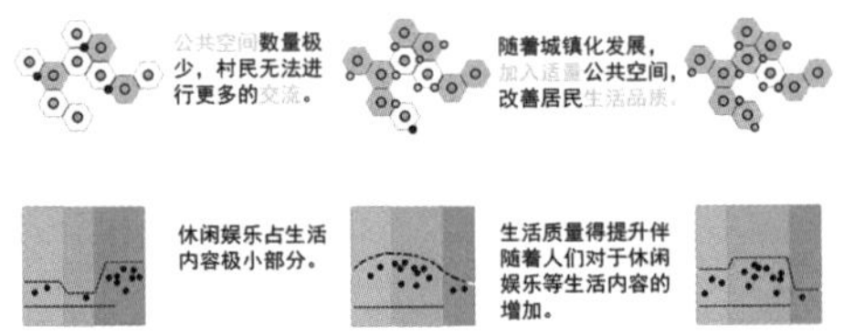

公共空间数量极少，村民无法进行更多的交流。

随着城镇化发展，加入适量公共空间，改善居民生活品质。

休闲娱乐占生活内容极小部分。

生活质量得提升伴随着人们对于休闲娱乐等生活内容的增加。

规划设计策略—与企业联合建立自然环境保护基地

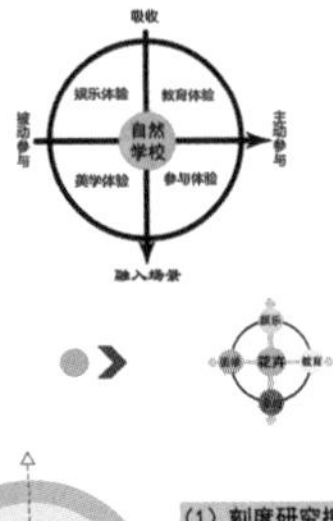

与企业联合在斗南村建造大自然学校，为斗南村增添了一项知识性的教育内容，人们可进入自然学校进行娱乐体验、教育体验、美学体验、参与体验，让花卉处于框架中心。

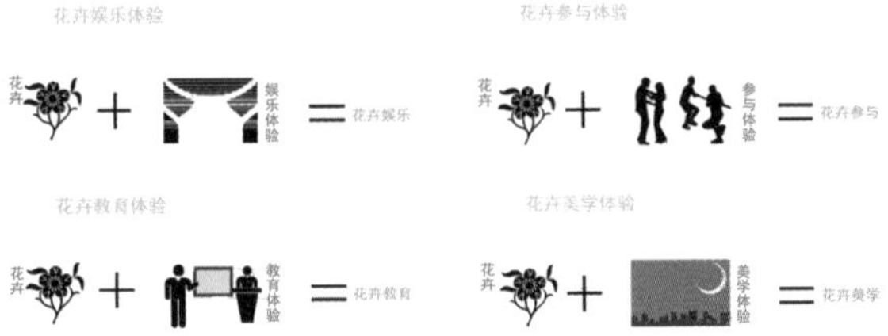

花卉娱乐体验　花卉参与体验　花卉教育体验　花卉美学体验

传统生活延续

街道生活　院落生活　承载生活的场所　街巷格局　邻里生活　院落组织　湿地生活　生活相关的功能　合院分布区　湿地分布区

（1）刻度研究控制

（2）建筑模式生成

（3）制定湿地保护

（4）开发传统文化

（5）公共空间活力创造

（6）建立自然保护基地

可游　可居　可观　方案生成

STEP1 确定发展轴线与功能核　STEP2 营造传统生活公共空间　STEP3 置入街区生态系统　STEP4 恢复街区传统风貌　STEP5 方案推演生成

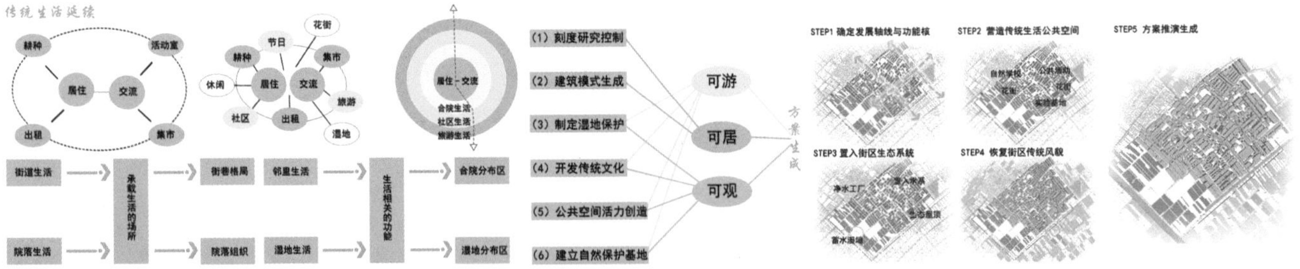

# Yesterday ▪ Today ▪ Tomorrow

## ——历史乡镇可游、可居、可观花街合院生活方式

Travel in the way of life, living, ornamental

设计篇 03

古

曦晨薄雾渔早渡，轻舟慢棹，蓑衣沾湿露。落霞醺光植晚硕，爱花轻抚，熏香惹人妒。

今

三台乡音未曾覆，屋上井下，闾里炊烟暮。斗南民璞古韵儒，念陈盼展，轻视卷中读。

来

花歌鱼跃鸥啼湖，滇中明珠，留下昔日簇。新市故人享清福，度者心诚，泼墨归愿图。

文脉

需在传承中体现和坚持，一条老街，就是一座城的历史。一方水土，便成一路人的画卷。

PUBLIC LINE A
PUBLIC LINE B
PUBLIC LINE C
PUBLIC LINE D

1. 步行廊道花街
2. 自然学校
3. 社区活动中心
4. 毕生故居
5. 农贸市场
6. 花卉实验基地
7. 小学
8. 幼儿园
9. 游客市场
10. 休闲农业观光

新增节点
改造节点
原有节点
public line

PUBLIC LINE A
村落居民生活主要联系

PUBLIC LINE B
村落外界之间的资源共享和贸易

PUBLIC LINE C
联系村落与农贸市场、花卉市场

PUBLIC LINE D
与主城区、市中心主要联系

社区活动空间　公共活动空间　自然学校　休闲步行花街

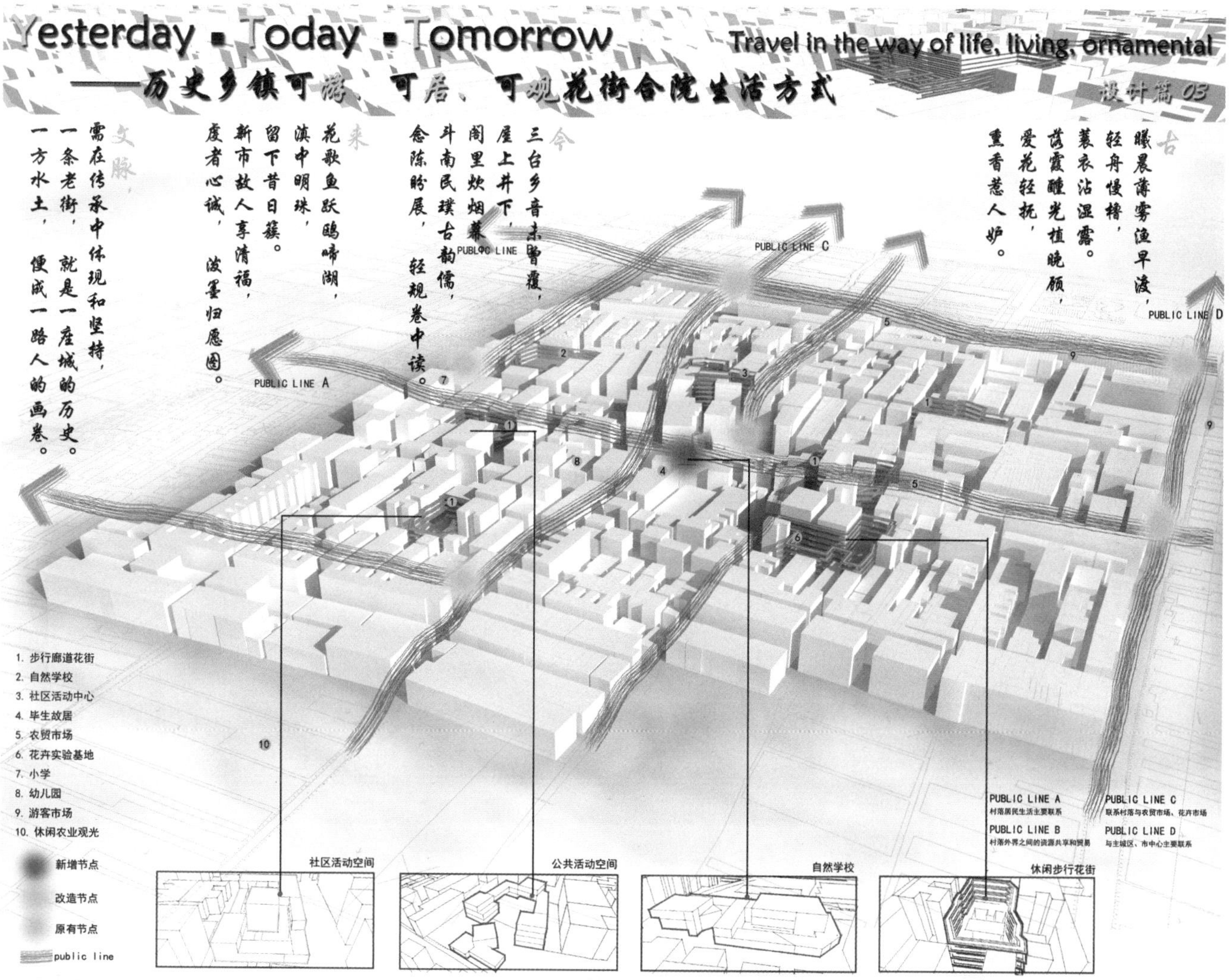

### 规划设计分析

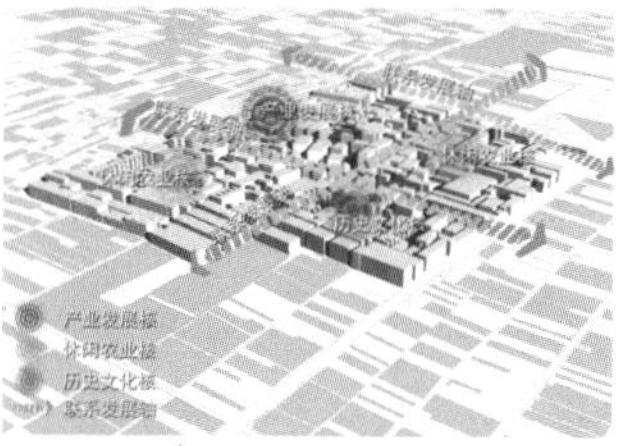

**功能结构分析**

设计以“三轴四核”为结构，形成三条为主街的路网带动其他联系发展轴共同串联了历史文化、产业、发展、休闲农业三个核心。

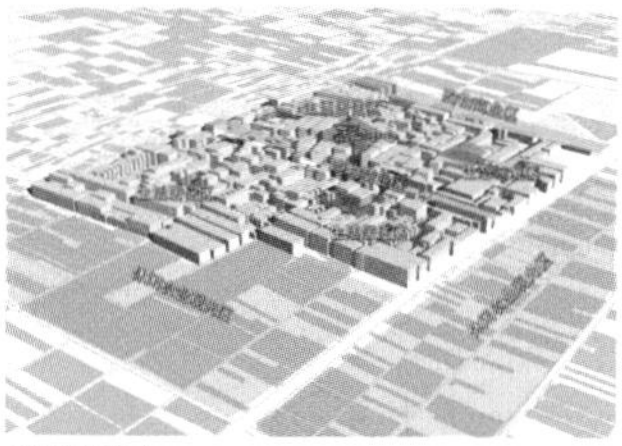

**功能分区分析**

设计根据当地现状调研和分析，依据功能结构的规划，形成X个功能分区。分别为生活居住区、社区活动中心区、生态景观恢复区、休闲农业观光区。

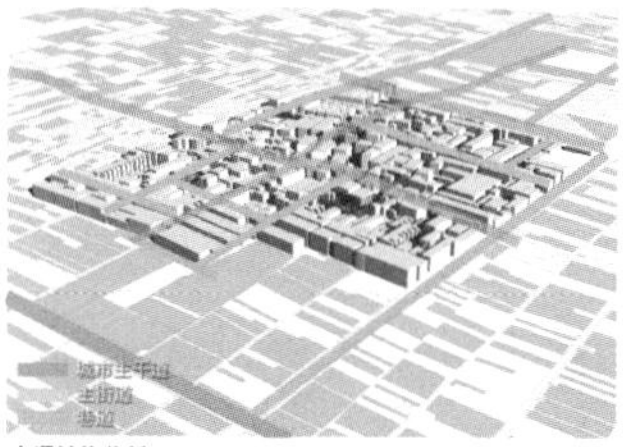

**交通结构分析**

交通规划设计的主要思路是尽量拓宽内部道路宽度，部分车辆在路边临时停靠时不要影响其余车辆和行人的通行，并减少部分断头路。

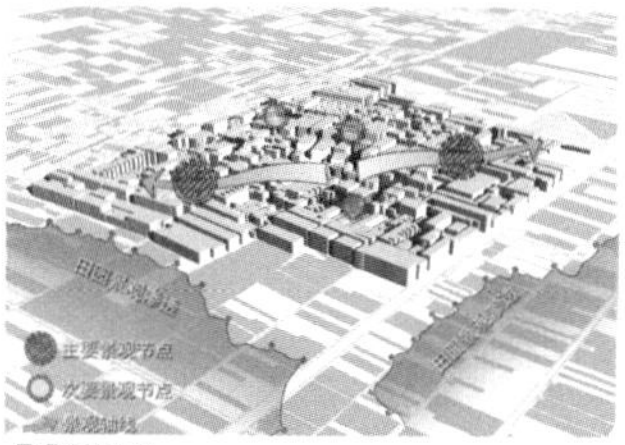

**景观绿地分析**

基地以内平行于路网形成景观轴线，在控制的主要步行道上形成景观次轴，在社区活动中心片区形成了主要的景观节点和周边衍生多个次要景观节点。同时结合生态技术布置了多片绿地，形成多个绿化节点。

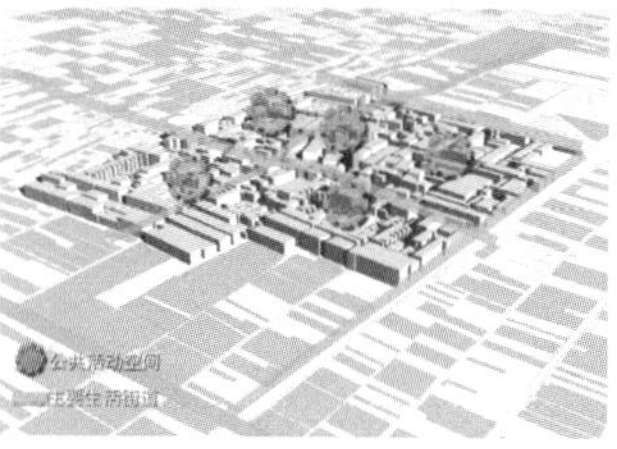

**公共生活空间分析**

该村落公共空间极其缺乏，设计旨在结合传统的现代的空间营造方式打造适合当地居民、上班工作者等多类人群使用的公共生活空间。

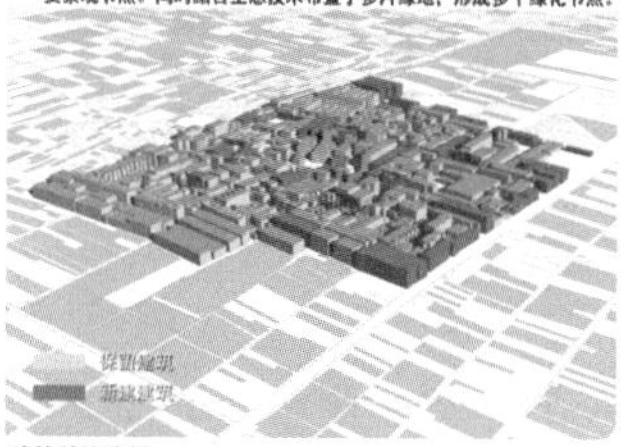

**建筑整治分析**

基地的特殊性体现在位于斗南花卉市场和湖滨生态公园的过渡地带，既要保留肌理风貌良好的建筑，又要一定程度上体现当地建筑风貌，因此除了翻新沿街立面以外，还保留了大部分居民建筑。

### 生活空间与体验空间分析

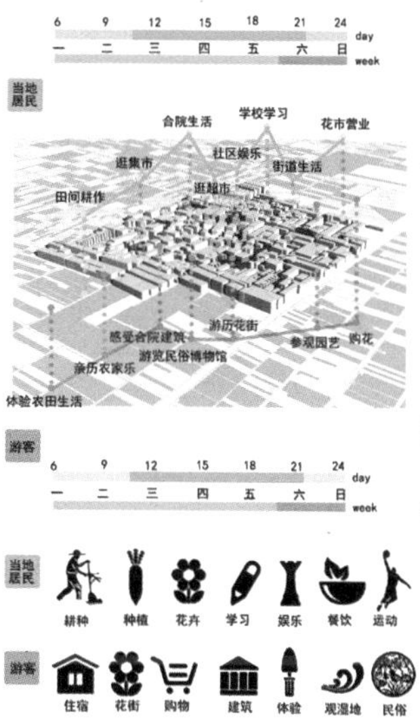

当地居民

合院生活　学校学习　花市营业　逛集市　社区娱乐　街道生活　田间耕作　逛超市　游历花街　感受合院建筑　游览民俗博物馆　参观园艺　购花　体验农家乐　体验农田生活

游客

当地居民：耕种　种植　花卉　学习　娱乐　餐饮　运动

游客：住宿　花街　购物　建筑　体验　观湿地　民俗

可观空间　可观赏湿地、花卉、农业，产业多样，物种丰富

观赏湿地　观赏花卉　观赏农业

可游空间　可游玩街道里的公共空间，合院和街道布局，形态多变

公共空间　街道游历

可居空间　当地居民可居住，外来游客可游步行廊道花街，丰富立面，改善环境

花街　当地居民　外来游客　居住　相结合　旅游

花街合院立面元素提取

当地打渔渔船

渔船上铁链元素提取

生成步行廊道花街立面效果

### 产业引导下的开发

街区重塑 → 花街合院开发 → 风貌恢复 → 村庄整治

花卉种植田　观光农田 → 自主开发 → 企业合作学校 → 当地企业：园艺展示，园艺加工 → 居民、企业、政府商讨 → 花街营造，邻里营造

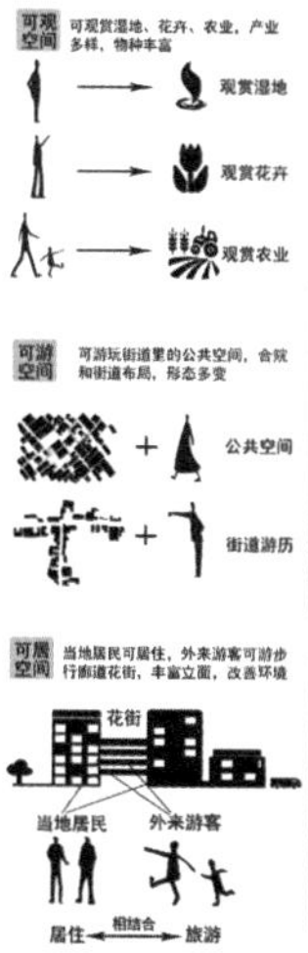

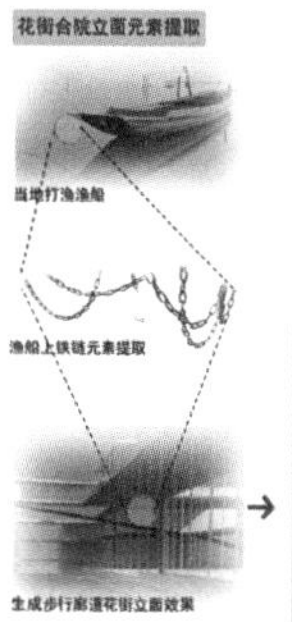

政府支持：花卉研发机构

### 局部街区风貌引导

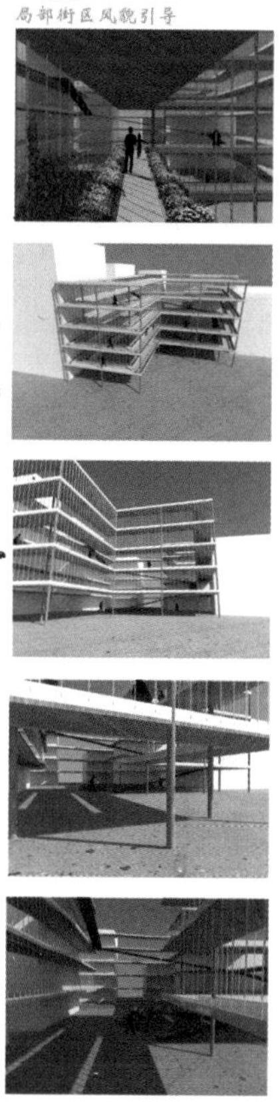

佳作奖

**吴泽志**

—

“西部之光”竞赛是我参加的第一个竞赛，在这个过程中我们这个团队经历了各种磨合，当然也有争论的时候，最后大家还是坚持了下来完成了图纸，现在想来很感激那段日子。竞赛共分了三个课题，我们小组选择的是第二个课题“关于斗南城中村未来的发展”经过前期的资料收集和后续的实地调研我们讨论了很多可能性，有全拆，有整理电线整理街道，也有全部保留等做法的探讨，最后大家还是一致认为，我们的身份是作为一个外来者而不是摧毁者，本身这个地方已经形成了它自己独有的氛围且在我们看来觉得不好，那生活在其中的人呢，她会怎样觉得……，“脏”、“乱”、“差”是所有小组都能很直接找到的原因，而我们更多的思考是这些因素背后的原因，最后我们得出的原因不在于建筑，而在于人。因此我们的切入点就是以建构的方式去引导生活在里边的人去发现他们的生活，去感受生活。通过加入花卉种植，花卉课堂等手法让人们主动地去交流学习，以达到活化这片区的目的。值得庆幸的是我们的切入点没有走偏，大家也得到了一个满意的成果，最后感谢所有人，感谢那段时光。

**毛海芳**

—

快开学之际接到学校通知自己获奖的消息，算是为大三学年画上了一个圆满的句号。当初因为想尝试一次竞赛而报名，于是就不遗余力地参加了，因为执着所以热爱，在所有同学离校后毅然决然留在创智楼，在咖啡和音乐的刺激下迸发出设计的灵感，我很庆幸自己这一路能够坚持下来，自己做出的东西毕竟是会有感情，但也不是所有的辛勤和汗水都能浇灌出美丽的花朵，对竞赛经验方面的欠缺，导致在设计时出现种种的困难，确实经历了一些挫折与失败，不过好在陈老师给予我们很大帮助与建议，毕业之前终于在一切尘埃落定之际有机会做了一次完整的方案竞赛，我希望借此机会再次证明自己！虽然最后无缘前三等奖，却也获得最佳表现奖，怀着一颗感恩的心，继续前行。可是毕业刚好赶上建筑业的低迷，显然对是否能走建筑这条路的我来说没有百分百的用处，但给了我很大的鼓励，让我继续为热爱的专业坚持下去，同时也为自己的大学奋斗的青春岁月留下一个纪念，十几年的学生生涯快要圆满落幕。最后特别感谢本次竞赛给予我鼓励与帮助的老师和同学，是你们给了我前进的动力。生命不息，信念不灭，唯有前行！

**文霈霖**

–

首先，我很高兴参加了本次暑期“西部之光”的竞赛，在此竞赛中得奖让我喜出望外，其次，我很感谢我的伙伴、我的同学、我的老师给予我最大的支持，在一个月的从调研到最终成果，经历的事情实在是让人难忘，心里也是百感交集，从整个乡村改造，我学到了很多的东西，在日趋城市化的今天，一项简单的决策可能会导致一座乡村的蜕变。我们未来城市规划和乡村规划该何去何从？在整个城市的边缘化解这种矛盾成为今天的话题，新区建设和老区的融合，我们的乡愁该如何保留下来？小时候的一条街道、一棵树、一个凳子这些日常生活中简简单单的东西很可能成为你对这座城仅存的一部分记忆，当你在一座繁华的都市生活时，你脑子里浮现的东西还是过去的人和物，并不是脱离了过去的生活环境。尊重历史，尊重过去，积极应对本地文化，保留该有的传统文化和传统生活方式，能让本地原居住民能留下来，为他们创造一个舒适的生活环境，避免本土文化与本土居民的流失，在中国这片历史悠久的土地上，过去人们无界限无边界地扩张，许多的村落已经被城市发展所吞没，现在的我们，不应该重蹈覆辙，积极投身乡土建造，是我们这个时代发展的必经之路，扎根家乡，勿忘过去，勿忘乡愁，有时间了常回家看看……

李丽萍

周茜

石莺

王荫南

佳作奖

昆明理工大学津桥学院

# 重拾滇韵·绿映斗南

指导教师 | **李丽萍　周茜　石莺　王荫南**　参赛学生 | **周超敏　罗肖思景　杨鹤聪　何沁峰**

滇池东岸的城市滨水空间是未来昆明建设低碳绿色生态城市的重要支撑，该区域自然生态环境的保护和开发关系到城市形象的塑造、城市文脉的延续和城市人居环境的品质。如何以低碳绿色生态为理念创造滇池自然山水与城市空间和谐共生的格局，营造有吸引力、有地方特色、有魅力的城市滨水空间是设计需要解决的关键问题。

我校参赛获奖作品《重拾滇韵·绿映斗南》在设计理念上强调滇池沿岸生态环境的回归与重塑，对于城市的扩张式发展对沿岸环境的破坏提出质疑，以此为突破点，对历史上滇池沿岸人居环境、景观形态、湖城关系进行研读，力求设计能够重拾滇池畔旧有的山水格局、生活模式与文化内涵。

方案通过在水陆交汇地带引入人工湿地的方式，突出人工湿地在水体净化及景观营造方面的重要作用，让自然做功，使每个细节透露出对自然的尊重，对绿色的渴望；同时挖掘滇池沿岸传统文化韵味，充分尊重历史、尊重自然，尊重原始居民的生活方式，营造具有当地特色的临水空间，最终实现滨水绿地的生态协调功能和观景休闲功能。

在作品设计与创作过程中，让学生更为深刻地重新认知“熟悉”的城市景观空间，更为理性地去思考城市中自然环境的“存”与“留”才是本次竞赛的初衷之所在。

# 重拾滇韵 绿映斗南

## 滇池东岸城市边缘滨水空间设计

Waterfront space design

满城山色半城湖 半城山水半城街

滇池孕育了山水
守护了一代又一代的昆明人
在他们的生命历史中我们找到了滇韵
滇韵是山的守护；滇韵是水的滋养
滇韵是城的记忆；滇韵是池的包容

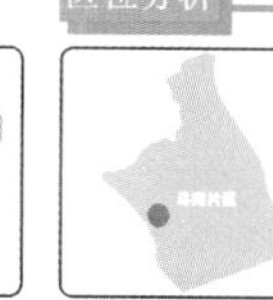

区位分析

昆明，云南省会，位于云南省中部位置。

呈贡新城位于昆明主城的东南方向，是构成未来"大昆明"的主城—呈贡新城空间结构的重要组成部分。

斗南片区位于呈贡新城的西北部是连接昆明主城与呈贡新城之间的重要区域。

本次地块三的位置位于滇池东岸，具有优美的景观资源和极其丰富的湿地资源。

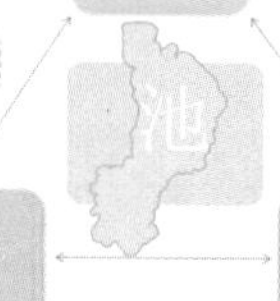

山环水绕、山水为轴 随山就势、山城相融 玉珠镶嵌、连山系城

城市和人一样，也有记忆，因为它有完整的生命历史。从胚胎、童年、青年到成熟的这个过程全都默默地记忆在它巨大的城市肌体里。一代代人创造了它之后纷纷离去，却把记忆留在了城市中。属于昆明这座城市记忆就是山、水、城、池之间共融共生的关系。昆明的山水格局和城市特色在于其山、水、城、池相互依存、相互辉映的内在关系，以及在城市建设中所表现的尊重山水、因势利导的城市建设观和自然山水观。

滇韵之池

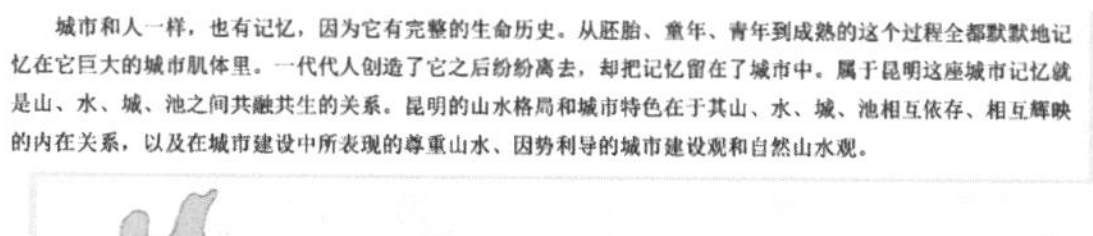

海埂的形成

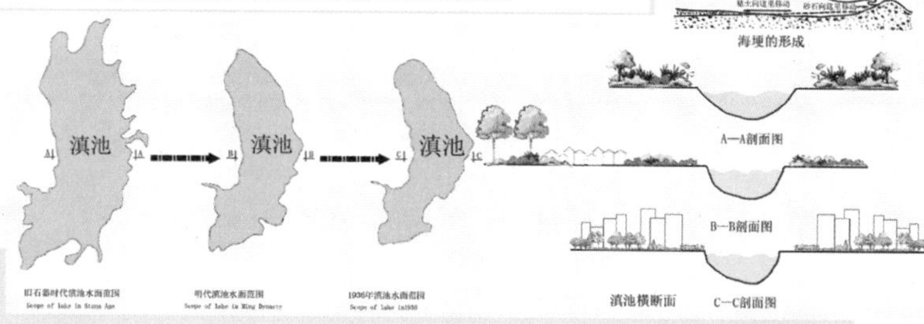

A—A剖面图

B—B剖面图

滇池横断面 C—C剖面图

滇池古名滇南泽，又称昆明湖。因周围居住着"滇"部落或有水似倒流、"滇者，颠也"之说，故曰"滇池"。滇池流域2920平方公里、水面面积309平方公里，昆明五华、盘龙西城区和官渡、西山、呈贡、晋宁、嵩明5县区的部分行政区域均在滇域范围内。昆明的历史就是一部滇池的历史，滇池作为昆明的母亲湖，孕育和造就了昆明，它是体现昆明"春城"和历史文化名城的重要元素。

滇韵之山

昆明是一个典型的山水城市。从岸边望去不管从那个视角都是一幅美景，山体连绵起伏，与天和水融为一体，其中最著名的就是西山的睡美人。

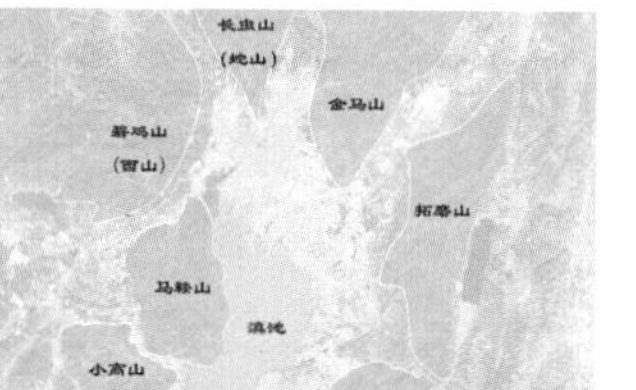

山体肌理

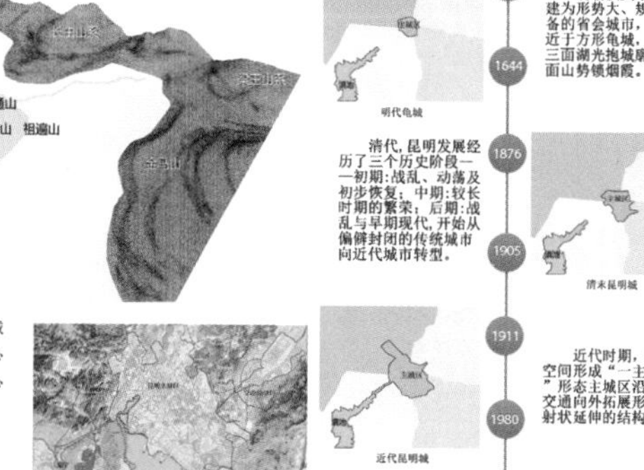

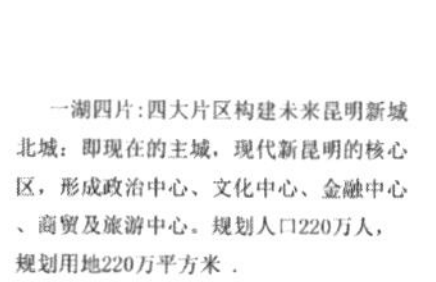

一湖四片：四大片区构建未来昆明新城

北城：即现在的主城，现代新昆明的核心区，形成政治中心、文化中心、金融中心、商贸及旅游中心。规划人口220万人，规划用地220万平方米。

东城：即呈贡新城，形成新兴工业园区、科研教育园区，以花卉为特色的生物产业基地及现代物流中心。规划人口95万人，规划用地167平方公里。

南城：即晋城。

昆阳新城。

1382 明朝洪武十五年建为形势大、规模完备的省会城市，形成近于方形龟城，有"三面湖光抱城廓，四面山势锁烟霞。"

明代龟城

1644 1876 清代，昆明发展经历了三个历史阶段——初期：战乱、动荡及初步恢复，中期：较长时期的繁荣；后期：战乱与早期现代，开始从偏僻封闭的传统城市向近代城市转型。

1905 清末昆明城

1911 近代时期，城市空间形成"一主八片"形态主城区沿道路交通向外拓展形成放射状延伸的结构。

1980 近代昆明城

1996 九十年代后期至今，昆明市城市空间结构演变成为主城、呈贡新区、空港经济区为核心的"网一轴一带"模式。

2005 现代昆明城

滇韵之城

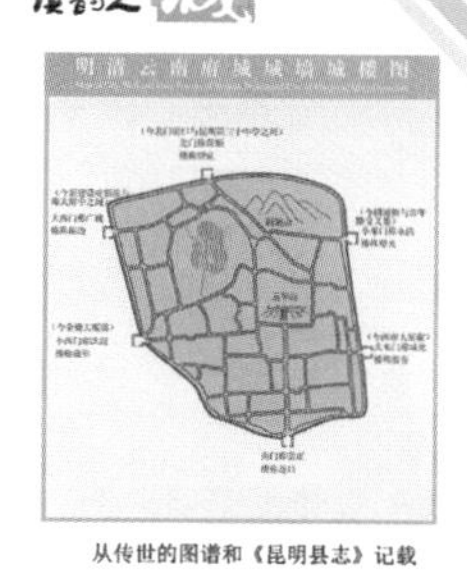

从传世的图谱和《昆明县志》记载，明代的昆明灵龟城：龟头在南开崇政门，龟尾在北开保顺门，龟的四足分别为大东门咸化，小东门永清，小西门洪润，大西门广威，龟的首尾和四足错开一定方位，与龙脉走向形成回环，同时四足灵动，称为灵龟。

老昆明城山龟城风水格局

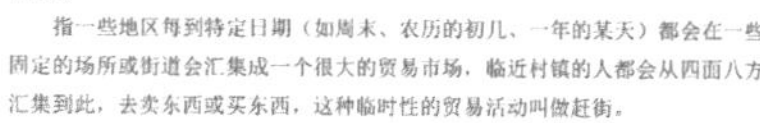

滇韵之水

滇池的上游河流主要有20余条河流，湖水由西南方向的海口流出，滇池水由海口注入普渡河后，汇入金沙江横跨在盘龙江上的大小桥梁。

通济桥

得胜桥

护国桥

滇韵之人文

1. 赶街

指一些地区每到特定日期（如周末、农历的初几、一年的某天）都会在一些固定的场所或街道会汇集成一个很大的贸易市场。临近村镇的人都会从四面八方汇集到此，去卖东西或买东西，这种临时性的贸易活动叫做赶街。

2. 悠闲的生活态度

独特的气候环境造就了昆明人温吞懒散的个性，这样的个性注入到了琐碎的日常生活中，"悠悠呢"是昆明人的口头禅，就是慢慢地，做任何事都不要急。你去拜访昆明人，他会告诉你，悠悠呢来；吃饭的时候，他也会说悠悠呢吃；走的时候，他又会说，悠悠呢去。

1985年冬天，红嘴鸥首临昆明南太桥

1983年 昆明塘子巷街心花园

20世纪80年代，昆明三市街口

1983年 海埂浴场

壹

佳作奖

# 重拾滇韵 绿映斗南

## 滇池东岸城市边缘滨水空间设计

Waterfront space design

### 斗南区位

昆明主城区

斗南片区

斗南位于云南省昆明市呈贡县西部，东邻龙城镇、吴家营乡，东北接洛羊镇，南与大渔乡接壤，西临滇池，北与昆明市官渡区毗邻，距昆明市区12千米，斗南镇以花卉、蔬菜种植为主。

滇池　堤坝　滨河路　鱼塘　绿地　小路　荒地　斗南村

### 斗南的气候与环境

斗南月降水量

气候特征
1. 春季温暖，干燥少雨，日温变化大
2. 夏无酷暑，雨量集中
3. 秋季温凉，天高气爽，雨水减少
4. 冬无寒冷，日照充足，天晴少雨

滇池水质分析

草海重污染区（Ⅰ）

藻类聚集区（Ⅱ）

沉水植被残存区（Ⅲ）

沿岸带季枯区（Ⅳ）

及水生植被受损区（Ⅴ）

高　Ⅰ　Ⅱ　Ⅲ　Ⅳ　低　Ⅴ

污染程度

滇池生态区的特征值

TN、TP、Chl.a 为多年平均值TN总氮 TP总磷 Chl.a叶绿素浓度

滇池进入老龄阶段，自净能力差；来水量少而集中，污水比重大；滇池成为昆明市污水唯一的汇合池；流域人口增长快，污染治理水平低；水的流向与主风向相反，湖面污染物难以排除。

### 基地植物群落现状

绿地植物群落

鱼塘植物群落

湿地植物群落

### 基地现状分析

用地现状图

现状道路图

现状景观轴线图

现状人行流线图

地块内主要人行及人流聚集点都集中在滨水岸线这一条道路，由于风景优美处活动场地的不足，导致地块内景观节点没有起到人流聚集的作用。

地块内主要景观轴带是沿滨水岸线这一条风景带，景观节点没有串联成轴线，后期规划要将景点串联成轴，丰富景观层次。

地块内用地主要以绿地和水域为主，但出现了大片商业，及污染严重的工业用地，非常的不合理，更污染环境，后期规划都需削减和舍去。

规划地块内及周边配置较少，且应有的公共服务设施不齐全，后期规划中需添加。

滇池水污染严重 → 农业、生活污水排放、水体富营养化

滨水岸线亲水性差 → 水泥岸线，距离水面高，没有阶梯

公共服务设施缺乏 → 缺乏基本的设施，如垃圾箱，厕所等设施

内部道路交通落后 → 等级混乱、路面条件差

斗南人口 = 外来常住人口 + 游客 + 常住人口

活动时段　上午　下午　傍晚　本地人数　游客人数

根据对斗南湿地内部人员的调查问卷：本次问卷30份，调查对象涉及本地居民、外来经商者、周边城市游客；年龄层次包含青少年、中年、老年。

公交车　私家车　地铁　自行车　步行

22%　38%　16%　14%　10%

出行方式

经调研我们总结了到地块三的五种出行方式，分别是：公交车、私家车、地铁、自行车、步行。

### 方案与构思

山水城池　绿

方案中滨水景观带可以远眺西山表达了滇韵的山；基地南面对原湿地进行保护开发同时引入滇池水表达了滇韵的水；基地东北面点状分布了民族广场以及文化中心以及代表斗南的花田表达了滇韵的城。

1 入口广场
2 停车场
3 游客服务中心
4 科普展览馆
5 微观净化水池
6 花田
7 特色商品零售
8 观景塔
9 垂钓俱乐部
10 生态餐厅
11 污水预处理中心
12 污水净化池

贰

# 壹拾 滇韵绿映

## 滇池东岸城市边缘滨水空间设计

Waterfront space design

斗南

鸟瞰图

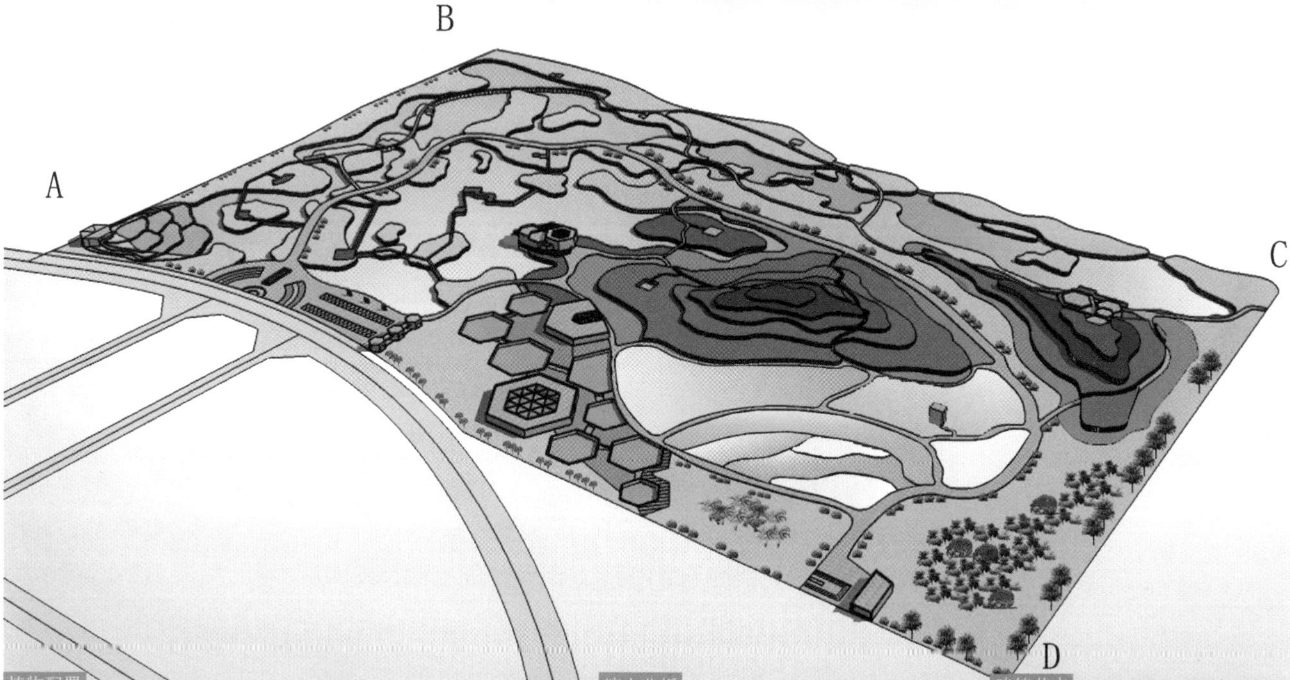

B

A

C

D

植物配置

| 图片 | 名称 | 类型 | 功能 |
|---|---|---|---|
| | 苦草 Vallisneria natans (Lour.) Hara | 沉水植物 | 吸收磷，降低水的电导率。 |
| | 狐尾藻 Myriophyllum verticillatum | 沉水植物 | 净化氮磷，溶解氧。 |
| | 菹草 Potamogeton crispus L. | 沉水植物 | 富集锌，净化砷。 |
| | 竹叶眼子菜 Potamogeton malaianus | 沉水植物 | 吸收重金属，净化水。 |
| | 篦齿眼子菜 Potamogeton pectinatus L. | 沉水植物 | 吸收氮磷，改善水质，抑制藻类生长。 |
| | 黑藻 Hydrilla verticillata | 沉水植物 | 能利用与转化水质不同形态的磷。 |
| | 金鱼藻 Ceratophyllum demersum L. | 沉水植物 | 吸收水中有机质，吸收氮，净化水，改善生态环境。 |

| 图片 | 名称 | 类型 | 功能 |
|---|---|---|---|
| | 睡莲 Nymphaea L. | 浮叶植物 | 吸附Pb2+、Zn2+、Cd2+等重金属，净化水质。 |
| | 凤眼莲 Eichhornia crassipes | 漂浮植物 | 吸收氮、磷及某些重金属元素等营养元素，吸收降解酚、氰，抑制藻类生长。 |
| | 浮萍 Lemna minor L. | 漂浮植物 | 富集镉、铬、铜、硒，抑制藻类生长。 |
| | 水杉 Metasequoia glyptostroboides | 落叶乔木 | 对空气中的二氧化硫等有害气体抗性强，吸滞粉尘。 |
| | 池杉 Taxodium mucronatum Tenore | 落叶乔木 | 湖泮地区防护林，净化水源。 |
| | 中山杉 Taxodium hybrid 'zhongshanshan' | 落叶乔木 | 建设生态环境，净化水源。 |
| | 垂柳 Salix babylonica | 落叶乔木 | 建设生态环境，固堤护岸。 |

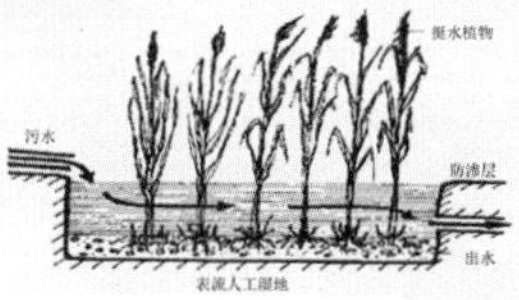

| 图片 | 名称 | 类型 | 功能 |
|---|---|---|---|
| | 香蒲 Typha orientalis Presl | 挺水植物 | 保护湿地系统生态，净化污水中磷、氮、CODcr、BOD5、总悬浮物(TSS)。 |
| | 黄菖蒲 Iris pseudacorus L. | 挺水植物 | 净化氮磷。 |
| | 美人蕉 Canna indica L. | 挺水植物 | 吸收二氧化硫、氯化氢，以及二氧化碳等，净化空气，保护环境。 |
| | 水葱 Scirpus validus Vahl | 挺水植物 | 除去污水中有机物、氨氮、磷酸盐及重金属。 |
| | 芦苇 Phragmites australis | 挺水植物 | 吸收氮磷，富积工业污水中的汞、镉、铝、砷等重金属及其它有毒物质。 |
| | 荷花 Nelumbo nucifera | 挺水植物 | 吸收氮磷；加强水分循环，空气湿润；加强空气循环，空气新鲜；莲藕可食用。 |
| | 荇菜 Nymphoides peltatum | 浮叶植物 | 吸收氮磷，净化水质，抑制藻类生长，可食用。 |

挺水植物

污水

防渗层

出水

表流人工湿地

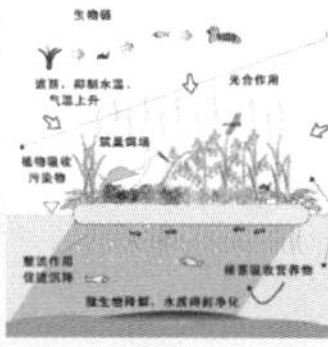

生物链

遮荫，抑制水温、气温上升

光合作用

鸟类栖息

植物吸收污染物

整流作用促进沉降

根系吸收营养物

微生物降解、水质得到净化

人工浮岛的水质净化针对富营养化的水质，利用生态工学原理，降解水中的COD、氮、磷的含量。它的主要机能可以归纳为四个方面：1. 水质净化；2. 创造生物(鸟类、鱼类)的生息空间；3. 改善景观；4. 消波效果对岸边构成保护作用。

滨水分析

建筑节点

C D

垂钓俱乐部 观景塔 生态景观区 科研 餐厅 湿地 预处理设施

B A

垂钓俱乐部 餐厅 观景塔 科研 服务区 预处理设施

叁

佳作奖

周超敏

我们对滇池东岸城市边缘滨水空间进行了规划设计，解决其现有的污染和环境问题，丰富沿滇池周边生态廊道景观，考虑滇池湖滨生态环境长远的保护与修复。

方案构思的来源在于如何留住昆明的记忆和这座城市特有的韵味。滇池作为云南省最大的高原湖泊，像母亲一样滋养着昆明，承载着数代昆明人的记忆。这种情怀主要体现在山、水、城、池四要素上。湖光山色相辉映是山、水、城、池共融的体现；滇池东岸的斗南，以花卉产业而闻名，故而我们有了“重拾滇韵·绿映斗南”这一主题。方案通过前期对地块的实地调研及资料的收集，旨在打造一个自然的、生态的滨水空间，改善滇池东岸湿地环境，丰富当地居民的休闲生活，吸引更多的游客来旅游观光。主要针对的人群是当地居民及周边游客，设置游客服务中心、展览馆、俱乐部等娱乐服务设施，以及供当地居民休闲娱乐的场所。在针对生态修复方面，主要利用不同种类湿地植物对水质的不同净化功能展开，将污水变清的过程直观地展现在游客眼前。我们的设计最大限度地保留了自然的生态环境，使游客体会到自然的美好，同时也保护与修复了滇池的水环境。

罗肖思景

此次竞赛我们的题目是《重拾滇韵·绿映斗南》，我们从山、水、城、池四个方面入手，并结合滇池文化，分析了地块的优缺点，制订出方案。

在实地调研和分析中，我们发现地块主要有以下几点不足之处：1.地块内原来只有临水处有些绿化，并没有形成系统的景观规划；2.道路是坑坑洼洼的土路，下雨就会变得泥泞不堪；3.附近的工业、生活污水没有经过任何处理就直接排入滇池，对水体造成污染；4.周边公共服务设施不齐全，给附近居民和外来游客带来不便。

针对这些不足，我们提出了以下改进措施：1. 规划了一条滨水景观绿带，把景观节点串联成一条完整的景观轴；2. 做了道路系统规划，将道路系统分为车行系统和慢行系统，此外，还设计了一条水上栈道以增加游客的亲水性和趣味性；3. 设置污水预处理中心和污水净化池，利用湿地的净化作用，形成一套完整的污水净化系统，污水经处理后再排入滇池，减少污染；4. 增加了花田科普展览馆、垂钓俱乐部、生态餐厅和观景塔等设施，成为吸引游客的亮点和驻足停留的场所。

我们旨在呼吁大家重视滇池水污染，保护滇池，品味悠久滇韵，欣赏绿色斗南。

**杨鹤聪**

–

这一次的主题是滇池东岸城市边缘滨水空间设计，项目地点位于昆明市呈贡斗南村。本设计主要针对斗南村西南滨临滇池的大片湿地进行规划设计，以提升湿地的生态性和景观性，改善湿地周边环境和附近居民的生活质量。

本次设计以“滇韵”为突破口，提出“重拾滇韵·绿映斗南”这一主题。我们结合昆明的传统文化，以及滇池与昆明城、昆明人、昆明文化生生不息的联系，以“山、水、城、池”为出发点，把滇池对于昆明的影响进行分析，并且把这四个元素融进方案设计中。

方案设计充分结合现场的实地情况，尽量减少人工对自然环境的影响，在湿地景观处理上使用木质栈道，在各个节点上修建观景塔、休憩亭，其间布置含有昆明传统文化的雕塑小品；同时，结合斗南花卉基地这一产业优势，种植了大面积的花田；在植物配置上，不仅做到对生态环境品质的良好提升，也凸显了“一年四季三季有花”，“春夏秋冬景色不一”这一春城昆明的自然季相特征；在湿地公园的生态性上，除了修建可供参观、科普学习的水质生态净化馆外，还运用用植物的配置对进入滇池的水进行过滤、净化。力求在带给游人美好的游憩体验的同时，对改善滇池的水环境做出一定贡献。

**何沁峰**

–

本次竞赛的主题是滇池东岸城市边缘滨水空间设计，项目地块位于昆明市呈贡新区斗南村。主要针对斗南村西南边滨临滇池的大片湿地进行规划设计，保护湿地免遭工业化发展的破坏，提升湿地的生态性和景观性，改善湿地周边环境和附近居民的生活质量。

方案以“滇韵”为突破口，将抽象的“滇韵”这一主题用具象的实物来表现。结合当地的人文、水文，以及滇池与湿地的联系，最终确定以“山、水、城、池”为切入点来诠释滇韵，将四个元素融入方案设计中。

方案结合地块的实地调研情况，以尊重自然、治理环境的态度，尽量将建设对自然环境的影响降到最低。在湿地中布置木质栈道，实现人亲水的愿望，在各个节点上修建用于观景的高塔，以及休憩的亭台。结合斗南花卉基地的优势，在适当的位置种植大面积的花田，丰富景观层次和景观效果。利用不同湿地植物对水质净化的功效，科普污水变清的过程。同时利用湿地植物营造不同的湿地景观，增加地块的生物多样性。这个方案力求带给游人美好的游憩感受的同时，对改善滇池的水环境尽一点微薄之力。

# 结　语

受中国城市规划学会和高等学校城乡规划学科专业指导委员会委托，云南大学建筑与规划学院（原云南大学城市建设与管理学院）组织了第3届西部之光大学生暑期规划设计竞赛，38所西部院校163组参赛作品参与角逐。共评出一等奖1项，二等奖2项，三等奖3项、单项奖及佳作奖若干项。组织单位按照组委会要求，进行了整理、筛选，共选出25份作品结集出版。城市建设与管理学院的赵敏、高进老师，以及王慧咏、陈宣先、李楠楠等同学为本作品集的整理做了大量艰苦细致的工作，在此表示衷心的感谢。

云南大学建筑与规划学院

副院长　王培茗